Studienbücher der
Geographie

D. Kelletat

Physische Geographie der
Meere und Küsten

3. neu bearb. u. erw. Auflage

Studienbücher der
Geographie

(Früher: Teubner Studienbücher der Geographie)

Herausgegeben von
Prof. Dr. Roland Baumhauer, Würzburg
Prof. Dr. Hans Gebhardt, Heidelberg
Prof. Dr. Jörg Bendix, Marburg
Prof. Dr. Paul Reuber, Münster

Die Studienbücher der Geographie behandeln wichtige Teilgebiete, Probleme und Methoden des Faches, insbesondere der Allgemeinen Geographie. Über Teildisziplinen hinweg greifende Fragestellungen sollen die vielseitigen Verknüpfungen der Problemkreise sichtbar machen. Je nach der Thematik oder dem Forschungsstand werden einige Sachgebiete in theoretischer Analyse oder in weltweiten Übersichten, andere hingegen stärker aus regionaler Sicht behandelt. Den Herausgebern liegt besonders daran, Problemstellungen und Denkansätze deutlich werden zu lassen. Großer Wert wird deshalb auf didaktische Verarbeitung sowie klare und verständliche Darstellung gelegt. Die Reihe dient den Studierenden zum ergänzenden Eigenstudium, den Lehrern des Faches zur Fortbildung und den an Einzelthemen interessierten Angehörigen anderer Fächer zur Einführung in Teilgebiete der Geographie.

Physische Geographie der Meere und Küsten

Eine Einführung

3., neu bearbeitete und erweiterte Auflage

von

Prof. Dr. rer. nat. Dieter Kelletat

Mit 234 Abbildungen und 22 Tabellen

Gebr. Borntraeger
Stuttgart 2013

Kelletat, Dieter: Physische Geographie der Meere und Küsten, 3. Aufl. (Studienbücher der Geographie)

Prof. Dr. rer. nat. Dieter Kelletat
Geboren 1941 in Altena/Westfalen, 1962–1968 Studium der Geographie, Geologie, Ethnologie und Geschichte in Göttingen und Innsbruck. Promotion 1968 und Dipl.-Geograph 1969 in Göttingen, 1968–1969 Wis. Ass am Geographischen Institut der Universität Göttingen, 1969–1974 am Geographischen Institut der TU Berlin, dort 1973 Habilitation. 1974–1977 Universitätsdozent an der TU Braunschweig, ab 1976 dort auch apl. Professor. 1977–1981 Wiss. Rat und Professor an der TU Hannover, 1981 Lehrstuhl für Physio-Geographie an der Universität-GH Essen.

Adresse des Autors:
Prof. Dr. D. Kelletat, Institut für Geographie, Physiogeographie, Universität Duisburg-Essen, Universitätsstrasse 15, 45117 Essen, Germany

Foto auf dem Umschlag:
Abb. 118 (aus diesem Band). Der breitere Küstenvorsprung im Süden dieser Bucht im Norden Spaniens führt hier zu einer stärkeren Wellenrefraktion, so dass der Strand innerhalb der Bucht ein wenig unsymmetrisch angelegt und nach Süden verschoben ist (Google Earth); mit freundlicher Genehmigung von DigitalGlobe, 2010, www.digitalglobe.com.

3. neu bearb. u. erweiterte Auflage 2013
2. neu bearb. u. erweiterte Auflage 1999 (B.G. Teubner, Leipzig)
1. Auflage 1988 (B.G. Teubner, Leipzig)

ISBN 978-3-443-07150-9
ISSN 1618-9175
Information on this title: www.borntraeger-cramer.de/9783443071509

© 2013 Gebr. Borntraeger, Stuttgart, Germany
⊖ Gedruckt auf alterungsbeständigem Papier nach ISO 9706-1994

Das Werk einschließlich aller seiner Teile ist urheberrechtlich geschützt. Jede Verwertung außerhalb der engen Grenzen des Urheberrechtsgesetzes ist ohne Zustimmung des Verlages unzulässig und strafbar. Das gilt besonders für Vervielfältigungen, Übersetzungen, Mikroverfilmungen und die Einspeicherung und Verarbeitung in elektronischen Systemen.

Verlag: Gebr. Borntraeger, Johannesstr. 3A, 70176 Stuttgart, Germany
www.borntraeger-cramer.de
mail@borntraeger-cramer.de

Satz: Satzpunkt Ursula Ewert GmbH, Bayreuth
Printed in Germany by Gottlob Hartmann GmbH, Stuttgart

Vorwort zur 3. Auflage

Obwohl die Meere rund 71 % der Erdoberfläche bedecken, hat sich die Geographie im physischen wie im kulturgeographischen Bereich überwiegend zu einer Wissenschaft von der festen Erdoberfläche entwickelt. Die Meere und Ozeane wurden weit weniger berücksichtigt, was natürlich auch mit ihrer schlechteren Zugänglichkeit zusammenhängt, während die Küsten breiteres Interesse erfuhren. Zusammenfassende Darstellungen sind jedoch – gerade im deutschen Sprachraum – selten geblieben, vor allem auch solche, die eine breitere Leserschicht ansprechen könnten.

Daher werden in diesem Band die wesentlichen Fakten aus dem Gebiet der „Physischen Geographie der Meere und Küsten" in möglichst verständlicher, allerdings sehr komprimierter Form dargestellt und mit Hilfe von Tabellen und Abbildungen verdeutlicht. Auf die Ausbreitung eigener Standpunkte ist weitgehend verzichtet worden, um die Darstellung nicht mit noch in der Diskussion befindlichen Sachverhalten zu überfrachten.

Das unumgängliche vertiefte Studium soll durch die Nennung einer größeren Zahl von Quellen erleichtert werden. Allerdings stammen die meisten nicht aus deutscher Feder.

Natürlich muss bei der Aufbereitung einer so gewaltigen Stofffülle und der Behandlung eines so großen Raumes mit einer extremen Zahl beteiligter Prozesse vielfach eine Vereinfachung und Stoffauswahl in Kauf genommen werden, um den Charakter einer Einführung, die auch noch für Nichtfachleute verständlich bleiben soll, zu gewährleisten.

Texte und Lehrbücher als Einführung in ein Teilgebiet der Geowissenschaften sind eigentlich kein optimales Instrument, um Sachverhalte zu vermitteln. Dieses geschieht am besten am Objekt selbst. Das ist zugegebenermaßen für die Meere schwierig und eher für die Küsten möglich, jedoch nicht, wenn es sich um eine allgemeine Diskussion in weltweiter Sicht handelt. Als eine Kompensation dieses Mangels wurden daher möglichst viele Abbildungen in den Text eingearbeitet, um einmal große Übersichten (z. B. in Weltkarten) zu vermitteln, oder wenigstens eine Visualisierung der verschiedenen Gegenstände zu versuchen. Der Verfasser hofft, dadurch einen leichteren Zugang zur Geographie der Meere und Küsten zu erreichen.

Die Gewichtung auch dieser Neuauflage folgt dem ursprünglichen Ziel: die Meere, ihre Hydrologie, Geologie und Biologie werden weniger intensiv dargestellt, weil es dazu eine ganze Reihe gut aufbereiteter und knapper, verständlicher Publikationen für alle Leserkreise gibt. Der zweite Teil über die Küsten wurde dagegen deutlich ausgeweitet, um gerade auch dem hier gesteigerten deutschen Forschungsanteil

Rechnung zu tragen. Außerdem besteht auf diesem Gebiet nach wie vor der größte Bedarf an knappen Zusammenfassungen.

Im Verlaufe der Erstellung dieses Lehrbuches seit der ersten Auflage vor fast 25 Jahren hat der Verfasser vielfältige Anregungen erhalten, in erster Linie durch den gemeinsamen Entwurf mit D. Uthoff, später vor allem durch vielfältige Diskussionen im Rahmen von Feldprojekten zu verschiedenen Schwerpunkt-Themen durch H. Brückner, A. Scheffers, A. Vött und viele ihrer sehr kompetenten Mitstreiter, aber auch durch korrigierende Hinweise aus dem Kreise der Leserschaft. Dies betrifft auch Verweise auf wichtige Quellen und neue Methoden. Ein Großteil der Handzeichnungen und Graphiken geht auf Gudrun Reichert zurück. Viele Recherchen, Ideen zur Optimierung und technischen Beistand lieferten Anne Hager, Frank Schmidt-Kelletat und Timo Willershäuser. Nicht alle, die ihren Anteil am Inhalt dieses Bandes haben, können hier namentlich genannt werden, der Verfasser behält sie aber in dankbarer Erinnerung.

Der Verfasser dankt auch den Herausgebern der *Studienbücher der Geographie* sowie dem Verlag für ihre Ermutigung zur Erstellung der dritten Auflage.

Mülheim, im Januar 2013

Inhaltsverzeichnis

1 **Geographie der Meere und Küsten** 9
  1.1 Wissenschaftsgeschichtlicher Überblick 9

2 **Gliederung, Gestaltung und Potential der Meeresräume** 11
  2.1 Einführung in die physische Geographie der Meeresräume 11
  2.2 Gliederung der Meeresräume 13
  2.3 Topographie und Morphologie des Meeresbodens 17
    2.3.1 Die Schelfregionen 17
    2.3.2 Kontinentalabhang und Kontinentalfußregion 21
    2.3.3 Submarine Canyons 24
    2.3.4 Mittelozeanische Rücken 27
    2.3.5 Einzelerhebungen im Tiefseebereich (Abyssal hills, Seamounts
           und Guyots) 30
    2.3.6 Tiefseebecken, -tröge, -schwellen und -fächer 33
    2.3.7 Tiefseegräben 33
  2.4 Die Sedimente des Meeresbodens 37
  2.5 Eigenschaften des Meerwassers 43
    2.5.1 Die physikalischen Eigenschaften des Meerwassers 44
    2.5.2 Die chemischen Eigenschaften des Meerwassers 47
  2.6 Das Eis der Meere 52
  2.7 Wichtige Bewegungsvorgänge im Meer 57
    2.7.1 Wellen 57
    2.7.2 Gezeiten 65
    2.7.3 Strömungen 69
  2.8 Einige Aspekte des Stoff- und Energiehaushaltes 75
  2.9 Meeresspiegelschwankungen 81

3 **Küsten und Küstenformung** 89
  3.1 Definition „Küsten" – Lage und Ausdehnung der Küsten 89
  3.2 Einführung in die physische Geographie der Küstenräume 91
  3.3 Die an der Küstenformung beteiligten Prozesse 98
    3.3.1 Meeresspiegelschwankungen (vgl. auch Kap. 2.9) 98
    3.3.2 Zerstörungsprozesse 99
    3.3.3 Aufbauvorgänge 102
  3.4 Die natürlichen Küstenformen 104
    3.4.1 Endogen bestimmte und Vulkanküsten 104
    3.4.2 Ingressionsküsten 106
      3.4.2.1 Ingressionsformen glazial gestalteter Küstenabschnitte 107
      3.4.2.2 Ingressionsküsten überwiegend fluvialer Genese 109
      3.4.2.3 Andere Ingressionsformen 113

3.4.3 Abtragungsformen und -vorgänge ... 117
    3.4.3.1 Abtragung durch (mechanische) Abrasion ... 117
    3.4.3.2 Abtragung durch Schmelzwirkung ... 123
    3.4.3.3 Abtragung durch Eiseinwirkung ... 125
    3.4.3.4 Abtragung durch chemische und biogene Vorgänge ... 127
3.4.4 Aufbauformen und Aufbauvorgänge ... 137
    3.4.4.1 Aufbauformen durch fluviale Vorgänge: Schwemmlandebenen und Deltas ... 138
    3.4.4.2 Akkumulationsformen durch Brandungswirkung: Strände, Strandwälle, Haken und Tombolos ... 144
    3.4.4.3 Akkumulationsformen durch Wind: Küstendünen, Nehrungen und Nehrungsinseln ... 159
    3.4.4.4 Akkumulation durch Gezeitenwirkung: die Watten der mittleren und hohen Breiten ... 166
    3.4.4.5 Aufbauformen durch Eiswirkung ... 172
    3.4.4.6 Aufbauformen mit sekundärer Verfestigung (Äolianit und Beachrock) ... 173
    3.4.4.7 Aufbauformen und -prozesse mit Beteiligung von Organismen ... 176

4 Relikte quartärer Meeresspiegelstände ... 199
4.1 Pleistozäne Meeresterrassen und -ablagerungen ... 199
4.2 Holozäne Meeresspiegelschwankungen ... 205

5 Anthropogene Eingriffe in den Formenschatz und das Prozessgefüge und Gefährdungspotentiale der Küsten ... 223

6 Natürliches Gefährdungspotential der Küsten ... 234

7 Systematik und Klassifikation der natürlichen Küstenformen ... 248

8 Das Problem der Zonalität von Küstenformen und Küstenformungsprozessen ... 250

9 Einige offene Fragen der physischen Meeres- und Küstenforschung ... 255

Literaturverzeichnis ... 258

Sachregister ... 286

1 Geographie der Meere und Küsten

1.1 Wissenschaftsgeschichtlicher Überblick

Die Besonderheit des Planeten Erde ist nicht nur sein Wasserreichtum, sondern auch die komplizierte Gestaltung von Meeren und Festlandsflächen und ihre starke wechselseitige Durchdringung. Im Verlaufe der Menschheitsgeschichte hat zunehmend eine Orientierung auf die Küsten stattgefunden und eine Konzentration der Siedlungen am Grenzsaum von Land und Meer eingeleitet.

In der Antike besaß man begründete Vorstellungen vom Verlauf weiter Küstenstrecken, von Gezeiten und Windsystemen. Seetransport und Seehandel waren in einzelnen Rand- und Nebenmeeren voll ausgebildet.

Die ersten Lotungen außerhalb der Schelfe in Wassertiefen bis zu mehreren 1000 m erfolgten im 18. Jahrhundert, und erst im 19. Jahrhundert begann sich die Meeresforschung stürmisch zu entwickeln und als eigenständige Wissenschaft zu etablieren. Im deutschen Sprachraum geschah das unter maßgeblicher Beteiligung von Geographen und weitgehend im Rahmen der Geographie.

In der Folge von Darwins Evolutionslehre (zuerst erschienen 1859) ergab sich auch die Frage nach der Lebewelt der Ozeane, insbesondere in den tieferen Schichten. Die Meeresbiologie wurde dadurch ebenso gefördert wie durch die wenige Jahre vorher erfolgte Entdeckung der frei im Wasser schwebenden und schwimmenden Kleinstorganismen. Die erste wirklich meereskundliche Expedition des britischen Forschungsschiffes „Challenger", das zwischen 1872 und 1876 alle Weltmeere bereiste, hat grundlegende Erkenntnisse über die Organismen der Tiefsee und des Meeresbodens erbracht und die Existenz einer auch in größeren Tiefen frei im Wasser schwebenden Tierwelt nachgewiesen.

Inzwischen hat sich eine sehr große Zahl weiterer meereskundlicher Unternehmungen zahlreicher Nationen angeschlossen, die entsprechend ausgerüstete Forschungsschiffe unterhalten.

Um 1930 wurden die führenden ozeanographischen Institute der USA wie „Scripps Institution" in Kalifornien und „Woods Hole Institution of Oceanography" in Massachusetts gegründet. Der heutige Anteil der Satellitentechnik an der Sammlung ozeanographischer Daten ist nicht hoch genug einzuschätzen, und selbstverständlich wäre ohne die Entwicklung leistungsfähiger Computer die Nutzung der riesigen Datenfülle – zunehmend auch aus dem freien Wasserbereich und allen Tiefenregionen – gar nicht denkbar. Naturkatastrophen mit extremer Folgewirkung für die Küstenräume wie Super-Hurricanes vom Typ „Katrina" (2005) oder die Mega-Tsunamis im Indischen Ozean 2004 sowie um Japan 2011 haben den Druck auf die Entwicklung leistungsfähiger Fernerkundungs- und Vorsorgeprogramme stark erhöht. Ein neues Element zur Vermittlung von Wissen, aber auch zur Aufrechterhaltung von

Neugier oder deren Förderung ist aber dem privaten Zugang zu den meisten Daten zu verdanken, so über das Internet, über Satellitenbilder mit hoher Auflösung und weltweiten Ansichten (u. a. „Google Earth") gerade für die Küsten und schließlich auch dadurch, dass sich viele staatliche Stellen immer mehr als Vermittler von Wissen verstehen und ihre Daten problemlos zugänglich machen. Die wachsende Fülle neuer Erkenntnisse, immer schneller bearbeitet und verbreitet durch die elektronischen Medien führt leider oft zu der Auffassung, man könne auf die Benennung von Quellen vor 2000 AD verzichten, da diese keine wesentlichen Inhalte und Grundlagen enthalten. Als Geowissenschaftler wissen wir aber, dass man die Gegenwart und Zukunft meist aus der Vergangenheit erklären kann. So sind unsere Feldmethoden angelegt und genauso sollten wir mit den Erkenntnissen unserer Vorläufer verfahren: wir stehen als Wissenschaftler auf deren Schultern! Daher werden in diesem Buch ältere Quellen genauso berücksichtigt wie die neuesten, und die Leser können sich so ein Urteil erarbeiten, inwieweit heutiger rasanter Fortschritt auf höher entwickelter Intelligenz der Beteiligten beruht oder doch eher eine Folge neuer Arbeits- und Vermittlungstechnologien ist.

Meeresforschung ist heute ein multidisziplinär bearbeitetes Feld, in dem physikalische, chemische, geophysikalische, geologische, meteorologische, biologische und geographische Forschung, aber auch rechts- und wirtschaftswissenschaftliche sowie technische Disziplinen zusammentreffen. Zu einer Gesamtdarstellung der Meere aus geographischer Sicht kam es aber bis in die 70er Jahre nicht mehr (Rosenkranz 1977, Gierloff-Emden 1980).

In allerjüngster Zeit hat die Geographie unter dem Aspekt der Fernerkundung, wachsender Nutzungsansprüche und fortschreitender Rationalisierung verstärktes Interesse an Meeren und Küsten gezeigt. Dabei spielen Fragen der Übernutzung, der Klimaveränderung oder der Ausbeutung neu zugänglicher Meeresteile (z. B. in der Arktis) ebenfalls eine Rolle. Aber immer noch können die Meere als die letzten großen und weitgehend unerforschten Naturräume der Erde gelten, deren Aneignung und zunehmende Inwertsetzung sich vor unseren Augen abspielt.

Die Geographie der Meere und Küsten unterscheidet sich vor allem durch die Betonung der Raummuster von den übrigen marinen Wissenschaften. Die Ozeanographie oder (physische) Meereskunde ist in ihrem allgemeinen Zweig eine analytische Grundlagenwissenschaft, die sich mit den physikalischen und chemischen Eigenschaften des Meerwassers auseinandersetzt, die Prozesse der Energieumsetzung und die sich daraus ergebenden Bewegungserscheinungen wie Strömungen, Wellen, Gezeiten analysiert und die Morphologie des Meeresbodens einbezieht (Dietrich 1959, Dietrich & Kalle 1965, sowie die neueren Übersichten bei Bijma & Burhog 2010, Conkright et al. 2001, Garrison 2005, Kelletat 2006a, NGDC 2007, Ott 1996, Pinet 2009, Pirazzoli 1991, Rahmsdorf 2002, Schlitzer 2008, Schneider 2010, Steele et al. 2001, WBGU 2006, Sverdrup et al. 2006, oder Visbeck 2010). Meereskunde im weiteren Sinne schließt auch Meeresgeologie und Meeresbiologie mit ein.

2 Gliederung, Gestaltung und Potential der Meeresräume

2.1 Einführung in die physische Geographie der Meeresräume

Bei der gerafften Darstellung der physischen Geographie der Meeresgebiete sollen diejenigen Erscheinungen im Vordergrund der Behandlung stehen, die entweder großen Teilen der festen Erdoberfläche ihr Gepräge geben, wie die unseren Blicken verborgenen Ozeanböden mit ihren Großformen, deren Entstehung und die dortigen Sedimente, oder die als Oberflächenphänomene des Meeres selbst in Erscheinung treten. Zu den letzten gehören z. B. die Verteilung von Temperatur, Salzgehalt, Verbreitung von Meereis oder Meeresströmungen und Wellen. Die chemischen und physikalischen, optischen und akustischen Eigenschaften des Meerwassers sollen nur insoweit behandelt werden, als es zum Verständnis grundlegender Vorgänge (etwa der Zirkulation oder der Primärproduktion) notwendig ist, ohne dass hier Vollständigkeit angestrebt wird. Einen geradezu enzyklopädischen Überblick bietet Fairbridge (1966). Besonders anschaulich werden Aspekte der Ozeanographie im Atlas von Dietrich & Ulrich (1968) vermittelt. Die vielfältigen Ursachen der Meeresspiegelschwankungen sind deshalb zu besprechen, weil ihre Kenntnis für die später zu behandelnden Küstenformen unerläßlich ist und weil von ihnen z. T. ein unmittelbarer Einfluss auf den am Rande der Kontinente siedelnden Menschen ausgeht. Schließlich sollen diese einführenden Kapitel zur allgemeinen Ozeanographie aber auch dazu dienen, mit einer Reihe von Fachtermini vertraut zu machen, ohne die ein Verständnis des Schrifttums, insbesondere des nicht deutschsprachigen, kaum möglich ist. Auf Darlegungen zur speziellen (= regionalen) Meereskunde muss hier verzichtet werden.

Eine erste Vorstellung von der Bedeutung der Ozeane und Meeresböden auf der gesamten Erde vermittelt ein Blick auf die statistische Verteilung von Höhen und Tiefen des Reliefs, bezogen auf den Meeresspiegel, in der sogenannten „hypsographischen Kurve" der Erdoberfläche (Abb. 1). Man erkennt auf den ersten Blick, welch bescheidenen Raum nach der Fläche (29,5 %) und dem Volumen über dem Meeresspiegel die Festländer der Erde einnehmen. Hochgebirge sind verschwindend gering vertreten, Mittelgebirge und Tiefebenen dagegen zunehmend mehr. Die mittlere Höhe der Kontinente beträgt nur wenig mehr als 800 m.

Ganz anders ist die Verteilung der Meerestiefen. Wir werden später sehen (Kap. 2.2), dass darin schon einige der Größtformen und strukturellen Besonderheiten des irdischen Reliefs zum Ausdruck kommen. 70,5 % der Erdoberfläche liegen unter dem Meeresspiegel verborgen. Davon entfällt der prozentual größte Teil auf die erheblichen Wassertiefen von ca. –3000 bis –6000 m mit ausdruckslosen Ebenheiten und aufgesetzten Erhebungen. Einen weiteren beträchtlichen Teil mit insgesamt um 10 % der Erdoberfläche nehmen die Flachwasserbereiche oder Schelfregionen bis

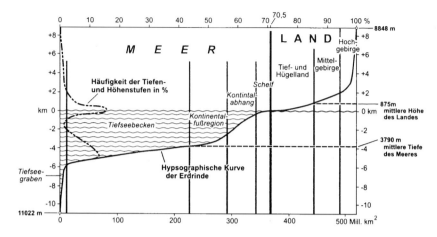

Abb. 1 Hypsographische Kurve der Erdoberfläche (nach verschiedenen Quellen zusammengestellt).

–200 m Wassertiefe ein, während die Gebiete zwischen Schelfkante und Tiefseeböden, die sogenannten Kontinentalabhänge, schmaler entwickelt sind.

Ähnlich wie die Hochgebirge der Festländer, so sind auch die extremen Meerestiefen der Fläche nach nur gering verbreitet. Die mittlere Tiefe der Weltmeere beträgt fast 3800 m, und wenn man alle den Meeresspiegel überragenden Reliefteile in die Ozeantiefen versenken würde, so wäre die Erde mit ca. 2500 m Ozeanwasser bedeckt.

Insbesondere bezogen auf die Lebewelt in den Ozeanen sind eine Reihe von Begriffen gebräuchlich, die graphisch in der Abb. 2 zusammengefasst sind: So nennt man die Küstenbereiche auch die „litorale" Region, darin den Abschnitt mit nur gelegentlicher Salzwasserbenetzung das „Supralitoral", denjenigen zwischen den Gezeitenständen, der regelmäßig bedeckt und entblößt ist, das „Eulitoral" und schließlich den sich nach unten anschließenden Abschnitt ständiger Wasserbedeckung, in dem aber z. B. noch die Brandungswellen wirksam werden, das „Sublitoral".

Der sich von der Küste bis in die größten Meerestiefen erstreckende Bereich des Meeresbodens wird mit seinen Lebewesen das „Benthos" genannt, während die Bereiche des freien Wassers je nach der Tiefe unterschiedliche Bezeichnungen tragen: die oberste, noch durchlichtete Zone mit großem Sauerstoffgehalt ist die „photische" Zone, es folgt ein Abschnitt mit mäßigen Wassertiefen, der „neritische", übergehend zu den tieferen Freiwasserregionen des „hemipelagischen" und „pelagischen" sowie zum „Hadal", dem völlig lichtlosen und sehr kalten Bereich der größten Ozeantiefen.

2.2 Gliederung der Meeresräume   13

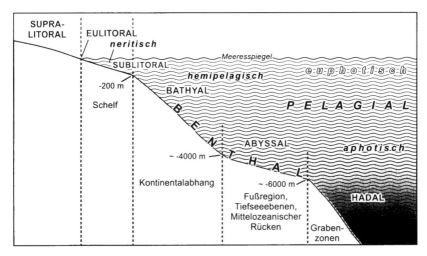

Abb. 2 Benennung der Tiefenbereiche des Meeresbodens und des freien Wassers (verändert n. Seibold 1974).

2.2 Gliederung der Meeresräume

Die Erde ist gegenwärtig zu über 70 % mit Wasser bedeckt, welches sich in drei große Ozeane Atlantik, Pazifik und Indischer Ozean aufteilen lässt (Abb. 3 und 5). Auf der Erdhalbkugel des Globus mit den ausgedehnten Landmassen der nordamerikanischen und eurasiatischen Kontinente beträgt der Landanteil 39 %, der der

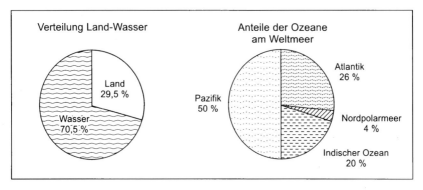

Abb. 3 Prozentuale Verteilung von Land und Wasser auf der Erde und der relative Anteil der Ozeane am Weltmeer.

14 2 Gliederung, Gestaltung und Potential der Meeresräume

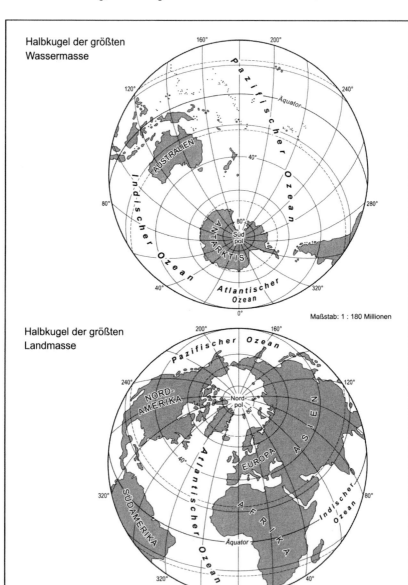

Abb. 4   Die Halbkugeln der größten Landmasse und der größten Wassermassen auf der Erde.

2.2 Gliederung der Meeresräume

Meeresbedeckung 61 %, was ca. 155 Mio. km² entspricht. Auf der Südhalbkugel liegen nur die Spitzen der Kontinente Südamerika und Afrika sowie die Kleinkontinente Australien und Antarktika. Das ergibt eine Landbedeckung von nur 19 % und eine Wasserfläche von 81 % = 207 Mio. km².

Sucht man auf der Erde nach der Halbkugel mit der größten Landmasse, so liegt deren Pol etwa in der Biskaya (Abb. 4). Aber auch auf dieser Halbkugel nehmen die Meere noch einen Flächenanteil von 53,2 % ein. Auf der sog. Wasserhalbkugel mit Pollage bei Neuseeland (Abb. 4) beträgt der Anteil der Meeresflächen sogar 88,4 %.

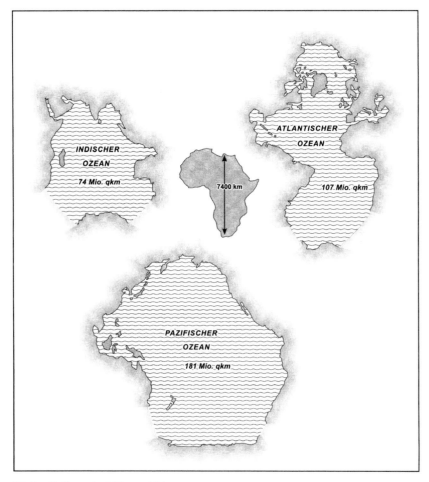

Abb. 5   Die Ozeane im Größenvergleich.

2 Gliederung, Gestaltung und Potential der Meeresräume

Tab. 1 Einige Kennzahlen für die einzelnen Ozeane (nach Menard & Smith 1966 u. a.).

Ozean	Fläche in Mio km²	max. Tiefe in m	mittl. Tiefe in m	festl. Einzugsgebiete Mio. km²	Inhalt in 10³ km³	mittl. Salzgehalt in %
Pazifik	181	11022	3940	19	714	34,36
Atlantik inkl. Nordpolarmeer, Mittelmeer und Schwarzes Meer	107	9219	3310	69	351	34,90
Indischer Ozean	74	7455	3 840	13	285	34,76
Weltmeer insgesamt	362	11022	3 730	101	1350	34,57

Einen Vergleich der relativen Größe und der zum Teil komplizierten Umrissgestalt aller Ozeane mit dem afrikanischen Kontinent als Maßstabsvergleich bietet die Abb. 5.

Die in Tab. 1 enthaltenen Kennzahlen für die großen Ozeane der Erde zeigen teilweise große Unterschiede (etwa der Fläche oder dem Wasservolumen nach), bei der mittleren Tiefe und dem Salzgehalt herrscht dagegen größere Übereinstimmung. Besonders bemerkenswert sind die Differenzen zwischen der Ozeanfläche und der Größe der festländischen Einzugsgebiete. Ein Blick auf eine Erdkarte zeigt klar die Ursachen dafür: der Atlantische Ozean (mit Nebenmeeren) ist meist von stark gegliederten Flachländern umgeben, in die sich die großen Stromsysteme von Mississippi, St. Lorenz, Orinoco, Amazonas, Paraná, Kongo, Niger, Nil, Lena, Ob, Jenissei u. a. ergießen. Der Indische Ozean wird teilweise von nur kleinen Landmassen (Hinterindien und Australien) umgeben, teilweise liegen große Bereiche der angrenzenden Festländer auch im Trockengürtel der Erde, der weithin keinen Abfluss nach außen hin aufweist. Von den großen Strömen der Erde entwässern lediglich der Sambesi, Indus und Ganges-Brahmaputra zum Indischen Ozean.

Besonders krass ist das Missverhältnis von Ozeanfläche zu festländischem Einzugsgebiet jedoch beim Pazifik. Hier macht sich bemerkbar, dass dieser Ozean fast vollständig von hohen Kettengebirgen umgeben ist (ostaustralische Alpen und Gebirge Hinterindiens, Chinas und Ostsibiriens, besonders aber das System Rocky Mountains – Anden). An der Ostseite dieses Riesenozeans sind es nur die mittelgroßen Flüsse Frazer, Columbia oder Colorado, an der Westseite immerhin außer Amur die großen Ströme Chinas (Hwangho, Jangtsekiang) und Hinterindiens (Menam, Mekong, Irrawaddy), während vom australischen Kontinent keine nennenswerten Wassermassen abgegeben werden.

2.3 Topographie und Morphologie des Meeresbodens

Einen groben Überblick über die prozentualen Anteile der verschiedenen Bereiche der Ozeanböden gibt Tab. 2. Sie zeigt das starke Vorherrschen der Flachformen (Schelfe, Tiefsee-Ebenen), während die steileren submarinen Reliefteile zurücktreten. Die Gruppe der submarinen Erhebungen – meist auf den Tiefsee-Ebenen oder zwischen ihnen gelegen – ist recht heterogen und nimmt in der Addition aller Teile ebenfalls großen Raum ein. Besondere Aussagen gewinnt die letzte Zeile der Tabelle, welche den relativen Flächenanteil der Größtformen für die gesamte Erdoberfläche angibt. Klar erkennbar ist dabei, dass die größten irdischen Reliefeinheiten gleicher Form und Genese unter dem Wasser der Ozeane verborgen sind.

Weil die weitaus umfangreichste Literatur gerade zur Morphologie des Meeresbodens aus dem angelsächsischen Sprachraum stammt, sind die entsprechenden Begriffe in Tab. 3 den deutschen Bezeichnungen gegenübergestellt. Vielfach finden sie sich auch als Fachtermini allein ohne eine (meist nicht ganz glückliche) deutsche Übersetzung in unserem Schrifttum. Im folgenden werden alle in der Tabelle genannten Formen behandelt, die Küsten jedoch ausführlicher in späteren Kapiteln.

2.3.1 Die Schelfregionen

Viele Küstenebenen setzen sich mit außerordentlich flachem Gefälle (meist unter 1‰) unter Wasser noch weit in die See hinaus fort, bis sie an einem deutlichen Gefälleknick steiler abtauchen. Dieser Gefälleknick liegt zwischen weniger als 100 m und über 400 m Wassertiefe (Seibold & Berger 1982, S. 35), im Mittel jedoch bei ca. –200 m. Das von ihm und der Küstenlinie begrenzte Flachwassergebiet nennt man den Schelf (Abb. 6), den äußeren Rand demnach die Schelfkante.

Abb. 6   Besonders breite Schelfregionen finden sich im Nordosten Kanadas um Neufundland (Google Earth).

Die Schelfgebiete nehmen auf der Erde einen Flächenanteil von über 10 %, im Atlantischen Ozean sogar von fast 20 % ein (vgl. Tab. 2). Besonders ausgedehnt sind sie u. a. im Bereich der Nordsee, vor dem östlichen Nordamerika oder dem Osten Argentiniens, zwischen Hinterindien und Australien (Sundaschelf) oder nördlich des nordamerikanischen und asiatischen Kontinentes. Sehr schmal entwickelt sind sie dagegen an solchen Küsten, die von hohen jungen Faltengebirgen begleitet werden, wie im Westen des amerikanischen Doppelkontinentes.

Die Genese dieser die Kontinente mehr oder weniger breit umgebenden Flachwasserbereiche ist teilweise recht kompliziert (vgl. Emery 1969) und kann hier nicht im Einzelnen diskutiert werden. Sie wird aber einfacher zu verstehen, wenn wir uns vergegenwärtigen, dass die gegenwärtigen Küstenlinien bzw. der augenblickliche Füllungsgrad der Ozeanbecken nur eine zufällige und von vielen veränderlichen Parametern abhängige Erscheinung ist.

Kontinentaldrift, Spreizung von Ozeanböden, Absenkung von Krustenteilen unter den Meeresspiegel und andere Ursachen sowie ein Aufsteigen von Gebirgen oder Kontinentalschollen würden ein relatives Fallen des Meeresspiegels und damit eine Verschiebung der Küstenlinie ozeanwärts bewirken. Auffüllen der Ozeanbecken mit Sedimenten oder vulkanischen Gebirgen oder das Zusammenrücken von Kontinenten dagegen kann die Wasserbecken verkleinern und damit zu einem Ansteigen des Wasserspiegels führen, so dass sich die Küste landwärts verschieben muss. Hinzu kommt die rasch und kräftig schwankende Bilanz des mobilen Wassers auf der Erde, insbesondere die Veränderung der festen und flüssigen Anteile im Verlauf von Eiszeiten und Warmzeiten.

Wenn die polaren Eiskappen und die Gletscher der Gebirge schmelzen, steigt der Meeresspiegel, wenn sie sich wegen einer beginnenden Abkühlung ausdehnen, so fällt der Meeresspiegel.

Diese kurzen Ausführungen mögen hier zunächst genügen um klarzumachen, dass eine breite Zone der Schelfe wegen des in geologischen Zeiträumen häufigen und starken Schwankens des Meeresspiegels sicher z. T. durch Brandungswellen eingeebnet worden sein kann bzw. als Plattform aus dem Festland herausgeschnitten wurde und damit nichts weiter als ein jetzt überfluteter Teil ehemaligen Küstenlandes ist. Aber auch ohne Meeresspiegelschwankungen sind die küstennahen Ozeanbereiche diejenigen Räume, in die vom Festland her über die Flüsse die Sedimente angeliefert werden, welche sich im stehenden Wasser absetzen müssen. Das führt im Endeffekt zu immer flacheren Wasserverhältnissen und stellenweise auch zu einem starken meerwärtigen Verschieben der Küstenlinie, z. B. in einem Delta.

In manchen Fällen liegen – abgesetzt von der Küste und unter Wasser – Erhebungen verschiedener Genese küstenparallel, wie z. B. Teile von mittelozeanischen Rücken oder ertrunkene Vulkanketten und Korallenriffe. Der Raum hinter ihnen kann von der Küste her rascher aufgefüllt werden, was im Endeffekt zu einer starken Verbreiterung der Schelfregionen führen muss.

2.3 Topographie und Morphologie des Meeresbodens

Tab. 2 Anteil der Teilgebiete der einzelnen Ozeane in Prozent (i.w. nach Menard & Smith 1966, S. 430).

Ozean	Schelf und Kontinental-abhang	Kontinen-talfuß-region	Tiefsee-ebenen	submarine vulkanische Erhebungen	ozean. Berge und Rücken	Tiefsee-gräben
Pazifik	13,1	2,7	43,0	2,5	35,9	2,9
Atlantik	19,4	8,5	38,0	2,1	31,2	0,7
Indischer Ozean	9,1	5,7	49,2	5,4	30,2	0,3
Weltmeer insgesamt	15,3	5,3	41,8	3,1	32,7	1,7
bezogen auf die ges. Erdoberfläche (zuzügl. 29,5 % Festland)	10,8	3,7	29,5	2,2	23,1	1,2

Tab. 3 Deutsche und englische Bezeichnungen der submarinen Formen.

Küste Strand Schorre Barre, Sandriff	– coastline, coast – beach – platform – bar
Kontinentalrand Schelf Schelfkante Kontinentalabhang Kontinentalfußregion Unterwassertal Unterwasser-Canyon	– continental margin – shelf – shelf break – continental slope – continental rise – sea valley (sea channel) – submarine canyon
Tiefsee-Ebene	– abyssal plain
Tiefsee-Erhebung Tiefseehügel Tiefseeberg Tiefseekuppe, -Tafelberg mittelozeanischer Rücken Tiefseefächer	– oceanic rise (deep sea rise) – abyssal hill – seamount – guyot (tablemount) – mid-ocean ridge (deep sea ridge) – deep sea fan
Meeresbecken Tiefseebecken Tiefseetrog	– ocean basin – deep sea basin – deep sea through
Tiefseegraben	– deep sea trench

Entsprechend der mit der früheren Küstenentwicklung eng verbundenen geologischen Vergangenheit vieler Schelfabschnitte finden wir darauf eine ganze Reihe von Formen, die sich grob in drei Gruppen gliedern lassen: die erste gehört zu den unter Wasser angelegten Formen, wie sie als Sandbarren, Riffe oder Rinnen durch den Bodenkontakt starker Brandungswellen auch in größerer Wassertiefe oder durch kräftige Gezeitenströmungen in Küstennähe entstehen können. Einen besonderen Formenkreis bilden diejenigen Erscheinungen, die zwar unter Wasser, aber im Kontakt zwischen Gletschereis und Meeresboden entstanden sind. Es gehören dazu alle durch Gletscherschurf oder Schmelzwasser ausgetieften oder aufgeworfenen Formen wie Rinnen, Tröge, Oser, Kames, Drumlins, Moränenwälle etc. und damit der gesamte subglaziale Formenschatz, wie er auch auf dem Festland in Gebieten ehemaliger Vergletscherungen anzutreffen ist.

Den zweiten Formenkreis bilden ehemalige Küstenformen, die jetzt vollständig ertrunken sind. Dazu gehören z. B. Strandwallsysteme, Küstendünenketten, lagunäre Senken, Teile von Deltas, Wattfurchen, alte Felsplattformen, Klifflinien oder Brandungspfeiler, meist aus Zeiten tieferer Meeresspiegelstände während der Kaltzeiten des Eiszeitalters.

Den dritten Formenkreis nehmen schließlich jene Erscheinungen ein, die ursprünglich Teile des Festlandreliefs waren und durch Absenkung der Kruste oder Anstieg des Meeresspiegels nun völlig ertrunken sind. Dazu können alle subaerisch angelegten Formen gehören, seien sie aus dem glazialen oder periglazialen (z. B. Moränen, Oser, Pingos, Dellen), aus dem fluvialen (Mulden- oder Kastentäler, Kerben, Deltas, Flussterrassen), dem äolischen (Dünen oder Deflationswannen), dem tropisch-subtropisch-denudativen Kreis (wie Inselberge, Rumpfflächen, Fußflächen etc.) oder dem Karstformenschatz (Dolinen, Poljen, Uvalas etc.) entstanden.

Selbstverständlich sind jedoch diese Formen bei der Ertränkung durch litorale Prozesse mehr oder weniger umgeformt bzw. werden heute unter Wasser zunehmend von Sedimenten eingedeckt. Das führt zu ihrer allmählichen Verschleierung. Viel längere Zeit erhält sich dagegen der Charakter der Schelfsedimente, der mit den vorherrschenden Verwitterungs- und Abtragungsprozessen auf dem Festland oder den jetzt ertrunkenen Festlandsteilen zusammenhängt (vgl. Abb. 7). So herrschen grobe Fraktionen in Bereichen ehemaliger Eisbedeckung vor, wo Moränen oder Schmelzwassersedimente angeliefert wurden. Sande gibt es in den Mittelbreiten und den Trockengebieten mit Vorherrschen einer mechanischen Verwitterung und fluvialem und äolischem Transport, während Silte und Tone eher in den feuchten Tropen mit der Dominanz chemischer Verwitterung auf dem Festland zu finden sind. Modifiziert wird dieses Bild jedoch u. a. durch die Abfallprodukte der zahlreichen planktonisch oder benthisch lebenden Organismen, die ja gerade im licht- und sauerstoffreichen Flachwasser der Schelfe günstige Lebensbedingungen vorfinden. Eine besondere Stellung nehmen dabei die Kalkskelette und ihre Reste ein, wie sie etwa die Korallen liefern können.

2.3 Topographie und Morphologie des Meeresbodens 21

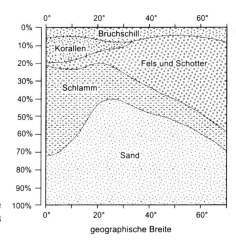

Abb. 7 Verteilung wichtiger Schelfsedimente in Bezug auf die Breitenlage (n. Hayes 1967).

2.3.2 Kontinentalabhang und Kontinentalfußregion

Am äußersten Rand der flachen Schelfregion, der sog. Schelfkante, befindet sich meistens ein Hangknick, an dem die sehr flachen Böschungen mit 20- bis 100-facher Steigerung des Gefälles in größere Wassertiefen abtauchen. Dieser sich manchmal über mehrere 1000 vertikale Meter erstreckende Hang, der bei subaerischer Lage jedoch lediglich als Flachform angesprochen werden müsste, wird Kontinentalabhang genannt. Er ist der zentrale Teil des sogenannten Kontinentalrandes, welcher aus Schelf, Kontinentalabhang und Kontinentalfußregion besteht. Wie der Name ausdrücken will, ist der Kontinentalabhang der eigentliche Randbereich der Kontinente. Gebiete oberhalb von ihm gehören oder gehörten dem Festland zu Zeiten eines niedrig stehenden Meeresspiegelstandes an, Gebiete unterhalb davon oder seewärts sind Meeresboden bereits seit langer Zeit der geologischen Entwicklung. Im Bereich des Kontinentalabhanges liegt daher auch jener geotektonisch wichtige Übergang zwischen den sehr dicken, starren Kontinentalschollen und den dünnen Ozeanböden. Diese alle Kontinente umgürtende Größtform der Erdoberfläche hat – schon wegen ihrer Lage zwischen den schon längst recht gut untersuchten Schelfen und der unbekannten Tiefsee – in unserer Zeit eine große Fülle von Bearbeitungen und Darstellungen erfahren. Weltweite Überblicke finden sich z. B. bei Guilcher 1963, Emery 1970, Burk & Drake 1974, detailreiche Regionalstudien u. a. bei Menard 1961, Jacobi 1976, Haner & Gorsline 1978, sowie Cochran 1981. Dabei berücksichtigen alle neueren Untersuchungen nicht nur Form und gegenwärtig ablaufende exogen gesteuerte Prozesse (der Sedimentation und Erosion) am Kontinentalabhang, sondern auch den möglichen endogenen Formungsanteil im Sinne von Plattentektonik und „sea floor spreading".

22   2 Gliederung, Gestaltung und Potential der Meeresräume

Atlantischer Typ des Kontinentalrandes

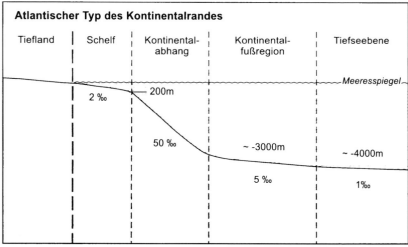

Pazifischer Typ des Kontinentalrandes

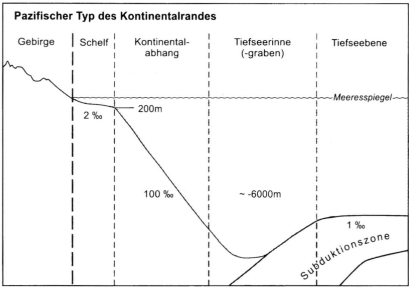

Abb. 8   Die beiden Haupttypen von Kontinentalrändern (verändert n. Seibold 1974, S. 16).

2.3 Topographie und Morphologie des Meeresbodens

Wie Abb. 8 und 9 verdeutlichen, kann man zwischen zwei Typen des Kontinentalrandes unterscheiden, dem sogenannten atlantischen Typ und dem pazifischen Typ. Wie ein Blick auf eine Erdkarte zeigt, werden die Küsten des Atlantischen Ozeans von Flachländern oder eingerumpften Mittelgebirgen gestaltet, während die des Pazifischen Ozeans fast durchweg von Hochgebirgen und aktiven Vulkangürteln begleitet werden. Darin kommt zum Ausdruck, dass der Atlantische Ozean von geotektonisch ruhigen, sogenannten passiven, der Pazifische von geotektonisch lebhaft bewegten, sogenannten aktiven Regionen umgeben ist. Genau diese Unterschiede zeigen sich auch unter Wasser bei der Gestaltung der Kontinentalränder. So ist der atlantische Typ des Kontinentalrandes gekennzeichnet durch einen breiten und sehr flachen Schelf, an den sich ein Kontinentalabhang bis in mäßige Tiefe anschließt. Dieser Kontinentalabhang zeigt Böschungen von wenigen Grad Gefälle. In allmählichem, weitem konkaven Übergang liegt zu Füßen des Kontinentalabhanges die sogenannte Kontinentalfußregion, welche mit immer schwächer werdenden Böschungswinkeln dann zu den Tiefsee-Ebenen überleitet. Sie liegen bereits auf ozeanischer Kruste und werden von Fächern aufgebaut, welche ihre Sedimente über die Schelfkante hinweg vom Festland oder durch Rutschungen vom Kontinentalabhang erhalten. Der Kontinentalrand des pazifischen Typs ist von wesentlich anderer Gestalt. Die Kontinentalränder werden hier von Gebirgen sowie steileren und schmaleren Schelfen begleitet. Der küstennah liegende Kontinentalabhang ist deutlich steiler als der des atlantischen Typs, und er leitet hinunter in größere Wassertiefen (Abb. 8). Sehr oft endet er nicht in der flachen Böschung einer Kontinentalfußregion, sondern reicht bis zu begleitenden Tiefseegräben oder -rinnen. Damit liegen die Tiefsee-Ebenen vom Kontinentalabhang durch solche Tiefseerinnen oder -gräben getrennt.

Im unteren Teil der Abb. 8 und 9 ist angedeutet, warum der pazifische Typ des Kontinentalrandes von so anderer Gestalt ist. Das hängt nämlich mit seiner aktiven Ge-

Abb. 9 Südliches Südamerika mit einem schmalen „aktiven" Kontinentalrand im Westen infolge Subduktion der Platte des Pazifischen Ozeans unter den Kontinent, und einem breiten "passiven" Kontinentalrand im Osten mit breitem Schelf (Google Earth).

nese zusammen. Es handelt sich um eine sogenannte geotektonische Kollisionsstruktur, wo die dünne ozeanische Kruste gegen eine mächtige Kontinentalkruste trifft und sich infolge ihrer tieferen Lage und größeren Dichte unter den Kontinent schiebt. Bei dieser Raumverengung werden Gebirge aufgefaltet, wobei Erdbeben und Vulkanausbrüche auftreten. Der Bereich, an dem sich beide Schollen übereinander schieben, ist die sogenannte Subduktionszone (oder Verschluckungszone) der ozeanischen Platte. Über der Wurzel dieser Subduktionszone wird deshalb ein Teil des Meeresbodens nach unten abgesenkt, so dass eine Tiefseerinne oder ein Tiefseegraben entsteht. Dieses geschieht so rasch, dass auch durch die erheblichen Sedimentmassen aus den die Küsten begleitenden Gebirgsländern keine vollständige Auffüllung stattfindet.

2.3.3 Submarine Canyons

Talformen oder rinnenförmige Vertiefungen auf dem Schelf wurden bereits erwähnt. Dabei handelt es sich meistens um die ehemals subaerisch angelegte Fortsetzung von Tälern zu Zeiten eines niedrig stehenden Meeresspiegels. Die zahllosen tiefen Rinnen auf dem Kontinentalabhang, welche sich sehr oft bis in viele tausend Meter Wassertiefe fortsetzen, sind dagegen in ihrer Genese sehr viel schwerer zu erklären. Zusammenfassende Darstellungen liefern u. a. Shepard 1933, Shepard & Dill 1966, Gorsline 1970 oder Whitacker 1976. Submarine Canyons sind weltweit verbreitet, gehäufte Vorkommen liegen im Bereich des tyrrhenischen Meeres um Korsika oder vor der „Coast Range" der kalifornischen Küste, in einzelnen riesigen Formen auch vor der Mündung des Kongo, des Indus oder anderer Ströme. Die Genese dieser submarinen Täler hat lange Zeit großes Kopfzerbrechen bereitet, ist aber, was die Zahl der Hypothesen angeht, allmählich doch klarer geworden, je weiter eine genaue Kenntnis der Formen und Ablagerungen fortgeschritten ist. Eine befriedigende Klärung für jeden anzutreffenden Fall ist jedoch bis heute nicht möglich.

Wie den Abb. 10 und 11 zu entnehmen ist, entspringen typische submarine Canyons häufig oder gelegentlich auf dem Schelf (manchmal auch an der vorderen Schelfkante) und setzen sich dann in mehr oder weniger deutlichen Einschnitten den ganzen Kontinentalabhang bis zur Kontinentalfußregion fort. Sie sind dabei durchaus markant eingetieft, manche weisen sogar wenigstens stellenweise senkrechte, felsige Wände auf. Wesentliche Früherklärungsversuche zielten darauf hin, diese Vertiefungen als tektonische Linien, als Risse oder schmale Grabenbrüche zu kennzeichnen, wogegen aber ihr gewundener und sehr stark flussähnlicher Verlauf spricht und die Tatsache, dass sie auch in Gegenden auftreten, die tektonisch ungestört sind. Eine zweite vielfach herangezogene Erklärung versuchte, die submarinen Canyons als die Fortsetzung terrestrischer Täler zu sehen. Da die Meeresspiegelschwankungen innerhalb der letzten Millionen Jahre aber nachweislich nur wenig über 100 m betrugen, könnte nur eine starke Absenkung diese Täler so weit unter den Meeresspiegel gebracht haben. Eine solche Erklärung scheidet aber für die meisten Kontinentalränder aus.

2.3 Topographie und Morphologie des Meeresbodens 25

Abb. 10 Submarine Canyons am Kontinentalabhang im Osten der USA (Google Earth).

Allenfalls für Teile des Mittelmeergebietes mag die Erklärung als subaerisch angelegte Täler und Schluchten Gültigkeit haben, da hier in den letzten Jahren der Nachweis gelungen ist, dass im Jungtertiär (vor 5–6 Mio. Jahren) das Mittelmeer tatsächlich ausgetrocknet war.

Insgesamt müssen wir davon ausgehen, dass die submarinen Canyons unter dem Ozeanwasser an Böschungen entstanden sind, die gewöhnlich nur wenige Grad geneigt sind. Da ein schwerkraftbedingter Massentransport unter Wasser erheblich anders abläuft als auf den Kontinenten, bereitet die Vorstellung der Austiefung großer

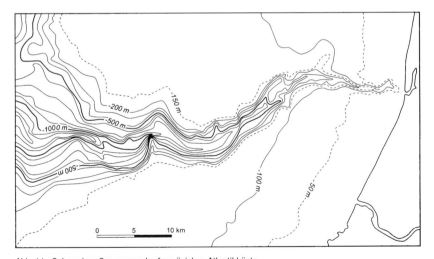

Abb. 11 Submariner Canyon vor der französichen Atlantikküste.

submariner Canyons erhebliche Schwierigkeiten. Die größte Wirkung dürfte von sogenannten „turbidity currents" (Trübeströmungen) ausgehen. Dafür sprechen nicht nur gelegentliche Beobachtungen mittels Unterwasserfernsehen, sondern auch die im Experiment nachgewiesene Formungsaktivität von trüben Sedimentwolken an Unterwasserböschungen sowie die Tatsache, dass sich vor dem Ausgang der submarinen Canyons sehr häufig eine große Menge von korrekten Sedimenten befindet. Über die Geschwindigkeit und Reichweite solcher Suspensionsströmungen unterrichtet auch Louis & Fischer (1979, S. 572).

Die Mobilisierung einer Sedimentwolke im Ozeanwasser kann verschiedene Ursachen haben. Möglicherweise sind es tiefreichende Tideströme oder allgemeine Druckunterschiede im Wasser, die auf Salzgehalt- oder Temperaturunterschiede zurückgehen. Sehr häufig jedoch dürften Erdbeben die Auslöser sein, so dass auf instabilen Böschungen jüngere, wenig verfestigte Sedimente mit feinerer Korngröße in Bewegung geraten können. Obwohl mit zunehmender Geschwindigkeit solche trüben Wolken aus Sand-, Silt- und Tonpartikeln immer mehr aufgewirbelt werden und dabei an Dichte verlieren, erreichen sie relativ hohe Geschwindigkeiten. Die kurzfristige Transportleistung kann dann sehr groß sein und dementsprechend auch die Erosionswirkung sowie die Sedimentationsrate am unteren Ausgang dieser Canyons. Beobachtungen dazu haben Defekte an untermeerisch verlegten Kabeln geliefert, die submarine Canyons oder ihre Ausgänge queren. Ihre Zerstörungen folgten mehrfach mit kurzzeitigem Abstand auf Erdbeben, die Kabel selbst wurden dabei mehr oder weniger stark verschüttet.

Die extrem großen Canyonformen vor der Mündung mancher Riesenströme (z. B. Kongo) lassen sich vielleicht dadurch erklären, dass diese Flüsse sehr große Sedimentmengen anliefern und dadurch den „turbidity currents" viel Material zur Ausschürfung des Kontinentalabhanges zur Verfügung steht. Ist erst einmal eine primäre Tiefenrinne angelegt worden, so werden nachfolgende Trübeströme bevorzugt diese Bahn wieder benutzen. Die am Ausgang der submarinen Canyons rein schwerkraftbedingte Absetzung der Sedimente weist eine typische gleitende Abfolge von groben und feinen Korngrößen von unten nach oben auf, die sogenannte gradierte Schichtung. Diese findet sich auch in vielen geologisch älteren Ablagerungen der Erdkruste.

Ein anderer verbreiteter Typ von Unterwassertälern, allerdings oft sehr viel kleinerer Dimensionen, befindet sich manchmal an der Außenböschung von Deltas im Bereich der sogenannten „fore-set beds". Die Sedimente können dort aus geringem Anlass (z. B. Herauspressen von Wasser oder Gas) in Bewegung geraten und dann schlammwolkenartig die Böschungen heruntereilen, wobei den submarinen Canyons vergleichbare, aber sehr viel kleinere Formen entstehen. Sie werden häufig als „Gullies" bezeichnet. Nicht immer muss eine talartige Form entstehen, sondern es kommen auch Rutschungen und zusammengeschobene Sedimentpakete in Form von Wall- und Beulenstrukturen vor. Insgesamt gesehen jedoch sind die beiden ge-

2.3 Topographie und Morphologie des Meeresbodens

nannten Typen von Unterwassertälern die häufigsten Formelemente, die auf dem Kontinentalabhang anzutreffen sind.

2.3.4 Mittelozeanische Rücken

Erst mit der Entwicklung des Echolot-Verfahrens nach dem 1. Weltkrieg konnten die Geheimnisse des Formenschatzes der Tiefsee zunehmend entschleiert werden. Das deutsche Forschungsschiff Meteor entdeckte so auf seiner Südatlantik-Expedition 1925–1927 erstmals ein ausgedehntes zentralozeanisches Gebirgssystem, dessen Existenz mittlerweile für alle Ozeane nachgewiesen werden konnte. Seine typische Lage (vgl. Abb. 12–14) führte zu der Bezeichnung „mittelozeanischer Rücken". Er nimmt fast 1/3 der Ozeanböden ein und ist mit einer Länge von ca. 60 000 km (nach den Kontinentalabhängen) die zweitgrößte Form auf unserem Erdball. Nur an zwei Stellen trifft dieses Gebirgssystem auf die Kontinente, nämlich beim Golf von Niederkalifornien und beim Golf von Aden. Beides sind Schlüsselstellen zur Erklärung dieser Reliefeinheiten.

Zahlreiche Lotungen haben ergeben, dass die mittelozeanischen Rücken auffällig symmetrisch gebaut sind: um einen Zentralgraben, das sogenannte „rift valley" (vgl. Heezen et al. 1969, Knopoff et al. 1969, Vinogradov & Udincev 1975, Ballard & Moore 1977) mit einer Breite von einigen bis zu 50 km und relativer Tiefe von vielen 1000 m ordnen sich beidseitig zunächst eine Horst-Graben-Zone, sodann eine Bruchschollenzone sowie obere, mittlere und untere Staffeln von Bergzügen an, die jeweils an Breite zunehmen, geringere Reliefenergie aufweisen und tiefer unter dem Meeresspiegel liegen. Erst in einer Entfernung von vielen 100 km vom zentralen „rift valley" schließen sich flankierende Tiefseeböden und Tiefseehügel an.

Eine Vielzahl von Arbeiten (u. a. Pfannenstiel 1961b, oder Ulrich 1969a) haben Anordnung und Genese der ozeanischen Rücken mit ihren typischen Blattverschiebungen (vgl. Abb. 12) aufgehellt. Zunächst ist eine große morphologische Ähnlichkeit mit Riftzonen der Kontinente – auch nach den Dimensionen – nicht zu übersehen (vgl. Abb. 13). Zusammen mit dem Übergang der submarinen Gebirgsketten in sich erst jung öffnende Ozeanspalten (Golf von Niederkalifornien und Golf von Aden/ Rotes Meer) liegen damit Hinweise vor, dass es sich um Nahtstellen in der Ozeankruste handelt, an der Schollen allmählich auseinanderdriften und die sich ständig unter Bildung neuer Erdkruste erneuern. Das häufige Auftreten flacher Erdbeben, geringe Geschwindigkeit seismischer Wellen in der Kammregion, ein hoher Wärmefluss im dortigen Gestein, Schwereanomalien sowie die Ergebnisse paläomagnetischer Messungen ergaben zusammen das moderne Bild des sogenannten „sea floor spreading", wie es vereinfacht nach Dietrich et al. (1975, S. 51) in Abb. 14 dargestellt ist: Beim Zerreißen der dünnen Ozeankruste wegen des Auseinanderdriftens der Kontinentalschollen dringt Material des Erdmantels (Magma) nach oben und vermischt sich mit Material der Erdkruste. Wo die Förderung besonders groß ist bzw. die Nahtstelle nahe der Meeresoberfläche liegt, wachsen vulkanische Inseln

2 Gliederung, Gestaltung und Potential der Meeresräume

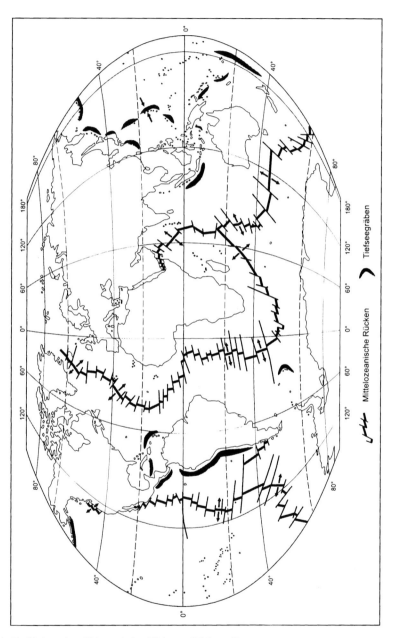

Abb. 12   Die Lage der mittelozeanischen Rücken und Tiefseegräben.

2.3 Topographie und Morphologie des Meeresbodens   29

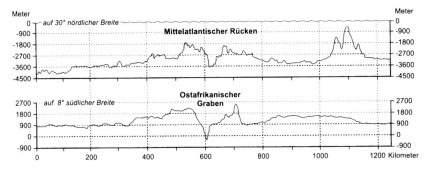

Abb. 13 Stark überhöhte Profile über den mittelatlantischen Rücken und den ostafrikanischen Graben (verändert n. Heezen & Wilson 1968).

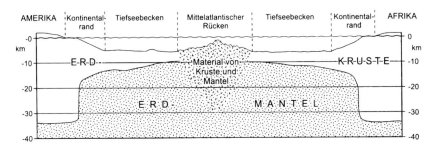

Abb. 14 Schematischer Schnitt durch die Ozeankruste am Boden des Atlantik (vereinfacht n. Dietrich et al. 1975, S. 51).

auf, wie sie im zentralen Atlantik in der Reihe (von N nach S) von Jan Mayen, Island, Azoren, St. Pauls Felsen oder Tristan da Cunha repräsentiert werden. Da das Magma beim Aufsteigen erkaltet, wird beim Unterschreiten der sogenannten Curie-Temperatur (bei Serpentiniten in 12–14 km Tiefe etwa 450 °C) der gerade herrschende Magnetismus des irdischen Magnetfeldes im Gestein konserviert. Da sich das irdische Magnetfeld im Laufe der jungen geologischen Vergangenheit häufig umgepolt hat, ist damit eine Datierungsmöglichkeit der neu entstandenen Ozeanböden beidseitig des „rift valley" gegeben. Es finden sich nämlich in streifenförmiger Anordnung die Zentralnaht flankierend schmalere und breitere Bereiche gleicher Magnetisierung spiegelbildlich zueinander, die mit Hilfe der Kalium-Argon-Methode absolut datiert werden können. Damit ist das Alter dieser Teile der mittelozeanischen Rücken ebenso festgestellt wie die mittlere Geschwindigkeit des Auseinanderdriftens. Sie liegt über längere Zeit zwischen ca. 1 und 10 cm/Jahr.

Die geringere Reliefenergie älterer abseits gelegener Schollenstreifen hängt mit der größeren Sedimenteindeckung wegen des höheren Alters zusammen, insbesondere aber ist sie Ausdruck eines isostatischen Zurücksinkens der stark belasteten dünnen Ozeankruste und des Zusammenziehens der neu geschaffenen Erdkruste bei der allmählichen Abkühlung. Dieses wird meist mit ca. 1000 m pro 1 Mio. Jahre angegeben. Durch Kalium-Argon-Methode, Paläomagnetismus, Datierung der Tiefseesedimente und geologische Studien an den flankierenden Kontinenten ist nachgewiesen worden, dass der Atlantik insgesamt erst weniger als 200 Mio. Jahre alt ist. Die häufige Versetzung der mittelozeanischen Rücken an den Bruchzonen („transform faults", vgl. Abb. 12) beweist, dass das „sea floor spreading" durch Unstetigkeiten der Bewegung gekennzeichnet ist. Da an anderen Stellen der Ozeane Krustenteile infolge Subduktion unter Kontinenten verschwinden, bedeutet das Entstehen neuer Ozeanböden und Aufspreizen neuer Meeresteile insgesamt keine Vergrößerung des Erdballes.

2.3.5 Einzelerhebungen im Tiefseebereich (Abyssal hills, Seamounts und Guyots)

Neben den langgestreckten zusammenhängenden Gebirgszügen um die zentralozeanischen Zerrspalten existiert noch eine große Fülle verschiedener isolierter Erhebungen im Tiefseebereich. Ihre Zahl beträgt sicher einige 10 000, und in wenig erforschten Meeresteilen werden ständig neue entdeckt.

Die unscheinbarsten solcher Erhebungen sind die sogenannten „abyssal hills" (Tiefseehügel) unterschiedlicher Gestalt und meist geringer relativer Höhe sowie sehr tief unter dem Meeresspiegel liegend. Sie bilden oft nur schwache Anschwellungen des Tiefseebodens und liegen meist in großer Entfernung von den mittelozeanischen Rücken (Rona et al. 1974). Wahrscheinlich handelt es sich um mehr oder weniger sedimentverhüllte Resterhebungen aus dem sogenannten „sea floor spreading".

Die Seamounts, echte Tiefseeberge, zeigen gewöhnlich eine markantere Gestalt und größere relative Höhe. Sie sind nahezu ausschließlich vulkanischer Natur, manchmal in Ketten und Reihen angeordnet und sehr oft oben abgeflacht. Diese tafelbergartigen Sonderformen erhielten (nach einem schweizerischen Naturforscher) den Namen „Guyot". Über die Verbreitung solcher Tiefseekuppen und Guyots im Pazifischen Ozean unterrichtet die Abb. 15, wobei jeder Punkt für eine größere Anzahl von Unterwassererhebungen steht. Das Kartenbild eines Guyots zeigt Abb. 16.

Die auffällige Tafelbergform als Hinweis auf eine Kappung sowie die Lage dieser Verebnung in verschiedenen Meerestiefen hat zu einer großen Zahl von Untersuchungen geführt, wobei auch schwierige Probennahmen aus großer Wassertiefe angewendet wurden. Davon legen u. a. die Arbeiten von Hess 1946, Dietrich & Ulrich 1961, Ulrich 1964, 1969b, und Ulrich 1971 in Detailbehandlung einzelner Guyots,

2.3 Topographie und Morphologie des Meeresbodens

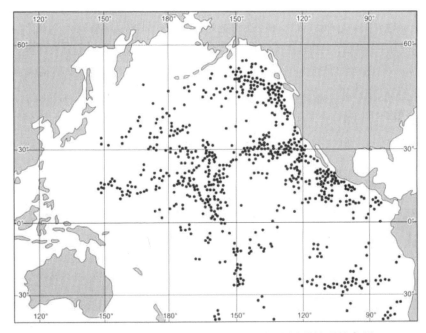

Abb. 15 Verbreitung von Tiefseekuppen und Guyots im Pazifik (n. Dietrich & Ulrich 1968, S. 17).

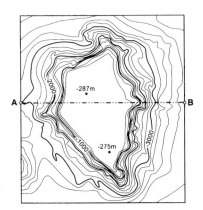

Abb. 16 Die „Große Meteorbank" als Beispiel eines Guyots im Atlantik.

Barr 1974 über reihenförmig angeordnete untermeerische Berge sowie die Übersichtsarbeiten von Menard 1963 und Menzel 1971 Zeugnis ab.

Das gehäufte Auftreten vulkanischer Erhebungen in der Tiefsee ist nicht verwunderlich, wenn man sich die geringe Mächtigkeit der starren Ozeankruste von nur ca. 5 km vergegenwärtigt. Eine reihenförmige Anordnung submariner Erhebungen (oder gar Inseln) wird auf die Wanderung der Ozeankruste über einen sogenannten „hot spot", einen heißen, stark lavafördernden Bereich des Erdmantels zurückgeführt. Die Hawaii-Inseln sind ein sehr gutes Beispiel dafür. Sie belegen gleichzeitig die Gesetzmäßigkeit des Alterns solcher Vulkanbauten: die ältesten sind bereits weitgehend von der Brandung aufgezehrt, zurückgesunken, bei Abkühlung geschrumpft und dadurch verkleinert, in ihrer nordwestlichen Fortsetzung finden sich echte Seamounts und Guyots in zunehmender Meerestiefe, und der Vulkanismus auf ihnen ist fast oder ganz erloschen. In südöstlicher Richtung dagegen liegen die größten und heute durch aktive Lavaförderung noch wachsenden Inseln. Der Altersunterschied von rund 5 Mio. Jahren bei einer Entfernung von fast 600 km belegt eine mittlere Wanderungsgeschwindigkeit des Ozeanbodens über einen „hot spot" von mehr als 10 cm/Jahr (vgl. auch Gierloff-Emden 1980, S. 409).

Die starke Belastung der dünnen Ozeankruste durch solche Erhebungen, die – vom Meeresboden gemessen – mit über 10 000 m Höhe doppelt so dick sind wie die unterlagernde Ozeankruste, lässt sich leicht vorstellen. Auf solche Belastungsvorgänge deuten auch die gelegentlich um Inseln und Guyots nachgewiesenen ringförmigen Einwalmungen des Ozeanbodens hin.

Der tafelbergartige Charakter der Guyots weist auf eine exogen angelegte Schnittfläche hin. In der Tat haben Materialproben von den Verebnungen sowohl Strandmaterial (gerundete Sande und Schotter) wie auch Flachwasserfauna einschließlich jetzt abgestorbener Korallen erbracht. Die paläontologische Altersbestimmung ergab kein Alter größer als die Kreidezeit. Man muss insgesamt davon ausgehen, dass die Einzelberge früher im Brandungsniveau gekappt worden sind und im Flachwasserbereich Korallen aufgewachsen sein können. Die Lage der Kappungsflächen in unterschiedlicher und zum Teil sehr großer Wassertiefe ist aber nicht – ebensowenig wie bei den submarinen Canyons – auf ein ehemals viel tieferes Meeresniveau zurückzuführen, sondern auf das Zurücksinken der Vulkanbauten infolge zu großer Belastung der dünnen Ozeankruste. Darauf deutet auch die Gesetzmäßigkeit: größere Tiefe = höheres Alter hin. Das Zurücksinken geschah jedoch nicht allein durch einfachen isostatischen Ausgleich, sondern durch das Abwandern von Ozeankruste aus dem Wölbungsbereich der mittelozeanischen Rücken beim „sea floor spreading". Wenn dabei das Korallenwachstum wenigstens eine Weile mit dem Ertränkungsvorgang Schritt halten konnte, so ist verständlich, dass sich heute die tafelartigen Flachformen in so unterschiedlicher Meerestiefe befinden.

2.3.6 Tiefseebecken, -tröge, -schwellen und -fächer

Da die mittelozeanischen Rücken meistens eine zentrale Lage in den Weltmeeren einnehmen, liegen die Tiefseebecken und -ebenen, manchmal auch in extrem flacher Troggestalt, zwischen diesen aktiven Gebirgszügen und den steilen abtauchenden Kontinentalabhängen, also in eher randlicher Lage. Sie sind aber immer noch so weit von den Kontinenten entfernt, dass nur außerordentlich geringe Sedimentmengen sehr feiner Korngröße über Suspensionsströmungen Material anliefern können. Die geringe Reliefenergie ist daher weniger ein Ausdruck starker Verschüttung, sondern ein primäres Merkmal dieser Reste noch intakter Ozeanschollen, die im Sinne der Plattentektonik passive Bereiche darstellen. Durchmesser von vielen 1000 km nahezu ohne jede Reliefierung in 3000 m bis über 6000 m Wassertiefe kommen bei diesen Gebilden häufig vor (vgl. Seibold & Berger 1982). Mit einem Anteil am Ozeanboden von 41,8 % oder 29,5 % der gesamten Erdoberfläche werden ihre Dimensionen erst verständlich. Neuerdings ist durch direkte Beobachtung von Tauchbooten oder mittels Fernsehkameras nachgewiesen, dass offenbar auch in diesen großen Tiefen durch Strömungen Materialverlagerungen stattfinden können, wofür die Ausbildung von Rippelmarken Zeugnis ablegt.

Die Erforschung dieser Teile der Tiefseeböden wird u. a. durch die Arbeiten Menard (1969) dokumentiert. In jüngeren Jahren hat sie sich intensiviert, insbesondere wegen der Suche nach und Gewinnung von Bodenschätzen aus diesem Raum. Gelegentlich werden Tiefseebecken von weitgespannten Tiefseeschwellen durchzogen und getrennt, die insgesamt bis zu einigen 1000 m relativer Höhe aufweisen können. Sie zeigen jedoch kaum eine Gliederung in sich selbst und scheinen damit – auch wegen des Fehlens von magnetischen Anomalien oder tektonischer Ruhe – sehr alte Teile von ehemaligen, jetzt inaktiven mittelozeanischen Rücken darzustellen. Manchmal handelt es sich um Reststücke von kontinentaler Kruste, was durch Schweremessungen nachgewiesen werden konnte.

Auf eine über lange Zeit doch merkbare Sedimentverlagerung deuten flache und ausgedehnte Tiefseefächer hin, die gelegentlich am Rande von Schwellen auf den Tiefsee-Ebenen sitzen. In viel größerer Ausdehnung finden sie sich jedoch in kontinentnaher Lage, wo sie vom Suspensionsmaterial großer Ströme aufgebaut werden. So reichen solche Fächer vor der Mündung von Indus oder Ganges-Brahmaputra bis in über 5000 m Wassertiefe, sind selbst über 2000 km breit und weisen Sedimentmächtigkeiten bis über 2,5 km auf.

2.3.7 Tiefseegräben

Die größten Tiefen der Weltmeere haben schon immer eine eigenartige Faszination ausgeübt. Im Verlaufe der Forschungsgeschichte sind mehrfach neue Rekordtiefen gemeldet worden, und selbst der Mensch hat sich mit einem entsprechend ausgerüs-

2 Gliederung, Gestaltung und Potential der Meeresräume

2.3 Topographie und Morphologie des Meeresbodens

Tab. 4 Dimensionen von Tiefseegräben (nach einer Zusammenstellung bei Gierloff-Emden 1980, S. 421).

Name	Länge in km	max. Breite in km	größte Tiefe in m	Mindestentfernung der 6000-m-Linie vom Festland in km
Marianen-Graben	1350	110	11 034	110
Tonga-Graben	1400	110	10 880	90
Kurilen-Graben	2300	120	10 540	90
Philippinen-Graben	1300	110	10 540	40
Japan-Graben	1800	140	10 370	120
Kermadec-Graben	1300	150	10 050	120
Bonin-Graben	900	180	9810	120
Puerto-Rico-Graben	1100	120	9220	40
Bougainville-Graben	850	50	8530	35
Westkarolinen-Graben	450	40	8530	35
Südsandwich-Graben	1000	100	8430	100
Atacama-Graben	1500	50	8060	45
Aleuten-Graben	2900	80	7820	50
Ryukyu-Graben	550	100	7510	90
Sunda-Graben	2000	90	7450	140

teten Tauchboot schon in die Maximaltiefen um 11 000 m vorgewagt (Tauchboot „Trieste" im Marianengraben).

Ein Blick auf eine Weltkarte und Abb. 17 zeigt, dass die Tiefseegräben auffälligerweise in enger Nachbarschaft zu Festländern und Inseln auftreten sowie eine langgestreckte Gestalt und oft bogenförmige Konturen haben. Diese Formen und Lagebeziehungen geben schon wichtige Hinweise zur Genese, wie sie u. a. auch von Ewing & Heezen 1955, Udincev 1959, oder Fisher & Hess 1963 dargestellt sind. Näheres zur Gestalt der Tiefseegräben findet sich auch in Abb. 18 und Tab. 4: bei Längen bis über 2000 km und Breiten zwischen ca. 50 und über 100 km erreichen sie Tiefen von 7000 bis über 11 000 m. Nach Tab. 2 nehmen sie insgesamt 1,7 % der Ozeanböden ein, wobei die meisten der Gräben im Pazifik liegen.

Abb. 17 Die randliche Lage der Tiefseegräben (hier gekennzeichnet als gezähnte Linien) zeigt an, dass sie jeweils mit der Subduktion der Ozeanplatten unter die angrenzenden Kontinentalplatten zusammenhängen (Credit: UN Atlas of the Oceans und NOAA: „origin of the oceans and continents").

2 Gliederung, Gestaltung und Potential der Meeresräume

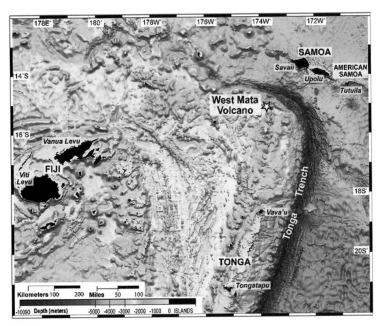

Abb. 18 Der Tonga-Graben bildet mit –10.880 m die zweitgrößte Meerestiefe der Erde. Hier schiebt sich die ozeanische Platte des Pazifischen Ozeans von Osten her unter eine ältere ozeanische Platte, was zur Aufbiegung und submarinem Vulkanismus führt, der schließlich Inseln wie Tonga, Fidji und Samoa bildet (Credit: NOAA, USA).

Nach Seibold & Berger (1982) sind die Flanken der Tiefseegräben relativ steil (8–15°), manchmal bis um 45°. Im Ostpazifik, wo sie unmittelbar großen kontinentalen Einzugsbereichen benachbart liegen, sind sie bezeichnenderweise ca. 1000 m weniger tief als im von Inseln abgeschirmten Westpazifik. Darin drücken sich die unterschiedlichen Sedimentationsbedingungen aus.

Die modernen Forschungsergebnisse zur Plattentektonik haben die wesentlichen Entstehungsbedingungen der Tiefseegräben schlüssig dargelegt. Es handelt sich jeweils um einen Bereich der Kollision von zwei unterschiedlichen Lithosphärenplatten, meist einer spezifisch leichten und hochliegenden Kontinentalplatte mit einer spezifisch schweren und tiefliegenden Ozeanplatte, die dann, wie in Abb. 8 und 9 bereits angedeutet, unter den Kontinent abtauchen muss. Durch die dabei erzeugte Reibung werden Erdbeben ausgelöst, und die Präzisionsbestimmung der Lage der Erdbebenherde hat ergeben, dass sich diese auf einer unter 15–70° abtauchenden Fläche, der sogenannten Subduktions- oder Benioffzone bis in Tiefen um 700 km anordnen. Erdbeben mit besonders großen Herdtiefen können dabei an der Erdoberfläche besonders verheerende Auswirkungen haben. Insgesamt liegen nahezu 80 % aller kräftigen Erdbeben auf diesen Subduktionszonen. Durch die starke Beanspruchung der Erdkruste in diesen Bereichen treten außerdem zahlreiche Vulkane auf, wie der „Feuerring" um den Pazifik gut belegt.

Vereinfacht kann wohl gesagt werden, dass den Gebieten der Entstehung neuer ozeanischer Kruste in den mittelozeanischen Rücken solche der Verschluckung peripherer ozeanischer Krustenteile gegenüberstehen. Daher können die Ozeanböden insgesamt kein sehr hohes geologisches Alter erreichen.

2.4 Die Sedimente des Meeresbodens

Über die Zusammensetzung der Sedimente der Flachsee ist im Zusammenhang mit der Genese der Schelfe (vgl. Kap. 2.3.1) bereits berichtet worden. Hier finden wir prinzipiell die gröbsten Korngrößen sowie Strandsande und Bruchschill (zerbrochene Muschel- und Schneckenschalen) und insgesamt eine gut erkennbare Zonierung in Verbindung mit den Verwitterungs- und Abtragungsbedingungen auf dem angrenzenden Festland: Felsbereiche, Blockwerk, Schotter und Kiese herrschen vor in der Nachbarschaft glazialer und fluvioglazialer sowie glazimariner Milieus, also in höheren geographischen Breiten. Dagegen dominieren in den niederen geographischen Breiten die Korallenbildungen einschließlich ihres groben und feinen Schuttes sowie feine Tone wegen des Vorherrschens der chemischen Verwitterung auf den tropischen Festländern.

Außerhalb der Schelfe auf den tiefgelegenen Meeresböden weicht die Verteilung der Sedimente von dem oben gegebenen Schema jedoch stark ab. Sowohl durch die Grundlagenforschung, welche sich zum Ziel setzte, durch Analysen der Meeressedimente eine Aufhellung der Geschichte der Ozeanböden wie auch der Abtragungsbedingungen auf den Festländern zu erreichen, als auch durch den anwendungsbezogenen Aspekt der Suche nach neuen Rohstoffen in der Tiefsee sind wir heute über die Gegebenheiten recht gut unterrichtet. Einen kleinen Einblick in die verschiedenen Untersuchungsrichtungen vermitteln u. a. Thiede und Abrahamsen 1970, Rad 1974, Diester-Haas 1976, Kolla et al. 1978, Mallik 1978, und in geraffter, aber sehr klarer Zusammenfassung Seibold & Berger 1982, S. 54–78.

Vom Standpunkt der auf dem Festland arbeitenden Geowissenschaftler aus (und auch in etlichen Handbüchern der Geomorphologie u. a.) erscheint das Meer im wesentlichen als letzter Sedimentfänger und Ablagerungsraum für die bei der Verwitterung der Festländer anfallenden Produkte. Daraus ergibt sich oft die Vorstellung, als liegen diese dort in großer Mächtigkeit. Eine feinere Betrachtung zeigt jedoch, dass sie nur einen relativ bescheidenen Anteil ausmachen. Zudem lässt sich nicht, wie früher angenommen, an geeigneter Stelle in den Meeresbecken eine schier unendliche Geschichte von Abtragung und Ablagerung nachweisen, sondern wegen der endogen bestimmten Unruhe der Ozeanböden, ihrer Neuentstehung und Verschluckung ist das nur für einen sehr bescheidenen Teil der geologischen Zeitspanne, für kaum mehr als 200 Mio. Jahre, möglich. Außerdem gibt es in den neu geschaffenen Ozeanbereichen (z. B. den mittelozeanischen Rücken) ausgedehnte Areale, die praktisch noch sedimentfrei sind, während andere Gebiete fast ausschließlich im Meer selbst angefallene Produkte im Sediment aufweisen (Abb. 19).

Die Meeressedimente kann man in drei große Herkunftsgruppen einteilen:

1. Lithogene Sedimente. Das sind solche, die als Verwitterungsprodukte oder Teile der festen Erdkruste mobilisiert wurden und in die Ozeane geraten sind. Wir können sie unterscheiden nach der Korngröße (Blöcke, Schotter, Kiese, Sand, Silt, Ton), nach ihrer Herkunft (durch Verwitterung vom Festland, aus Vulkanen gefördert oder auch extraterrestrisch als Meteoritenstaub) oder nach den Transportmedien (Gletscher, Flüsse und Wind). Hierdurch wird verständlich, dass das Hauptablagerungsgebiet lithogener Meeressedimente die Ozeanränder (Schelfe und Kontinentalabhänge) sind und nur allerfeinste Korngrößen durch Wind oder Suspensionsströmungen auch entferntere Gebiete erreichen können.

2. Biogene Sedimente. Es handelt sich dabei um Hartteile von Lebewesen oder um deren Fragmente. Sie können primär Festgestein bilden (Korallenriffe, Algenkrusten etc.), meist aber sind es lagenweise sedimentierte Lockerprodukte. Im flachen Wasser dominieren benthisch lebende Schnecken und Muscheln u. a., im tiefen Wasser die planktonischen Kleinlebewesen. Man kann auch diese insgesamt in Gruppen teilen, nämlich in die der Kalkschalenliefernden (wie die Foraminiferengattungen der Globigerinen und Pteropoden, vgl. Tab. 5) sowie die aus Kieselsäure aufgebauten Skelette der Diatomeen und Radiolarien (Tab. 5). Beide zusammen nehmen über 50 % des Meeresbodens mit ihren Ablagerungen ein, wobei sich eine charakteristische Zweiteilung ergibt: da die Kalkteile sowohl im kalten Wasser wie auch unter hohem Druck rasch gelöst werden (entweder bereits beim langsamen Niedersinken oder am Meeresboden), bleiben in den arktisch-antarktischen Gebieten und der Tiefsee letztlich die Kieselalgenschalen übrig.

Tab. 5 Mittlere Zusammensetzung pelagischer (Tiefsee-)Sedimente (aus Dietrich et al. 1975, S. 24).

Bestandteile	roter Tiefseeton	Globigerinenschlamm	Pteropodenschlamm	Diatomeenschlamm	Radiolarienschlamm
Kalk ($CaCO_3$) organisch	10,4 %	64,7 %	73,9 %	2,7 %	4,0 %
Kieselsäure (SiO_2) organisch	0,7 %	1,7 %	1,9 %	73,1 %	54,4 %
anorganische Reste	88,9 %	33,6 %	24,2 %	24,2 %	41,6 %
	100 %	100 %	100 %	100 %	100 %

2.4 Die Sedimente des Meeresbodens

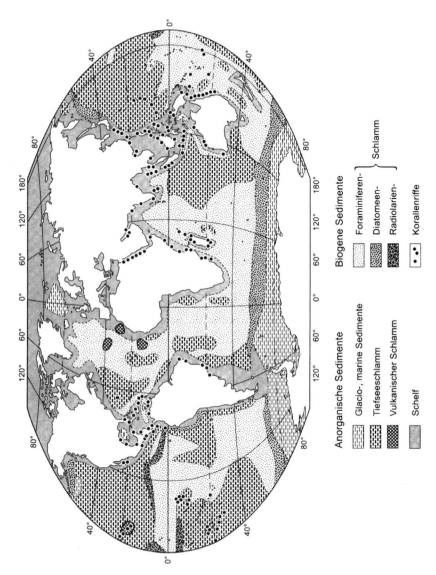

Abb. 19 Typen von Tiefseeablagerungen und ihre Verteilung (nach verschiedenen Quellen zusammengestellt).

40 2 Gliederung, Gestaltung und Potential der Meeresräume

Abb. 20 Manganknollen auf dem Meeresboden (Quelle: Bundesanstalt für Geowissenschaften und Rohstoffe).

3. Eine dritte Gruppe bilden die sog. „hydrogenen Sedimente", wobei es sich um Abscheidungen im Meerwasser selbst oder um beim Verdunsten von Meerwasser übrig gebliebene, chemische Substanzen handeln kann. Am bekanntesten sind wohl die Eisen-Mangan- und Phosphor-Knollen der Tiefsee sowie die beim Austrocknen von Meeresteilen anfallenden Salz- und Anhydritlager. Herkunft und Sedimenttyp sowie die Möglichkeit späterer Umlagerungen bestimmen die Sedimentmenge und die Sedimentationsgeschwindigkeit mariner Ablagerungen. Ihr Maximum wird erreicht in Küstennähe (in den Watten oder großen Deltas der Erde) mit vielen Metern/1000 Jahre. Zur Tiefsee im Bereich der roten Tiefseetone, der allerfeinsten Meeressedimente, die wir kennen, sinkt die Sedimentationsrate in küstenferner Lage auf weniger als 1 mm/1000 Jahre ab.

Auf dem Meeresboden befinden sich in größeren Gebieten werthaltige Stoffe wie Manganknollen oder Mangankrusten. Die Knollen sind etwa faust- oder kartoffelgroß, rundlich und liegen relativ dicht gestreut in 4000 bis 6000 m Tiefe direkt offen auf dem Meeresgrund (Abb. 20). Es handelt sich um Konkretionen von Metallen um einen winzigen Kern (organischer Rest wie Haifischzahn o. ä.), wobei Mangan mit

Abb. 21 Verteilung der 2002 bekannten Gashydrat-Lagerstätten, alle in jüngeren Sedimenten am Rande der Ozeane (Credit: 2007 Thru 2011 New Energy and Fuel • Powered by WordPress, Graphik Timo Willershäuser).

2.4 Die Sedimente des Meeresbodens

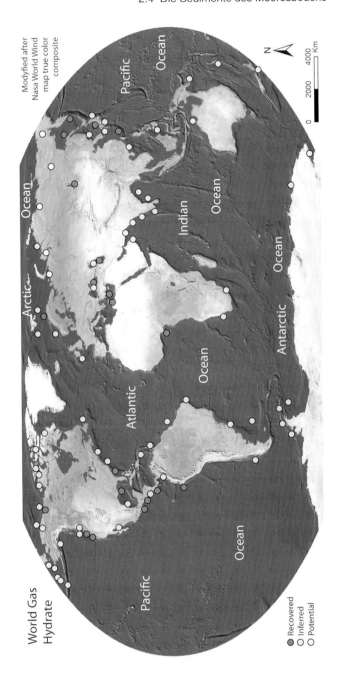

42　2 Gliederung, Gestaltung und Potential der Meeresräume

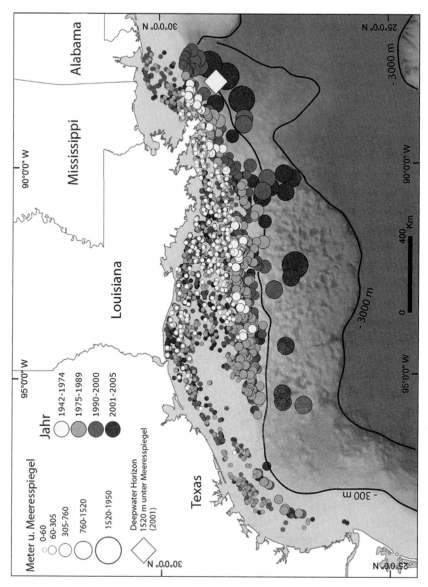

Abb. 22　Gegenwärtige, potentielle und zukünftige Fördergebiete von Erdöl und Erdgas vor der Golfküste der USA mit deutlicher Verschiebung in immer größere Meerestiefen (Credit: www.renewable.com/category/uncategorized (Nov. 1st, 2010; 14.9.2012, Graphik Timo Willershäuser).

bis zu 25 %, Eisen um 15 % und Kupfer, Zink, Kobalt, Nickel und einige andere mit 1 % oder weniger vorhanden sind. Das Wachstum dieser Konkretionen geschieht außerordentlich langsam und meist über einige Millionen von Jahren. Damit ist gleichzeitig erwiesen, wie unendlich gering die Sedimentationsrate in diesen tiefen Meeresregionen sein kann.

Im Meeresboden selbst kommen Substanzen vor, aus denen sich extreme Mengen an Energie gewinnen lassen. Es sind die Gashydrate (z. B. Methanhydrat). Die Bildung von Gashydraten ist abhängig von der Zusammensetzung eines Gas- und Wassergemisches, in dem sich unter bestimmten Drucken und tiefen Temperaturen eisähnliche Substanzen bilden können (Zusammenfassung bei Suess & Haeckel 2010, s. a. Abb. 21). Sie kommen vor allem entlang der Kontinentalränder an solchen Stellen vor, wo eine hohe Primärproduktion und Sedimentation unter Sauerstoffmangel eine Zersetzung verhindern. Wo diese Gashydrate konzentriert vorkommen besteht allerdings auch die Gefahr, dass sie bei Verminderung des Druckes oder Erhöhung der Temperatur instabil werden, sich in Gas verwandeln und so zu Rutschungen, sogar mit der Folge von Tsunamis führen können. Außerdem ist austretendes Methan aus diesen Hydraten etwa 10mal so klimaschädlich wie CO_2.

Unter dem Meeresboden, d. h. in den Gesteinsschichten selbst können sich verschiedene Kohlenwasserstoffe angereichert haben, vor allem Erdöl und Erdgas, die in großen Bereichen bereits gefördert werden, vor allem auf dem Schelf und in großen Deltas, aber zunehmend auch aus größerer Tiefe (Abb. 22).

2.5 Eigenschaften des Meerwassers

Das Wasser der Meere und Ozeane bildet mit einem Volumen von ca. 1350 Mio. km^3 über 95 % allen beweglichen Wassers auf der Erde (Lvovitch 1971). Seine große Menge und räumliche Ausdehnung haben unserem Himmelskörper auch den Namen „Wasserplanet" oder „blauer Planet" eingetragen. Eine „Geographie der Meere und Küsten" muss sich wenigstens insoweit mit einigen physikalischen und chemischen Grundtatsachen und Gesetzmäßigkeiten der Ozeanographie befassen, wie es für das Verständnis von Bewegungsvorgängen und Wechselwirkungen mit der Atmosphäre und dem Festland sowie dem Einfluss auf die Küsten, die Lebewesen im Meer oder die wirtschaftlichen Absichten des Menschen notwendig ist. Dies kann hier in aller Kürze geschehen, weil eine ganze Reihe umfangreicher Hand- und Lehrbücher zu diesem Komplex vorliegen, so u. a. Krümmel 1907, Sverdrup, Johnson & Flemming 1942, Kalle 1945, Defant 1961, Arx 1962, Maclellan 1965, King 1974, Meadows & Campbell 1978, Thurman 1985, Apel 1987, Marcinek & Rosenkranz 1989, die Kurzfassung von Rosenkranz 1980 sowie die neueren Fassungen von Conkright et al. 2001 oder Garrison 2005.

2.5.1 Die physikalischen Eigenschaften des Meerwassers

Die Dipoleigenschaften des reinen Wassers (vgl. Kap. 2.5.2) führen dazu, dass es außergewöhnlich hohe thermische Grundwerte besitzt. Das bedeutet, dass für die Erwärmung (insbesondere beim Schmelzen und Verdampfen von Wasser) sehr hohe Energiemengen zugeführt werden müssen. Deshalb erwärmt es sich sehr langsam im Vergleich zu anderen Stoffen. Beim Abkühlen (Kondensation und Gefrieren) wird allerdings diese Energie wieder frei, so dass Wasser ein außerordentlich guter Wärmespeicher ist.

Durch den Salzgehalt des Meerwassers (Abb. 23) wird eine Reihe von physikalischen Eigenschaften hervorgerufen, die das Meerwasser vom Süßwasser unterscheiden. Das gilt z. B. für die in Tab. 6 dargestellte Dichte des Meerwassers in Abhängigkeit von Salzgehalt und Temperatur. Wir erkennen in dieser Tabelle zwei Gesetze: einmal die Zunahme der Dichte bzw. des spezifischen Gewichtes mit zunehmendem Salzgehalt und die Abnahme der Dichte mit steigender Wassertemperatur. Diese einfache Gesetzmäßigkeit gilt für Oberflächenwasser. In großer Tiefe, d. h. unter entsprechend starkem Druck einer hohen Wassersäule, ist das Wasser insgesamt ein wenig zusammendrückbar. Dieser Wert ist zwar nur gering, übersteigt aber die Dichtezunahme durch Abkühlung oder Salzgehaltssteigerung dennoch. So beträgt z. B. in 10 000 m Tiefe bei mittlerem Salzgehalt und geringer Temperatur die Dichte etwa 1,07 g/cm^3. Die Zunahme der Dichte mit der Tiefe infolge des hohen Druckes führt natürlich zu einer Erschwernis des Wasseraustausches, weil das dichteste und spezifisch schwerste Wasser sich gewöhnlich an den tiefsten Stellen der Ozeanbecken aufhalten muss.

Aus der Tab. 6 lässt sich z. B. ablesen, dass sehr salzarmes tropisch-warmes Wasser pro Kubikmeter 1003 kg wiegt, sehr kaltes und salzreiches Meerwasser dagegen pro Kubikmeter 1031 kg. Diese Werte gelten für Oberflächenwasser. In großer Tiefe (bei starkem Druck) ist Wasser, wie erwähnt, ein wenig zusammendrückbar. So beträgt die Dichte z. B. bei 2,48 °C und 34,67‰ Salzgehalt in 10 000 m Tiefe 1,07211, bzw. ein Kubikmeter wiegt unter diesen Bedingungen 1072,11 kg.

Tab. 6 Dichte des Seewassers in g/cm^3 in Abhängigkeit von Salzgehalt und Temperatur (nach Gierloff-Emden 1980, S. 704).

Salzgehalt	Wassertemperaturen				(in °C)		
(in ‰)	0	5	10	15	20	25	30
10	1,008	1,008	1,008	1,007	1,006	1,005	1,003
20	1,016	1,016	1,015	1,015	1,013	1,012	1,011
30	1,024	1,024	1,023	1,022	1,021	1,020	1,018
36	1,029	1,028	1,028	1,027	1,026	1,024	1,023
38	1,031	1,030	1,029	1,027	1,027	1,026	1,024

2.5 Eigenschaften des Meerwassers

Der Salzgehalt beeinflusst auch den so genannten „osmotischen Druck", der auf die Zellflüssigkeit von Organismen wirkt. Im reinen Wasser ist er 0, bei 7‰ Salzgehalt bereits 4,5 at, bei 35 ‰ Salzgehalt aber schon 23,1 at. Diese Tatsache begrenzt den Lebensraum vieler Organismen bzw. begründet Artenarmut in Wasser mit starken Schwankungen des Salzgehalts.

Salzgehalt, Dichtemaximum und Gefrierpunkt sind sehr eng voneinander abhängig (vgl. Tab. 7). Gefrierpunkt und Dichtemaximum fallen in Wasser von 24,7 ‰ Salzgehalt bei −1,33 °C zusammen. Diese Verhältnisse sind außerordentlich wichtig für die vertikale Zirkulation in Ozeanbecken im Jahresgang zwischen Sommer und Winter:

Tab. 7   Veränderung von Gefrierpunkt und Dichtemaximum.

	reines Wasser	Wasser mit 24,70 % Salzgehalt	Wasser mit 35 % Salzgehalt
Gefrierpunkt bei	0,00 °C	−1,33 °C	−1,91 °C
Dichtemaximum bei	+ 4,00 °C	−1,33 °C	−3,53 °C

In Süßwasser tritt nämlich bei Abkühlung auf 4 °C Isothermie ein, Vertikaldurchmischung wird dadurch erschwert, weil bei weiterer Abkühlung das Wasser wieder leichter wird. Beim Salzwasser dagegen sinkt bei weiterer Abkühlung das Dichtemaximum zunächst noch ab, so dass auch bei Temperaturen unter 0 °C noch eine vertikale Zirkulation aufgrund des Absinkens des oberflächlich schweren, kalten Wassers stattfindet. Das ist für die Austauschvorgänge im Meer von entscheidender Bedeutung. Insgesamt sind damit die Grundbedingungen für die sehr komplexen thermo-halinen Zirkulationsvorgänge angesprochen.

Von praktischer Bedeutung ist das Verhalten der Schallgeschwindigkeit im Meerwasser, insbesondere, weil man sich heute meist akustischer Lot- und Peilverfahren bedient. Dabei ist zu beachten, dass die Schallgeschwindigkeit bei steigenden Werten von Temperatur, Salzgehalt und Dichte zunimmt. Sie liegt in kaltem, salzarmem Wasser bei rund 1400 m/sec, in salzreichem warmem Wasser bei über 1500 m/sec. Ebenso nimmt sie mit der Meerestiefe zu. Das alles ist natürlich zu berücksichtigen, wenn z. B. durch akustische Lotungsverfahren genaue Meerestiefen festgestellt werden sollen.

Der Salzgehalt hat weniger Einfluss auf andere physikalische Eigenschaften des Meerwassers, etwa auf die optischen (Reflexion, Brechung und Extinktion). Die Reflexion gibt an, wie viel Prozent der einfallenden Strahlung an der Meeresoberfläche reflektiert werden. Diese Reflexion ist abhängig von der Höhe des Sonnenstandes, also dem Winkel, unter dem die Strahlung angeboten wird. Bei relativ steiler Sonnenhöhe von über 40° werden nur noch sehr wenige Prozent der Einstrahlung reflektiert (daher erscheinen Ozeanflächen von oben und in Satellitenbildern dunkel), bei sehr niedrigem Sonnenstand dagegen die größte Menge. Starker Wellengang führt ebenfalls zu einer Erhöhung der Reflexion.

Das Eindringen des Lichtes und der Strahlung in das Wasser wird dadurch begünstigt, dass beim Auftreffen auf die Oberfläche der Lichtstrahl gebrochen und zum Lot hin abgelenkt wird. Als Extinktion bezeichnet man die Schwächung, die ein Lichtstrahl im Wasser erfährt. Sie setzt sich zusammen aus Streuung und Absorption. Unter Streuung versteht man die Richtungsänderung des Lichts, und die Absorption bedeutet Umwandlung von Licht in Wärme. Beide Vorgänge sind wesentlich abhängig von der Wellenlänge der angebotenen Strahlung bzw. des Lichtes. Die Absorption nimmt mit ansteigender Wellenlänge zu, ist also im Rotbereich am größten und im Blaubereich am kleinsten. Für die Streuung ist es genau umgekehrt. Man kann das beim Tauchen selbst feststellen, weil nämlich bereits in geringer Wassertiefe die roten und gelben Farben nahezu vollständig verschwinden und alle Gegenstände einen blaugrünen Schimmer annehmen. Durch die Extinktion nimmt die Lichtintensität mit der Tiefe ab. Die Wasserfarbe ist abhängig von dem Maß der Extinktion und dieses wieder von den im Meerwasser befindlichen Teilchen. Reines Meerwasser wie in den Subtropen hat häufig eine tiefblaue Farbe. Eingeschwemmte Huminstoffe, schwebendes Plankton und andere Substanzen führen zu einer Verfärbung des Wassers in den Bereich grünlichgelb bzw. braun.

Wie bereits erwähnt, ist die Erwärmung des Wassers schwierig, weil dazu sehr große Energiemengen notwendig sind. Daher geht sie sehr langsam vor sich. Zur Erwärmung dient die direkte Sonnenbestrahlung oder auch die Wärme der Luft, wenn diese höher ist als die des Wassers. Da die Vorgänge der Wärmeaufnahme und der Wärmeabgabe an der Meeresoberfläche stattfinden, ist für die Gesamttemperatur einer Wassermasse auch das Verhältnis ihrer Tiefe zur Oberflächenausdehnung entscheidend, ebenso die Durchmischung (durch Strömungen oder Wellen). Von der insgesamt angebotenen Energie dringen nur etwas mehr als 37 % bis in 1 m Tiefe vor; in 10 m Tiefe sind es nur noch gut 16 % und in 100 m Tiefe 0,5 %. Durch die stärkere Erwärmung des Oberflächenwassers, die auch bei windbedingter Durchmischung nur einen bestimmten oberen Horizont von einigen Metern bis Dekametern Mächtigkeit erfasst, kommt es zur Ausbildung einer oberflächlichen erwärmten Schicht auf einer tiefer liegenden kalten, die von der Strahlung und durch die Mischvorgänge mit Hilfe des Windes nicht erreicht werden kann. Beide Wassermassen grenzen mit einer relativ schmalen, thermischen Sprungschicht aneinander. Im Sommer liegt in der Nordsee diese Schicht etwa in 30–40 m Tiefe. Dort ändert sich die Temperatur von +14 °C abrupt auf nur +6 °C. Diese Sprungschicht ist natürlich auch ein Bereich deutlich unterschiedlicher Dichte, und da das kalte Wasser in der Tiefe von größerer Dichte ist, bildet diese Sprungschicht gleichzeitig eine Barriere für den vertikalen Austausch (von Sauerstoff etc.). Die Wärmeabgabe des Wassers folgt über Ausstrahlung und Verdunstung, wobei der Verdunstung mit 53 % der Wärmeabgabe der Hauptanteil zufällt. Sehr gering ist die direkte Wärmeübertragung, die nur ungefähr 10 % des Anteils der Verdunstung beträgt. Bei der Verdunstung bleiben die Salzbestandteile im Meerwasser zurück, so dass hierdurch eine Erhöhung des Salzgehaltes und damit eine größere Dichte des Meerwassers hervorgerufen werden. Das führt direkt zu Wasserbewegungen in Form vertikaler und horizontaler Austauschvorgänge.

2.5.2 Die chemischen Eigenschaften des Meerwassers

Für viele Vorgänge im Meerwasser ist eine besondere chemische Eigenschaft des reinen Wassers, welches 96,5 % des Meerwassers bildet, von entscheidender Bedeutung. Es ist dies die so genannte Dipoleigenschaft der Wassermoleküle. Das Wassermolekül H_2O hat zwar einen symmetrischen Aufbau, aber der Bindungswinkel ist nicht gestreckt, sondern beträgt 104,5°. Dieses hat die Folge, dass der negative und der positive Ladungsschwerpunkt des Moleküls nicht zusammenfallen, sondern räumlich getrennt die beiden Ebenen des Dipols bilden. Daher ist es möglich, dass sich die Moleküle aufgrund der elektrischen Wechselwirkungen zu Aggregaten zusammenschließen, die in Abhängigkeit von der Temperatur aus 2, 4 oder auch 8 einzelnen Molekülen bestehen. Je nach Temperatur des Wassers herrschen unterschiedliche Molekülaggregate vor. Auch bei Wasser nimmt mit sinkender Temperatur das Volumen ab. Gleichzeitig bilden sich aber hochmolekulare Aggregate, was zu einer Volumenzunahme führt. Der Ausgleich dieser entgegenwirkenden Kräfte tritt im Süßwasser bei +4 °C ein, womit die maximale Dichte erreicht ist. Nimmt die Temperatur weiter ab, steigt das Volumen, und die Dichte wird geringer, weil nur noch oder überwiegend 8er-Aggregate vorhanden sind, die mehr Raum benötigen als 8 einzelne Moleküle. Wenn das Wasser dann gefriert, tritt noch einmal eine Volumenzunahme von 9 % auf (Bildung eines weitmaschigen Kristallgitters). Es ist dies der seltene Fall in der Chemie, dass die feste Phase eines Stoffes eine geringere Dichte hat als die flüssige, dass also das Eis auf dem Wasser schwimmt.

Die Lösung von festen Stoffen (Salzen) im Meerwasser geschieht durch die Aufhebung der Anziehungskräfte der verschiedenen Komponenten im Ionengitter, z. B. von Natriumchlorid durch die Dipol-Moleküle des Wassers. So lagern sich die Wassermoleküle jeweils mit der entgegengesetzt geladenen Seite ihres Dipols entweder an die Natriumionen, die positiv geladen sind, oder an die Chloridionen, die negativ geladen sind, an. Wenn dabei die Gitterenergie des Natriumchloridkristalls überwunden ist, löst dieser sich auf. Bei zunehmender Konzentration an gelöster Substanz verlangsamt sich der Lösungsvorgang, weil immer mehr Ionen einen Bindungspartner mit entgegen gesetzter Ladung finden. Schließlich können Sättigung und auch Auskristallisation eintreten.

Zu den wesentlichen chemischen Besonderheiten des Meerwassers gehört der Salzgehalt (Abb. 23). Über die Herkunft des Salzes im Meerwasser herrschen jedoch unterschiedliche Auffassungen. Eine besagt, dass es bereits im Urozean vorhanden gewesen ist, z. B. aus Meteor-Impakten oder Ur-Vulkanismus. Eine zweite geht davon aus, dass es durch Niederschläge dort hineingelangt ist, die entsprechende salzi-

48　2 Gliederung, Gestaltung und Potential der Meeresräume

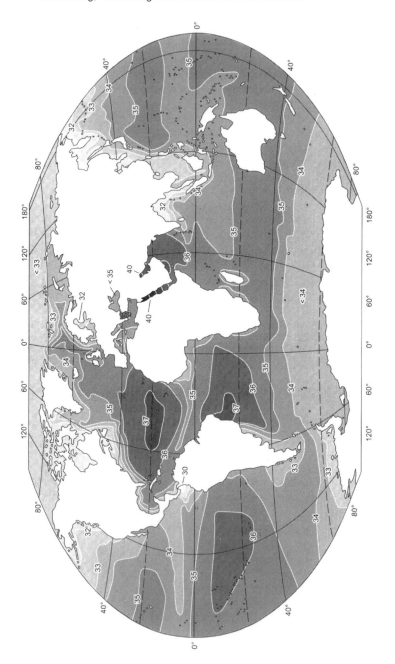

2.5 Eigenschaften des Meerwassers

Tab. 8 Prozentanteile verschiedener Salze im Meerwasser und Süßwasser (Flusswasser), nach verschiedenen Quellen zusammengestellt.

Salze		Meerwasser	Flusswasser
Natriumchlorid (NaCl)	77,8 ⎫ Chloride	88,7	7,0
Magnesiumchlorid ($MgCl_2$)	10,9 ⎭		
Magnesiumsulfat ($MgSO_4$)	4,7 ⎫		
Kalziumsulfat ($CaSO_4$)	3,6 — Sulfate	10,8	13,0
Kaliumsulfat (K_2SO_4)	2,5 ⎭		
Kalziumkarbonat ($CaCO_3$)	0,3 ⎫ Karbonate, Bromide	0,5	80,0
Magnesiumbromid ($MgBr_2$)	0,2 ⎭		

ge Bestandteile aus der Atmosphäre ausgewaschen haben. In die Atmosphäre sollen diese durch vulkanische Exhalationen gelangt sein. Sehr wahrscheinlich ist jedoch, dass die Salze im Meerwasser von den Festländern stammen. Im Verlauf der Verwitterung und Gesteinsaufbereitung werden ja viele Substanzen in der Gesteinshülle der Erde gelöst, insbesondere auch Salze, die über das abfließende Flusswasser in die Meere gelangen. Durch die Verdunstung von Wasser bleiben dort die gelösten Substanzen in zunehmender Anreicherung zurück.

Da im Meerwasser das Verhältnis der verschiedenen Stoffe, insbesondere der verschiedenen Salze zueinander konstant ist, auch wenn der Salzgehalt insgesamt sehr unterschiedlich ist, kann man den Gesamtsalzgehalt relativ einfach durch die Bestimmung des Chloridgehaltes feststellen. Im Mittel beträgt der Salzgehalt der Weltmeere 35 ‰. Wie Tab. 8 verdeutlicht, setzt er sich aus Chloriden, Sulfaten, Kalziumkarbonat und Magnesiumbromid zusammen. Dort findet sich auch eine Gegenüberstellung zum Anteil entsprechender Substanzen im Flusswasser. Die Verteilung des Salzgehaltes im Oberflächenwasser der Weltmeere ist abhängig von einer Anreicherung der Salze infolge Verdunstung oder einer Zufuhr größerer Süßwassermengen durch Niederschläge, Abfluss vom Festland oder Schneeschmelze, so dass normalerweise besonders hohe Salzgehalte in warmen, niederschlagsarmen Regionen der Erde (dort besonders in abgeschnürten Rand- und Nebenmeeren) vorkommen, während die geringsten Salzgehalte im Mündungsbereich großer Ströme oder im Randbereich arktischer Gebiete mit starker Schnee- und Eisschmelze liegen (vgl. Abb. 23).

Abb. 23 Mittlerer Salzgehalt des Oberflächenwassers der Weltmeere in Promille (nach verschiedenen Quellen zusammengestellt).

Tab. 9 Anteil der Hauptkomponenten im Meerwasser bei 35 ‰ Salzgehalt (nach verschiedenen Quellen zusammen gestellt).

Kationen	g/kg Meerwasser	Anionen	g/kg Meerwasser
Natrium (Na$^+$)	10,752	Chlorid (Cl$^-$)	19,345
Magnesium (Mg^{++})	1,295	Sulfat (SO$_4^{--}$)	2,701
Kalzium (Ca^{++})	0,416	Hydrogenkarbonat (HCO$_3^-$)	0,145
Kalium (K$^+$)	0,390	Bromid (Br$^-$)	0,066
Strontium (Sr^{++})	0,013	Borsäure (H$_3$BO$_3$)	0,027
		Fluorid (F)	0,001

Im Meerwasser ist eine große Zahl von chemischen Verbindungen, wahrscheinlich aller im Periodischen System der Elemente vorkommenden natürlichen Elemente, enthalten, allerdings in äußerst unterschiedlichen Konzentrationen. Die Hauptkomponenten sind in Tab. 9 aufgeführt. Es handelt sich im Wesentlichen um Natrium- und Chlorid-Ionen, dazu einige Sulfate und Magnesium-Ionen. Der pH-Wert des Meerwassers liegt durchschnittlich bei 8,2, also im leicht alkalischen Bereich.

Als im Meerwasser gelöste Gase sind vor allem Stickstoff, Sauerstoff und Kohlendioxid zu nennen. Das Verhältnis ihrer Konzentrationen im Ozeanwasser und im Vergleich mit der Atmosphäre gibt die Tab. 10 in Volumenprozent wieder. Das Meerwasser ist meist mit Stickstoff gesättigt, während der Sauerstoff mit dem Kohlendioxid in Wechselwirkung steht und intensiv an den Atmungs- und Oxidationsvorgängen im Meerwasser teilnimmt. Als Hauptlieferanten für den Sauerstoff sind dabei die Atmosphäre und die Photosynthese der Organismen im Meerwasser zu nennen. Insofern können unterschiedliche Sauerstoffgehalte in verschiedenen Meeresbereichen, insbesondere auch in verschiedenen Meerestiefen auftreten. Der Kohlendioxid-Gehalt (CO$_2$) des Meerwassers ist zum einen abhängig von der Zufuhr von Kalken (Karbonat-Ionen, CO$_3^-$), bzw. Hydrogenkarbonat-Ionen (HCO$_3^-$) vom Festland, die bei Übergang in Karbonate Kohlendioxid freisetzen, sowie von dem Austausch mit dem Kohlendioxidgehalt der Atmosphäre.

Tab. 10 Relative Häufigkeit verschiedener Gase in der Atmosphäre und im Ozeanwasser (bei 35‰ Salzgehalt und 20 °C (nach Dietrich 1964, S. 28, Kalle 1945 und Rosenkranz 1977).

Gas	Vol.-% in Atmosphäre	Vol.- % im Ozeanwasser
Stickstoff N$_2$	78,1	63,6
Sauerstoff O$_2$	20,9	33,4
Argon u. a. Edelgase	ca. 1,0	1,6
Hydrogenkarbonat-Ionen HCO$_3^-$	0,03	1,4

2.5 Eigenschaften des Meerwassers

Die Menge an gelösten organischen Stoffen im Meerwasser ist gering, jedoch erheblich höher als alle schwebenden und schwimmenden Lebewesen zusammen. Da das Meerwasser leicht alkalisch reagiert, entzieht es der Atmosphäre CO_2, um ein chemisches Gleichgewicht zu erlangen. Dadurch ergibt sich in der Oberflächenschicht eine Übersättigung mit Kalk (Kalziumkarbonat, $CaCO_3$), welcher in flachen Gewässern am Boden sedimentiert werden kann. Je mehr Kohlensäure vom Meer aufgenommen wird, desto höher sind $CaCO_3$-Konzentration und damit auch der pH-Wert. Bei verhältnismäßig warmen Meeren, die aufgrund der höheren Temperatur weniger Gase lösen können, sinken der Sauerstoffgehalt und der Kohlendioxidgehalt, damit auch der pH-Wert, und so nimmt die Übersättigung an $CaCO_3$, also an Kalk, zu. Sie kann mehrere 100 % betragen. Gebiete mit starker Sättigung finden wir daher hauptsächlich in den Tropen, also in den Warmwassergebieten. Mit zunehmender Wassertiefe nimmt der Gehalt an $CaCO_3$ ab, weil die Wasserstoffionen-Konzentration (der pH-Wert) sich zur sauren Seite hin verschiebt und der hydrostatische Druck steigt, wodurch die Wirksamkeit der freien Kohlensäure gesteigert wird und das $CaCO_3$ leichter gelöst wird. Der CO_2-Gehalt nimmt in größeren Wassertiefen dagegen zu. Das erklärt, warum dort Kalkschalen aufgelöst werden und in den Tiefseesedimenten der Anteil der Kalke erheblich zurückgeht.

Ein erst in jüngerer Zeit verstärkt beachtetes und untersuchtes Problem ist das der Ozeanversauerung („ocean acidification"), also ein Senken des pH-Wertes zur sauren Seite (d. h. zu niedrigeren Werten, vgl. auch Glynn 1996, Orr et al. 2005, Royal Society 2005, Donner et al. 2005, Atkinson & Cuet 2008, Cohen & Holcomb 2009, Riebesell et al. 2010, Hönisch et al. 2012 und die Zusammenfassung bei Bijma & Burhop 2010). Der Grund ist die durch Industrialisierung und andere Emissionen verstärkte Anreicherung der Atmosphäre durch CO_2, von dem etwa 1/3 im Meer gelöst wird. Dort steigt der Säuregehalt und Kalkschalen werden angelöst oder können sich nur verzögert aufbauen. In prä-industriellen Zeiten (18. Jh.) lag der pH-Gehalt des Meerwassers bei durchschnittlich 8,179 (oder knapp 8,2). Jede Änderung um nur $-0,1$ bedeutet eine Zunahme der Versauerung von bereits 26 %, eine solche um $-0,3$, also bei einem pH-Wert von etwa 7,9 ist es schon eine Verdoppelung. Derzeit liegt der Wert der Weltmeere bei knapp 8,1 oder plus 29 %, bereits sichtbar an Einflüssen auf Korallenriffe („Korallenbleiche", „coral bleaching", s. Abb. 24), für 2050 AD wird ein Wert von plus 69 % auf ca. 7,95 pH modelliert, und bei unveränderter Einspeisung für das Jahr 2100 bereits ein solcher von plus 126 % auf rund 7,82.

Wenn der durch bestimmte Bakterien verbrauchte Sauerstoff beim Abbau von organischen Bodensedimenten, abgestorbenen Lebewesen etc. nicht ersetzt wird (durch Zufuhr von oben oder von der Seite), was insbesondere in tiefen oder abgeschnürten Meeresteilen der Fall sein kann, so verbindet sich der dabei entstehende Schwefel mit dem Wasserstoff zu Schwefelwasserstoff und macht jegliches Leben nahezu unmöglich. Solche Verhältnisse finden sich in der Natur in tiefen Bereichen des Schwarzen Meeres, einigen Teilen der Ostsee, aber auch tiefen Trögen norwegischer Fjorde.

Abb. 24 Korallenbleiche („coral bleaching") an Riffen in SE-Asien, hier an den Spitzen von *Acropora cervicornis*.

Auffälligerweise ist das Meerwasser recht arm an Metallen und Schwermetallen. Das liegt höchstwahrscheinlich daran, dass sich eine selektive Absorption abspielt, da nämlich an allerfeinsten schwebenden Teilchen Alkali- und Erdalkali-Metallionen angelagert werden, wobei auch Eisen- und Manganhydroxide gebunden werden. Das führt insgesamt zu einer Entgiftung des Meerwassers, weil diese kleinen Teilchen aufgrund ihrer zunehmenden Schwere zu Boden sinken. Mit einer Entgiftung und Selbstreinigung des Meerwassers von giftigen Schwermetallen geht allerdings eine zunehmende Vergiftung und Anreicherung dieser Substanzen in den Bodensedimenten einher. Das Einbringen entsprechender Abfälle in die Meere ist schon aus diesem Grunde keineswegs unbedenklich.

2.6 Das Eis der Meere

Meerwasser hat wegen seines Salzgehaltes einen Gefrierpunkt, der deutlich unter 0 °C liegt. Deswegen und wegen der wellen- und strömungsbedingten Unruhe seiner Oberfläche ist ein Zufrieren erschwert bzw. zeitlich verzögert. Dennoch kommt in den Polargebieten eine ständige Meereisbedeckung vor, die sich in den Wintermonaten z. T. weit über die Polarkreise südwärts (bis jenseits des 40. Breitengrads auf

2.6 Das Eis der Meere   53

Abb. 25 Verschiedene Formen von Meereis in der Barents See (NASA images courtesy the Digital Mapping System team, and Holli Riebeek; earthobservatory.nasa.gov.)

beiden Halbkugeln!) ausbreiten kann. Da somit zumindest gelegentlich große Meeresgebiete von Eisbedeckung betroffen sind, ergibt sich eine erhebliche Behinderung bzw. Gefährdung der Schifffahrt. Allein schon aus diesem Grunde ist dem Meereisphänomen und den Fragen der Verbreitung in Zeit und Raum stets große Aufmerksamkeit geschenkt worden, wovon u. a. in einer sehr detailreichen und gut dokumentierten Übersicht unter Berücksichtigung einer großen Zahl auch praktischer Aspekte Gierloff-Emden 1980 bzw. 1982 unterrichtet. Auf diese Arbeiten sei für alle hier nicht genannten Einzelheiten verwiesen (s. a. Abb. 25 und 26).

Ein Teil des Eises auf dem Meer stammt vom Festland und ist in Form kalbender Gletscher geliefert worden. Die Eisberge der Nordpolarregion, welche vornehmlich

54   2 Gliederung, Gestaltung und Potential der Meeresräume

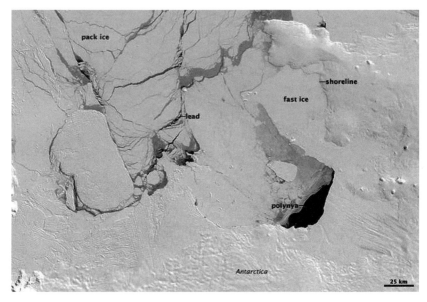

Abb. 26 Formen der Meereisbedeckung im Randbereich der Antarktis (NASA Earth Observatory/Google Earth 2001).

aus Zungen von „Outlet"-Gletschern Grönlands stammen, haben dabei eine sehr differenzierte Gestalt (Abb. 28 a und b), während die der Südpolarregion tafelartig aussehen (Abb. 29 a und b). Diese stammen in ihrer großen Mehrzahl vom Abbruch des auf dem Meeresboden aufsitzenden oder im Flachwasser schwimmenden Schelfeises (als Randbereich des Inlandeises). In jedem Falle ragt jedoch nur ein kleiner Teil (etwa 1/9) der Eisberge aus dem Wasser. Deswegen und wegen ihrer großen Masse (Tafeleisberge von über 100 km Durchmesser kommen häufig vor) können sie auch lange Zeit in warmen Breitenlagen überdauern und sogar in Gegenden vorstoßen, die selbst praktisch frostfrei sind. Wegen ihrer Größe dienen manche von ihnen als wissenschaftliche Stationen mit Camps, Flugpisten etc.. Kollisionen mit Schiffen (Untergang der Titanic 1912) sind heute wegen der bereits satellitengestützten Überwachung seltener geworden. Das im Meer entstandene Eis ist – je nach Alter und Temperatur – mehr oder weniger süß, weil die Salzlaken erst bei sehr niedrigen Temperaturen und allmählich als Restlösung gefrieren (NaCl z. B. erst bei –23 °C). Deshalb bedeutet einsetzendes Gefrieren eine Anreicherung von Salzen direkt unter der Eisdecke und eine Erhöhung des spezifischen Gewichtes des Meerwassers dort. Auf unter 0 °C abgekühltem Meerwasser kann bereits gefallener Schnee nicht mehr schmelzen und schwimmt infolgedessen als Schneebrei, bis er in verschiedenen luftreichen Partien zusammen friert. Typische Erscheinung der stän-

2.6 Das Eis der Meere 55

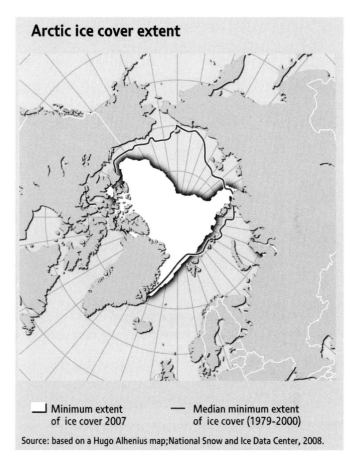

Abb. 27 Die schrumpfende sommerliche Eisbedeckung in der Nordpolarregion. Im August 2012 wurde das dargestellte Minimum von 2007 noch deutlich unterschritten (Credit:UNEP GRID Arendal).

digen Kollision der Eisschollen aneinander ist das Teller- oder Pfannkucheneis mit geringem Durchmesser, runder Form und erhöhten Randbereichen.

Im Einzelnen unterscheiden wir hauptsächlich zwischen dem lockeren Treibeis (mit verschiedener Dicke, Schollengröße und mehr oder weniger befahrbaren Zwischenräumen) und dem festeren Packeis sowie dem Küstenfesteis, welches ganz unbeweglich ist. Durch Pressung infolge von Meeresströmungen und Winddrift zerbrechen die Eisplatten und schieben sich über- und untereinander, wobei Rippen, Wülste, Stauchzonen etc. entstehen. Wegen dieser unregelmäßigen Oberfläche sind

Abb. 28 Oben (a): Abbruchkante des Jacobshavn Isbre im Westen Grönlands, der die meisten Eisberge der Nordhalbkugel liefert. Unten (b): driftende Eisberge vor dem Gletscher, umgeben von Eisbrei, der durch die Kollision der Eisberge entsteht und zu festem Meereis zusammenfrieren kann.

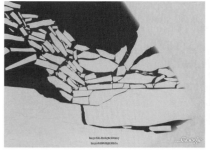 

Abb. 29 Typische tafelartige Schelfeis-Formen am Rande der Antarktis (Credit: Google Earth).

alte Meereisdecken äußerst schwierig zu begehen oder zu befahren. Auch an der Unterseite treten diese Unregelmäßigkeiten auf. Dort friert durchgesickertes süßes Schmelzwasser teilweise in skurrilen zapfenartigen Gebilden innerhalb des noch nicht gefrorenen Salzwassers an. Für das Dickenwachstum bis zu mehreren Metern werden Zeiträume von etlichen Jahren benötigt.

Die Meereisbedeckung allein der Nordpolarregion erreicht im Maximum eine Fläche von ca. 13 Mio. km, im Minimum im Spätsommer ist es etwa die Hälfte (Abb. 27). Dadurch wird aber der Austausch von Gasen (Sauerstoff, Stickstoff, Kohlendioxid) mit der Atmosphäre unterbunden, was zum Mangel an diesen lebensnotwendigen Substanzen führen kann. Mit dem Zufrieren von Meeresflächen erhalten diese auch recht plötzlich eine stark erhöhte Albedo und werden sozusagen (klimatologisch gesehen) zu Teilen des angrenzenden Festlandes. Dadurch entfällt der Klima mildernde Einfluss der Wassermassen, und die jetzt erhöhten Ausstrahlungswerte führen zu beschleunigter Abkühlung im Winter. Allerdings ist in den letzten Jahren ein zunehmender Rückgang der Eisausdehnung in der Arktis durch Satelliten beobachtet worden mit einem Minimum im Spätsommer 2007, das jedoch Ende August 2012 noch unterschritten wurde (Abb. 27). Je größer damit in den Sommermonaten die offene Wasserfläche wird, umso eher sind die NW- und die NE-Passagen (nördlich von Kanada/Alaska und Russland) wenigstens für einige Monate für die Schifffahrt frei, ein unbestrittener wirtschaftlicher Vorteil durch die Verkürzung der Seewege von Europa in den pazifischen Raum. Allerdings sinkt mit größerer Meeresfläche auch die Albedo, d. h. der Rückstrahleffekt einer früher ausgedehnteren Eisdecke, was die Erwärmung des Nordpolargebietes stetig beschleunigt, so dass diese heute weit über dem globalen Durchschnitt liegt und diesen zunehmend beeinflusst.

Über die Wirkung des Meereises auf die Küsten der Erde unterrichten im Übrigen die Kapitel 3.4.3.3 und 3.4.4.4.

2.7 Wichtige Bewegungsvorgänge im Meer

2.7.1 Wellen

Es sollen im Wesentlichen die windverzeugten Oberflächenwellen behandelt werden sowie solche singulären Erscheinungen, die in gewisser Wiederholung wesentliche Einflüsse auf Küstengebiete haben können. Aus der sehr großen Fülle der Quellen seien als Orientierungshilfe benannt Schulejkin 1960, Kinsman 1965, Siefert 1972, LeBlond et al. 1978, Kushnir 1997, Smith 2003, Dally 2005, Masselink 2005, Ryu et al. 2007, Turton & Fenna 2008 oder Wehrli et al. 2010.

Die Grundbedingung für die Entstehung von Wellen im freien Wasser, also abseits der Küsten, ist das Einwirken von Wind auf die Wasseroberfläche. Nach dem

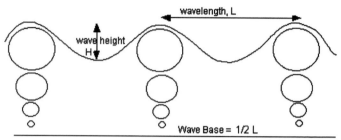

Abb. 30 Kreisbahnen der Wasserteilchen in regelmäßigen winderzeugten Wellen auf dem Ozean. Die Größe der Orbitalbahnen (und ihr Umfang) steigt mit der Wellenlänge, und entspricht deren Umfang. (Credit: OSWEGO, The Ste University of New York); https://faculty.nipissingu.ca/ingridb/geology/Tsunami %202004.htm

Helmholtz'schen Gesetz wird durch Reibung von zwei unterschiedlich dichten Medien an deren Grenzschicht eine wellenförmige Ausgleichsbewegung geschaffen, die nach einer gewissen Anfangsphase sinusförmigen Charakter hat. Die Wasserteilchen beschreiben dabei an Ort und Stelle kreisförmige Bahnen (Orbitalbahnen), deren Umfang der Wellenlänge entspricht und die infolge der Reibung zur Tiefe hin immer kleinere Durchmesser haben (Abb. 30 und 31).

Das bedeutet, die Wellenbewegung erlischt nach unten und wird schon bei einer Wassertiefe, die etwa der halben Wellenlänge entspricht, nahezu unmerklich. Einer bestimmten Windstärke ist aber nicht einfach eine bestimmte Wellenhöhe fest zuzuordnen (vgl. Tab. 11 und Abb. 32 und 33). Es kommt nämlich zusätzlich darauf an, wie lange der Wind (mit gleicher Richtung) weht und auf eine wie große Wasserfläche er bereits eingewirkt hat. Je größer die Windstärke ist, eine um so längere Strecke (Streichlänge, Einwirkstrecke oder „fetch") muss überweht werden und um so länger muss diese Windstärke anhalten, damit ein dieser Windstärke entsprechender ausgereifter Seegang erzeugt wird. Für den theoretischen Fall eines Windes von 54 km/h Geschwindigkeit gibt die Grafik in Abb. 32 einen Überblick. Wir erkennen, dass die Wellenhöhe zunächst mit zunehmender Einwirkzeit rasch ansteigt, dass sie aber erst nach 10–15 Std. in der Nähe des ausgereiften Seeganges angelangt ist und dass dieser sich erst einstellt, wenn die überwehte Strecke etwa 200 km Wasserfläche beträgt. Für extrem starke Winde und Orkane gilt diese Regel natürlich ebenso, was bedeutet, dass die einer Orkan-Windstärke von 12 Bft. angepasste Seegangsent-

2.7 Wichtige Bewegungsvorgänge im Meer 59

Abb. 31 In einer überbrechenden Brandungswelle erkennt man deutlich die kreisförmigen Bewegungslinien der Wasserteilchen.

Tab. 11 Beziehungen zwischen Windstärke und Wellen (vereinfacht, teilw. nach Gierloff-Emden 1980, S. 574).

Wind			Wellenparameter		
Stärke (Bft)	m/sec.	km/h	Wellenhöhe in m ca.	Wellenlänge in m	Wellenperiode in sec
0	0,0–0,2	>1			
1	0,3–1,5	1,8–5,5	0,2	0,0–10,0	
2	1,6–3,3	6–12	0,5	10,0–12,5	4
3	3,4–5,4	13–19	0,8	12,5–22,5	
4	5,5–7,9	20–28	1,2	22,5–37,5	5,5
5	8,0–10,7	29–39	2,0	37,5–60,0	6,5
6	10,8–13,8	40–50	3,5	60,0–105,0	8,5
7	13,8–17,1	51–61	5,0	ca. 140	10,0
8	17,2–20,7	62–75	7,5	ca. 180	11,5
9	20,8–24,4	76–88	10,0	220	12,5
10	24,5–28,4	98–102	13,0	270	13,0
11	28,5–32,6	103–117	17,0	ca. 300	13,5
12	32,7–36,9	118–119	20,0	600	14,0

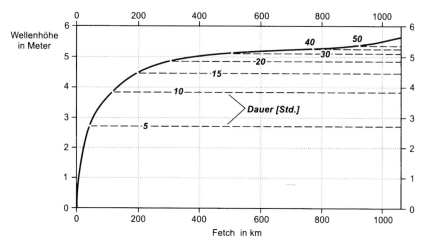

Abb. 32 Beziehungen zwischen Einwirklänge (fetch), Winddauer und Wellenhöhe bei einem Wind von 54 km/h (n. Sverdrup et al. 1942).

wicklung erst nach einer überwehten Strecke von über 1000 km und einer Einwirkzeit von über 40 Stunden erwartet werden kann. Diese Ereignisse treten aber in der Natur fast niemals auf, jedenfalls nicht unter strenger Beibehaltung der Windrichtung. Sonst wären die wirklichen Wellenhöhen auf dem freien Ozean und auch ihre Wirkung an den Küsten erheblich größer, als sie in Wahrheit sind.

Tab. 12 gibt einen Überblick über die relative Häufigkeit bestimmter Wellenhöhen in verschiedenen Ozeangebieten. Wellen mit kleiner und mittlerer Höhe dominieren und solche mit extremeren Größenordnungen (über 4 m oder gar über 6 m) gehören zu den Seltenheiten. Die regionalen Unterschiede sind von der Lage der Seegebiete

Tab. 12 Relative Häufigkeit von Wellenhöhen in verschiedenen Ozeangebieten (in Prozent) (nach Bigelow & Edmondson 1947).

Region	Wellenhöhen in Metern				
	<1	>1,5–2	>2–4	>4–6,1	>6,1
Nordatlantik (zwischen Neufundland und England)	20	20	20	15	10
Nord-Pazifik (S-Oregon bis Alaska)	25	20	20	15	10
Süd-Pazifik (S-Chile)	5	20	20	20	15
südl. Indischer Ozean (Madagaskar bis Australien)	35	25	20	15	5
alle Ozeane	20	25	20	15	10

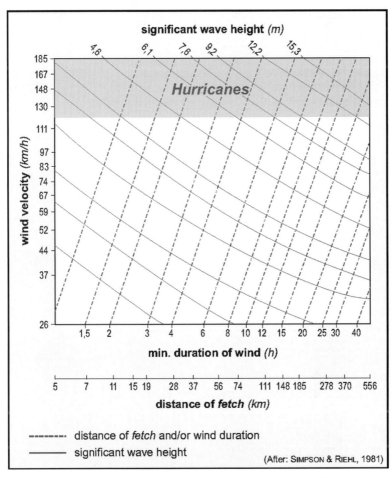

Abb. 33 Der Zusammenhang von Windgeschwindigkeit, Dauer des Windes und Überstreichungslänge (fetch) zur Erzeugung des maximal möglichen Seeganges (aus Scheffers 2002).

abhängig. Die größten Wellen treten in den sturmreichen Gegenden der Erde auf, aber nur dann, wenn dort ausreichend große Wasserflächen als Wirklänge zur Verfügung stehen und nicht etwa Treibeis, Inseln oder die Konfiguration von Küstenländern sie verkürzen. Die Regionen mit der größten Häufigkeit großer Wellen sind bezeichnenderweise der Nordatlantik und der Südpazifik. Beide liegen in den sturmreichen Westwindgürteln der Erde. Eine Besonderheit unter den großen Wellen der Ozeane, früher vielfach für Legenden gehalten, sind die sog. „Kawenzmänner",

„Freak Waves" oder „Rogue Waves" (Abb 34–36 und Stoker 1948, Wang & Swail 2001, Kharif & Pelinovsky 2003, Tsai et al. 2004, Didenkula & Anderson 2006, Soomere 2010, und die Zusammenfassung bei Clauss & Sprenger 2010), die oft plötzlich und vereinzelt die „signifikante" Wellenhöhe, das sind die oberen Prozent der großen Wellen, noch um das Doppelte oder sogar mehr übertreffen können. Sie sind aus vielen Seegebieten der Erde beschrieben, und selbst in jüngster Zeit sind große Kreuzfahrtschiffe davon betroffen gewesen. Das plötzliche Verschwinden selbst großer und gut erhaltener Schiffe wird oft auf solche Ereignisse zurückgeführt. Die moderne Erklärung für das plötzliche Ansteigen einer Einzelwelle lautet, dass sie aus den Nachbarwellen Energie abzieht und sich deshalb extrem hoch auftürmt. Werte von weit über 25 m sind berichtet und auch gemessen worden. Mittlerweile ist es möglich, durch Radarmessungen von Satelliten die Seegebiete zu erfassen (und Warnungen auszugeben), in denen Freak Waves beobachtet (s. a. Abb. 36) wurden oder erwartet werden. Es sind mehrfach solche Regionen, in denen ein starker Wind mit hohen Wellen auf eine entgegengesetzte kräftige Meeresströmung trifft, wie z. B. vor der Südspitze Afrikas.

Winderzeugte Wellen bleiben auch bestehen, nachdem der Wind abgeflaut ist. Ebenso können sie sich als Bewegungsimpulse – natürlich unter reibungsbedingter, aber sehr allmählicher Abschwächung – aus Windgebieten entfernen und als Dünung („swell") noch in einigen 100 oder 1000 km Entfernung auftreten, wobei sie durch die Corioliswirkung in ihrer Richtung (auf der Nordhalbkugel nach rechts, auf der Südhalbkugel nach links) abgelenkt werden. Eine solche von Wellenreitern geschätzte lang gezogene und gleichmäßige Dünung aus fernen Gebieten ist u. a. häu-

Abb. 34 „Freak wave" trifft ein Schiff (http://www.wallsave.com/wallpaper/1150x814/tsunami-waves-articles-tagg-s-avec-rogue-wave-hits-cruise-ship-155910.html)

Die Draupner-Welle

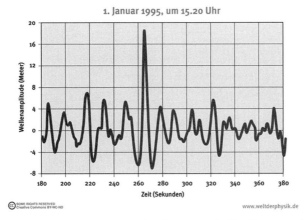

Abb. 35   Am 1. Januar 1995 wurde an der Gasplattform Draupner vor der Küste Norwegens eine Riesenwelle gemessen. Die Freak Wave war mit über 26 Metern von Wellental bis Wellenkamm mehr als doppelt so hoch als die höchsten Wellen davor und danach (Quelle: Dirk Günther/Welt der Physik Lizenz: CC by-nc-nd).

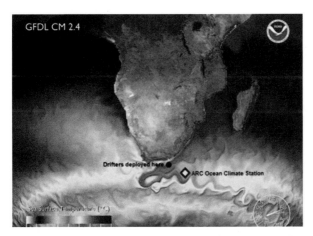

Abb. 36   Vor der Südspitze Afrikas treffen die hohen Wellen der Westwindzone auf die starke Gegenströmung des Agulhas-Stromes (Credit: http://yellowmagpie.com/rogue-waves-about/ 14.9.2012).

64   2 Gliederung, Gestaltung und Potential der Meeresräume

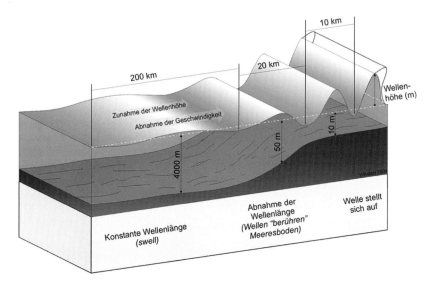

Abb. 37 Veränderung von Wellenform, Wellenhöhe und Wellengeschwindigkeit eines Tsunami bei Annäherung an die Küste (aus Scheffers 2002).

fig in der Biskaya, vor Westmarokko, im Golf von Guinea oder vor Hawaii und Kalifornien anzutreffen.

Auch ohne Windeinwirkung können in Einzelfällen große Wellen entstehen, etwa durch Vulkanausbrüche im Meer (z. B. Krakatau in der Sundstraße 1883), Seebeben an Subduktionszonen (Sumatra-Andaman-Beben von 2004, Japan-Beben von 2011) oder durch submarine Rutschungen, die oft eine Folge solcher Beben sind. Die Erfahrung lehrt, dass ein Erdbeben der Stärke 7–7,2 auf der Richterskala und geringer Tiefe des Epizentrums (weniger 30–35 km) mit über 70 % Wahrscheinlichkeit einen „Tsunami" auslösen kann, der Küsten in naher und mittlerer Entfernung tödliche Wellen schicken könnte (s. a. McMurty et al. 2004). Der Ausdruck „Tsunami" stammt aus dem Japanischen und bedeutet „Hafenwelle", womit zum Ausdruck kommt, dass auf dem offenen Meer selbst ein starker Tsunami wenig oder gar nicht spürbar ist, aber an Land entsetzliche Zerstörungen anrichten kann (Abb. 37). So erfahren Fischer erst bei der Heimkehr, was sich abgespielt hat, obwohl sie in einem Seegebiet waren, wo der Tsunami entstanden ist. Auf dem offenen Ozean erreichen selbst Tsunamis von Bebenstärken >8,5 nur Höhen zwischen 0,5 und etwa 1,5 m, aber mit mehreren 100 km gewaltige Ausdehnungen. Es handelt sich um sog. Flachwasserwellen, was bedeutet, dass ihre Länge in Bezug auf die Wassertiefe groß ist und die gesamte Wassersäule angeregt wird. Durch eine plötzliche Krustenbewegung angestoßen setzt sich der Wellenimpuls mit von der Wassertiefe abhängiger großer Geschwindigkeit von meist vielen 100 km/h nach allen Seiten fort (z. B. bei 4000 m Wassertiefe mit über 700 km/h), und wenn dieser flache, aber sehr schnelle Wasserberg geringe Wassertiefen in Küstennähe erreicht, wo seine Geschwindigkeit infolge Bodenreibung gebremst wird, steilt er sich auf (Abb. 37) und kann die Küste mit einer Strömungstiefe („flow depth") von 10 m, 30 m oder mehr überströmen, wobei noch Geschwindigkeiten von 25 km/h bis sicher um 70 km/h erreicht werden, vielleicht sogar mehr. Bis die gesamte Wassermasse über die Küste geströmt ist, kann es bei jeder Welle (Tsunamis haben oft mehrere, etwa bis zu 10) mehr als 10 Minuten dauern, und landwärtige Reichweiten von vielen Kilometern (natürlich abhängig von der Topographie) werden bei starken Tsunamis erreicht (vgl. Satake & Imamura 1995, Dawson 1996 u. v. a.). In den Küstenkapiteln (3 ff.) werden geomorphologische und sedimentologische Tsunamifolgen noch näher beleuchtet.

Auch Bergstürze oder Gletscherkalbungen in begrenzten Meeresbecken können verheerende Wellen auslösen. Miller (1960) beschrieb aus der Lituya-Bay Alaskas den höchsten jemals auf diese Weise erzeugten Wellenauflauf („run up") von 525 m ü. M.

2.7.2 Gezeiten

Gezeiten sind rhythmische Veränderungen des Wasserstandes um einen Mittelwert mit einer Periode von Stunden bis zu einem Tag und einer Amplitude von gegen Null bis zu vielen Metern. Schon seit der Antike ist bekannt, dass sie im Zusammenhang mit den Mondphasen stehen, dass also offensichtlich die gezeitenerzeugenden Kräfte durch die Himmelskörper hervorgerufen werden, insbesondere durch deren Konstellation zueinander. Von allen Himmelskörpern, die Gezeiten erzeugen können, kommen nur der Mond und die Sonne in Frage, weil sie als einzige der Erde nahe genug (bzw. groß genug) sind, um mit ihrer Anziehungskraft Wirkungen auszuüben. Dabei dominiert eindeutig der Mond, wie die Beobachtung über die Gezeitenschwankungen und die Monddurchgänge belegt, weil er zwar klein an Masse, aber der Erde erheblich näher ist als die Sonne. In vereinfachter Darstellung kann man, um den Gang der Gezeiten zu ermitteln, das Kräfteverhältnis zwischen dem Planeten Erde und dem Mond festhalten, wie es in Abb. 38 geschehen ist: Da das Wasser der Ozeane auf der Erde relativ frei beweglich ist, wirken auf den Wasserstand mindestens drei Kräfte ein. Die eine ist die Anziehungskraft der Erde, welche die Wassermassen auf der Erdoberfläche festhält, die zweite ist die Fliehkraft, die durch die Rotation der Erde hervorgerufen wird. Die dritte ist die Anziehungskraft des Mondes (oder des Mondes und der Sonne in Addition oder Subtraktion). Der gemeinsame Schwerpunkt, um den sich Erde und Mond drehen, liegt noch innerhalb des Erdkörpers. So ist verständlich, dass in dem gesamten rotierenden System die Fliehkraft auf der Mond-abgewandten und die Anziehungskraft auf der Mond-zugewandten Seite der Erde überwiegen. Beides führt zu „Flutbergen", während dazwischen „Ebbetäler" der Wasseroberfläche vorliegen.

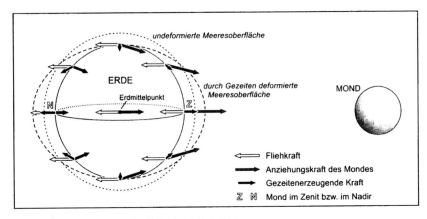

Abb. 38 Die gezeitenerzeugenden Kräfte (n. Dietrich 1964).

Wenn Mond, Erde und Sonne auf einer gleichen Achse stehen (d. h. bei Vollmond und Neumond), werden sich die Anziehungskräfte bzw. Fliehkräfte von Mond und Sonne summieren, und es kommt zu einer besonders hohen „Springflut". Stehen Sonne, Mond und Erde im rechten Winkel zueinander, heben sich die beteiligten Kräfte teilweise auf, und es kommt zu einer „Nippflut". Da ein voller Mondumlauf 24 Std. und 50 Min. beträgt, verschiebt sich der Eintritt von Ebbe und Flut allmählich.

In Abb. 39 sind die für die Tidebewegung gebräuchlichen Begriffe aufgeführt. Die Tidebewegung muss nicht gleichmäßig sinusförmig sein, sondern Deklination des Mondes, Rückstau des festländischen Abflusses bei Flut oder Behinderung der freien Wasserbewegung können zu ungleich langen Ebbe- und Flutzeiten führen. Deshalb treten auch nicht die theoretisch zu erwartenden Tiden – die für eine vollständig wasserbedeckte Erde im halbtägigen Rhythmus eine Wasserstandsschwankung von einigen Dezimetern ausmachten – auf, sondern starke Veränderungen nach Zeitablauf und Tidenhub. Man unterscheidet daher halbtägige, ganztägige und gemischte Gezeiten, deren typischer Verlauf in Abb. 40 wiedergegeben ist. Dort ist auch erkennbar, dass wegen der Trägheit der Wassermassen und Reibungseffekten Spring- und Nipptiden mit einer gewissen Verzögerung auf den Monddurchgang eintreten. Da es außerdem nahezu gezeitenlose Bereiche, die sog. „Amphidromien" in den Meeren gibt, um die sich die Linien gleichzeitigen Fluteintritts drehen, ergibt sich insgesamt ein recht kompliziertes und nur schwer berechenbares Gefüge der tatsächlichen Tidebewegungen. Abb. 41 für die Nordsee und die Britischen Inseln und Abb. 42 für Nord- und Mittelamerika zeigen regionale Beispiele auf. Wesentlichstes Merkmal ist die Zunahme des Springtidenhubs an solchen Stellen, wo große Wassermassen (d. h. ausgedehnte, wenn auch flache Flutberge des freien Ozeans) in Flach-

2.7 Wichtige Bewegungsvorgänge im Meer

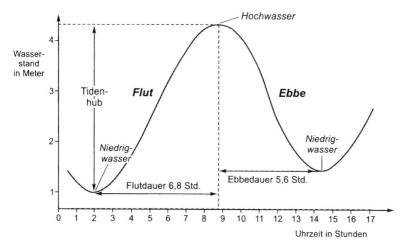

Abb. 39 Terminologie der Tidebewegung (i. w. n. Gierloff-Emden 1980, S. 1003).

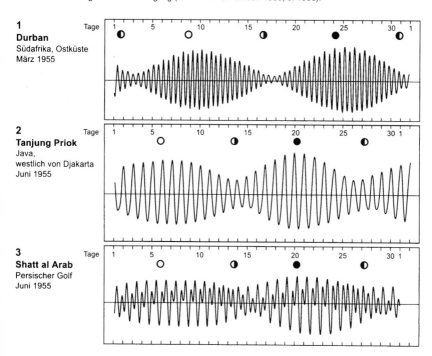

Abb. 40 Typische Gezeitenkurven und ihre zeitliche Beziehung zu den Mondphasen: 1 – halbtägige, 2 – ganztägige, 3 – gemischte Gezeiten (aus div. „Sea Pilots" zusammengestellt).

68 2 Gliederung, Gestaltung und Potential der Meeresräume

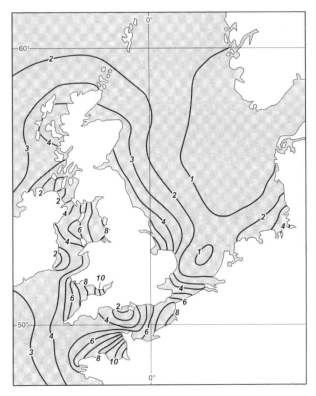

Abb. 41 Linien gleichen Springtidenhubs in der Nordsee und bei den Britischen Inseln (n. Dietrich & Ulrich 1968).

wassergebiete und/oder verengte Buchten einlaufen. Der Springtidenhub kann dann Beträge von über 10 m erreichen. Das Maximum tritt in der Fundy Bay in Ostkanada mit einem mittleren Springtidenhub von 16 m auf, der bei luftdruck- und windbedingter Beeinflussung gelegentlich auch auf über 20 m ansteigen kann. Solche Verhältnisse stellen zwar besondere Anforderungen an Schifffahrt, Hafenwirtschaft und Küstenschutz, ermöglichen andererseits aber auch eine Ausnutzung der dabei anfallenden Gefälls- oder Strömungsenergie in Gezeitenkraftwerken (z. B. Rance in der südlichen Bretagne).

Detaillierte Informationen über die regionalen und allgemeinen Tidezustände vermitteln z. B. auch die Arbeiten von Defant 1953, Disney 1955, U.S. Naval Oceanographic Office 1965, 1967 1968, oder Canadian Hydrographic Service 1972.

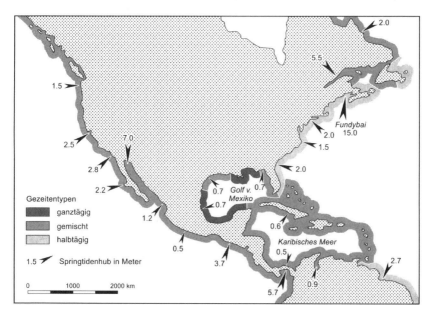

Abb. 42 Gezeitentypen und Springtidenhub an den nord- und mittelamerikanischen Küsten (n. U.S. Naval Ocean. Office 1968, Publ. 700, Washington, D.C.).

Die Gezeitenphänomene und dadurch bedingte Formen und Ablagerungen werden uns in verschiedenen Kapiteln zur Küstenmorphologie nochmals beschäftigen.

2.7.3 Strömungen

Das Wasser der Ozeane wäre nur dann völlig bewegungslos, wenn es überall die gleiche Dichte (d. h. auch die gleiche Temperatur und den gleichen Salzgehalt) hätte und es keine äußeren und inneren mechanischen Bewegungsimpulse gäbe. Solche Verhältnisse sind aber auf der Erde nicht gegeben. Schon die Gezeiten bewirken ständige Hin- und Herbewegung von Wassermassen, der oberflächlich angreifende Wind übt je nach Richtung und Stärke regional unterschiedliche Schleppkraft aus, Luftdruckunterschiede deformieren die Wasseroberfläche genau wie Windanstau, starker Zufluss vom Festland oder Schwereunterschiede der Erdkruste, so dass Gefällsgradienten entstehen, welche wiederum Ausgleichsströmungen hervorrufen. Beim Gefrieren der Wassermassen erfolgt nicht nur eine Abkühlung und Steigerung der Dichte, sondern auch eine solche durch Salzanreicherung. Das gleiche geschieht auch infolge Verdunstung und schon recht geringer Abkühlungsprozesse, und zwar

2 Gliederung, Gestaltung und Potential der Meeresräume

regional und zonal ganz unterschiedlich stark und lang anhaltend. Unterschiedlich dichtes Wasser aber kann nicht nebeneinander, sondern allenfalls übereinander stabil gelagert sein, so dass im Wesentlichen horizontal gerichtete Ausgleichsströmungen aufgebaut werden müssen. Sind Wassermassen aber auf die eine oder andere Weise erst einmal in Bewegung geraten, so wirken darauf verschiedene komplizierte Einflüsse der äußeren und inneren Reibung, der Ablenkung durch Bodengestalt oder Küstenkonfiguration sowie durch die Corioliswirkung infolge der Erdrotation (s.u. a. Rahmsdorf 2002, oder Schneider 2010).

Bei diesen komplexen Gegebenheiten ist es verständlich, dass eine vollständige Behandlung in einer „Geographie der Meere und Küsten" nicht möglich ist. Eine jüngere Zusammenfassung findet sich bei Visbeck (2010). Im Einzelnen sind auch noch nicht alle Komponenten und ihr Wirkungsanteil hinreichend erforscht. Für ein vertieftes Studium sei auf die Arbeiten von Ekman 1906, Neumann 1968, Seibold 1974, US Navy Hydrogr. Service 1970, Marsden 1979, Abarbanel & Young 1987 oder die Kurzfassung in Rosenkranz 1977 verwiesen. Wir selbst wollen nur einige wichtige allgemeine Ergebnisse daraus vorstellen.

Außer den Gezeitenkräften sind es starke und beständige Winde, die Wassermassen in relativ rasche Strömungsbewegungen versetzen können. Wenn keine anderen Einflüsse hinzukommen, so herrschen die von Ekman (1906) ermittelten Verhältnisse des sogenannten „reinen Triftstromes" (vgl. Abb. 43): Das Oberflächenwasser setzt sich mit einem um 45° von der Windrichtung (auf der Nordhalbkugel nach rechts, auf der Südhalbkugel nach links) abweichenden Winkel in Bewegung. Tiefere Wasserschichten werden infolge der Reibung nachgeschleppt, wobei wegen der anhaltenden Corioliswirkung eine stets wachsende Ablenkung zu beobachten ist. Wenn diese Ablenkung 180° beträgt, ist die sog. Reibungstiefe erreicht, bei der mit 1/23 der Oberflächengeschwindigkeit die Bewegung nahezu ganz erloschen ist. Insgesamt bewegt sich die gesamte verdriftete Wassermasse um 90° abweichend von der auslösenden Windrichtung. Je nach Windgeschwindigkeit und Dauer reicht ein solcher reiner Triftstrom bis in unterschiedliche, immer aber – im Verhältnis der Ozeantiefe – nur geringe Tiefe (z. B. bei Windstärke 4 bis 60 m, bei Orkanen bis zu wenigen 100 m Wassertiefe), so dass windinduzierte Meeresströmungen ein Oberflächenphänomen sind.

Keine Meeresströmung kann mit scharfer Begrenzung in einem ruhigen Ozean stattfinden, sondern muss randliche Wirbelbildungen aufweisen oder mäanderartige Schlingen, die sich teilweise als einzelne Strömungszellen mit kreisförmiger Bewegung loslösen. Solche sind erst vor wenigen Jahren im Rahmen des Golfstromes auch tatsächlich entdeckt worden (Abb. 44a und b).

Da auf den Ozeanen eine warme und damit spezifisch leichte Oberflächenschicht vorhanden ist, die mit deutlichem Dichtesprung vom kalten Tiefenwasser abgesetzt ist, sind die Zirkulationssysteme der Oberflächen und der Tiefen nur an wenigen Stellen miteinander verbunden. Das ozeanische Tiefenwasser ist eine nach Tempera-

2.7 Wichtige Bewegungsvorgänge im Meer   71

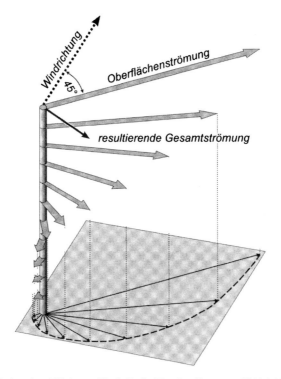

Abb. 43 Theorie des reinen Triftstromes (für die Nordhalbkugel, n. Ekman, aus Dietrich 1964).

tur und Salzgehalt und damit nach der Dichte sowohl horizontal wie vertikal recht einheitliche Masse (vgl. Abb. 22–24 bei Rosenkranz 1980), so dass Bewegungen in ihr nur schwer ausgelöst werden können. Im Wesentlichen stammt es aus den Abkühlungsbereichen der arktischen und antarktischen Meere, wo es absinkt und sich in die seiner Dichte entsprechenden tiefen Becken und Meeresbereiche bewegt. Dabei dringt es unter dem warmen Oberflächenwasser bis zum Äquator oder darüber hinaus vor. Auf diese Weise entsteht über längere Zeit ein insgesamt verbundenes Strömungs- und Austauschsystem über alle Ozeane, Breitenlagen und Tiefenstufen hinweg, der sog. „Conveyor Belt" (Abb. 49).

Die Oberflächenströmungen der Weltmeere, deren wichtigste in Abb. 45 dargestellt sind (für den zentralen Atlantik s. Abb. 46), weisen eine insgesamt zwar jahreszeitlich geringfügige Verlagerung und Intensitätsschwankung auf, behalten aber im Wesentlichen das hier gezeigte Bild bei: in den einzelnen Ozeanteilen dominieren auf beiden Halbkugeln nahezu geschlossene Zirkel, die auf der Nordhalbkugel antizyk-

72   2 Gliederung, Gestaltung und Potential der Meeresräume

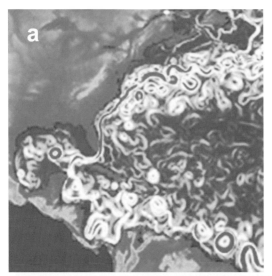

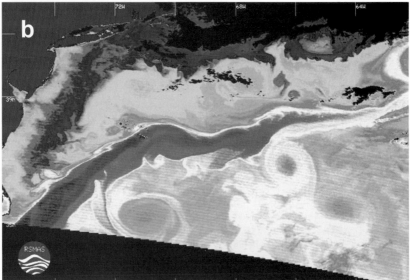

Abb. 44a   Strömungssysteme zwischen Nord-Brasilien und Neufundland im westlichen Teil des Atlantischen Ozeans (Credit: NASA).

Abb. 44b   Der von SW nach NE durch den Atlantik auf Europa zu ziehende warme Golfstrom ist hier deutlich durch die kräftigen Farben hervorgehoben (Credit: Rosenstiel School of Marine and Atmospheric Science, Miami, USA).

2.7 Wichtige Bewegungsvorgänge im Meer

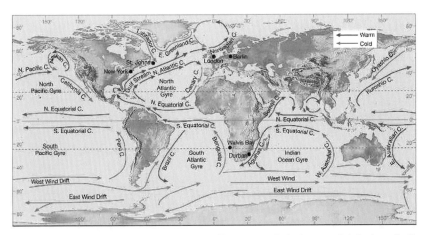

Abb. 45 Die wichtigsten Meeresströmungen. (http://www.geography.hunter.cuny.edu/~tbw/wc.notes/7.circ.atm/ocean_currents.htm; 3.9.2012)

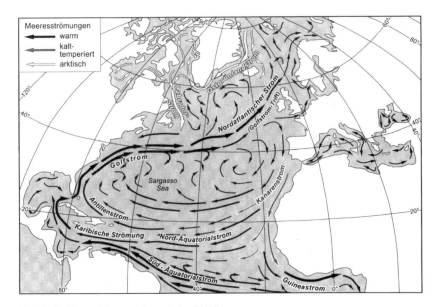

Abb. 46 Die Meeresströmungen im zentralen Atlantik.

74 2 Gliederung, Gestaltung und Potential der Meeresräume

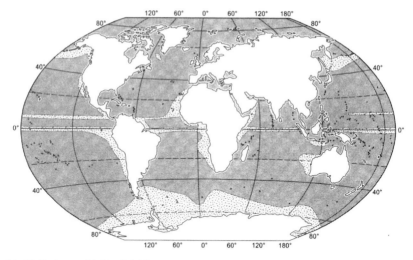

Abb. 47 Regionen mit kaltem Auftriebwasser.

Ional (rechts drehend), auf der Südhalbkugel zyklonal (links drehend) gestaltet sind. Einer Ostwärtsbewegung in den höheren geographischen Breiten (der Westwinddrift) stehen überwiegend westlich gerichtete Strömungen in Äquatornähe, dem Bereich der Passate, gegenüber. Infolge ihres Divergierens steigen hier kalte Auftriebswässer hoch (vgl. Abb. 47). Außerdem wird ein Äquatorialstrom als Gegenstrom erzeugt, der eine relativ hohe Geschwindigkeit aufweist. An den Ostseiten der Kontinente herrschen überwiegend polwärts gerichtete (d. h. warme) Strömungen vor. Da im Bereich der Passate (d. h. der Ostwinde der niederen Breiten) an den Westküsten der Kontinente die Wassermassen von den Küsten weggetrieben werden, muss hier ein Ersatz durch Aufsteigen kalter Tiefenwasser stattfinden.

Eine wirkliche vertikale Vollzirkulation herrscht nur in nicht zu tiefen Meeresteilen mit großer winterlicher Abkühlung sowie mit besonderer horizontaler Komponente zwischen den Ozeanen und den klimatisch andersartigen, teilweise abgeschnürten Nebenmeeren, wie es die Beispiele der Abb. 48 verdeutlichen: im ariden Klima überwiegt die Verdunstung, und es fehlt ein nennenswerter Zufluss vom Festland. Infolgedessen sinkt der Wasserspiegel des Nebenmeeres, was ein oberflächliches Gefälle mit entsprechender Strömung in das Nebenmeer hinein zur Folge hat. Gleichzeitig aber wird durch die Verdunstung der Salzgehalt gesteigert, das spezifische Gewicht wird vergrößert, und die Wassermassen sinken ab, bis sie über eventuell trennende Schwellen in die Ozeane einströmen können und dort dasjenige Niveau aufsuchen, welches ihrer Dichte entspricht. Ein solcher Fall liegt zwischen Mittelmeer und Atlantik vor.

2.8 Einige Aspekte des Stoff- und Energiehaushaltes

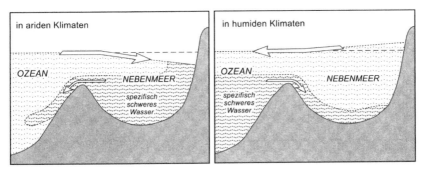

Abb. 48 Zirkulationsschemata zwischen Ozean und ariden bzw. humiden Nebenmeeren (stark vereinfacht, n. Dietrich 1964).

Zwischen dem Schwarzen Meer und dem Mittelmeer liegt der Fall umgekehrt. Durch relativ hohe Niederschläge und großen Zufluss wird im humideren Schwarzen Meer der Wasserspiegel aufgehöht, und zwar durch süßes und daher spezifisch leichtes Wasser. Dieses strömt daher oberflächlich aus und kann durch einströmendes, spezifisch schweres Tiefenwasser ersetzt werden.

Bereits seit vielen Jahren arbeitet man mit tausenden von Driftkörpern in verschiedenen Ozeantiefen daran, die Gesamtzirkulation zu verstehen, d. h. den Zusammenhang zwischen windgetriebenen und durch die Corioliswirkung abgelenkten Oberflächenströmungen und Schwere-bedingten Tiefenströmungen, bei denen das sehr kalte antarktische Tiefenwasser und des etwas weniger kalte arktische Zwischenwasser bis gegen den Äquator vordringen. Das bisherige Bild dieser weltumspannenden Ausgleichsströmungen gibt der in Abb. 49 (a und b) gezeigte „Conveyor Belt" wieder, ein Ausdruck für die thermo-haline Zirkulation aller Weltmeere (s. a. Schneider 2010).

Es ist verständlich, dass der Stoff- und Energiehaushalt der Meere und Ozeane im Wesentlichen durch Zirkulationsvorgänge gesteuert oder aufrechterhalten wird. Auf einige wichtige Aspekte, die bisher noch nicht angesprochen wurden, wird daher im folgenden Kapitel hingewiesen.

2.8 Einige Aspekte des Stoff- und Energiehaushaltes

Das System Ozean beinhaltet schon wegen seiner Größe in sich selbst eine Reihe von Stoffkreisläufen und Energieumsätzen. Außerdem aber ist es nach außen hin geöffnet und steht sowohl mit dem Meeresboden, den angrenzenden Festländern und insbesondere auch mit der Atmosphäre in enger Wechselwirkung. Wegen der

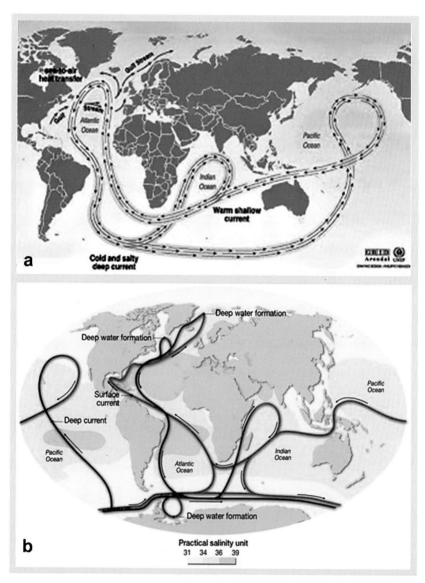

Abb. 49 a und b: Die thermohaline Zirkulation, dargestellt im sog. „Conveyor-Belt", einem weltumspannenden Strömungssystem, welches die Oberflächen- und Tiefenwasser miteinander verbindet. Die verschiedenen Darstellungen beruhen auf immer noch unzulänglichen Kenntnissen und daher einem relativ weiten Interpretationsspielraum aus der Bewegung der Driftkörper im Meer (Credit: UNEP GRID Arendal).

2.8 Einige Aspekte des Stoff- und Energiehaushaltes

Tab. 13 Wasserbilanz der Ozeane (in cm/Jahr).

Ozean	Mittlere Niederschlagshöhe	Abfluss vom Festland	Verdunstung	Bilanz (ergänzt aus bzw. abzugeben an andere Ozeane
Atlantik	78	20	104	−6
Indischer Ozean	101	7	138	−30
Pazifik	121	6	114	+13
Nordpolarmeer	24	23	12	+35

hochgradig komplexen Zusammenhänge und unterschiedlichen Datendichte ist es naturgemäß schwer, quantitativ befriedigende Haushaltsgleichungen aufzustellen, so dass auch die hier mitgeteilten Zahlen nur allgemeine Vorstellungen und einen gewissen Rahmen abgeben sollen.

In Tab. 13 ist eine grobe Übersicht über die Wasserbilanz der Ozeane im Verlauf eines Jahres gegeben. Die Einnahmen bestehen in Niederschlag und der Abflussspende vom Festland, die Ausgaben in der Verdunstung. Wir erkennen, dass – schon wegen der relativ geringen Fläche, aber auch den Besonderheiten der Lage von Wasserscheiden (z. B. am Pazifik, vgl. Tab. 1) – der Abfluss vom Festland normalerweise die kleinste Haushaltsgröße ist. Lediglich im Nordpolarmeer mit seinem großen Einzugsgebiet der nordamerikanischen und sibirischen Riesenströme sowie seiner durch kalte Luftmassen herabgesetzten Niederschlagsmenge und Verdunstungshöhe erreicht er den anderen Größen vergleichbare Werte. In globaler Betrachtung ergibt sich für das Nordpolarmeer und den Pazifik ein Haushaltsüberschuss, für den Atlantik und besonders den Indischen Ozean jedoch ein Defizit, welches durch Zustrom aus den benachbarten Meeresteilen ausgeglichen werden muss. Eine verfeinerte Betrachtung – etwa nach Breitengraden – zeigt natürlich eine sehr viel stärkere Differenzierung auch innerhalb einzelner Ozeane (vgl. u. a. die Abb. 8 bei Rosenkranz 1977). Demnach gibt es in jedem Ozean Bereiche, in denen teilweise die Niederschläge und teilweise die Verdunstung überwiegt. Insgesamt spiegelt sich darin die zonale Anordnung der irdischen Klimagürtel wieder.

So relativ gering der Anteil des Zuflusses vom Festland für die Wasserbilanz der Ozeane ist, so bedeutend ist er als der wichtigste Lieferant von festen und gelösten Stoffen (letztere pro Jahr in einer geschätzten Menge von 2,7 Mrd. t), die für chemische und biologische Prozesse benötigt werden. Auch die Salze des Meeres haben ihre Herkunft ganz überwiegend in den Verwitterungsvorgängen auf dem Festland. Ein Teil der „Ausgaben" in diesem Stoffkreislauf geschieht durch Sedimentation am Meeresboden, oft über den Umweg einer biologischen „Zwischennutzung" (Abb. 50). Würden sie auf diese Weise dem Meerwasser nicht wieder entzogen, so wäre eine stetige und in geologischen Zeiträumen gewaltige Ansammlung gelöster Stoffe im Meer die Folge. Auch die selektive Adsorption von Metall-Ionen an bestimmte Organismen-Gruppen oder feinste Trübeteilchen führt zu einem Entzug aus dem

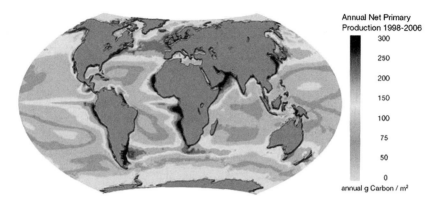

Abb. 50 Ausmaß der Primarproduktion (Phytoplankton), vor allem in Gebieten mit kaltem Auftriebwasser und Nährstoffeinträgen vom Festland (Credit: UNEP GRID ARENDAL).

Meerwasser, manchmal direkt zu einer Entgiftung und zu einer Anreicherung im Bodensediment. Eine besondere Rolle im Stoffhaushalt der Ozeane spielen bestimmte Gase, die aus der Atmosphäre ständig aufgenommen werden können. Dazu gehört neben Stickstoff der für die Atmung der Lebewesen wichtige Sauerstoff, dessen Bindung im kalten Wasser besonders gut funktioniert. Die nährstoffreichen Auftriebswassergebiete der Erde (Abb. 50) sind daher auch wegen der niedrigen Temperaturen Gebiete mit hoher Bioproduktion. Auf die Besonderheit des Kohlensäure-Kalziumkarbonat-Systems wurde ja bereits im Kapitel über die chemischen Grundtatsachen und Gesetzmäßigkeiten (Kap. 2.5.2) hingewiesen.

Grundzüge des Energiehaushaltes sind u. a. in der regionalen Verteilung der Temperaturen und des Salzgehaltes abzulesen. Informationen über die Verbreitungsmuster und ihre Ursachen enthalten auch die Arbeiten von Defant 1936, Böhnecke & Dietrich 1951, Fuglister 1960, oder Hastenrath & Lamb 1977.

Auf die Absorption von Licht und Strahlung in den oberen Wasserschichten wurde bereits früher hingewiesen. Auch die Verdunstung als wichtigste Ausgabengröße spielt sich an der Meeresoberfläche ab, so dass trotz des großen Wärmetransports in das Wasser hinein (durch Vermischung) die Oberflächentemperaturen und ihre Veränderungen Aufschluss über die umgesetzten Energiemengen liefern können.

Tabelle 14 vermittelt Angaben über die mittlere Oberflächentemperatur der Weltmeere in Abhängigkeit von der Breitenlage. Es kommen Werte von deutlich unter 0° in den Polarregionen und über 27° in den Aquatorialregionen vor. Auf der Südhalbkugel sind die Mitteltemperaturen erkennbar niedriger als auf der Nordhalbkugel. Weiterhin ist zu sehen, dass in den tropischen Bereichen wie auch in den polaren die

2.8 Einige Aspekte des Stoff- und Energiehaushaltes

Tab. 14 Mittlere Oberflächentemperatur der Weltmeere in Abhängigkeit von der Breitenlage (nach DTV-Perthes-Weltatlas, Bd. 14, 1980, S. 10, verändert).

geogr. Breite	Nordhalbkugel Mitteltemp. in °C	mittl. Änderung in °C/Breitengrad	Südhalbkugel Mitteltemp. in °C	mittl. Änderung in °C/Breitengrad
0–10	27,3	0,8	26,4	1,3
10–20	26,5	2,8	25,1	3,4
20–30	23,7	5,2	21,7	4,7
30–40	18,4	7,4	17,0	7,2
40–50	11,0	4,9	9,8	6,8
50–60	6,1	3,0	3,0	4,4
60–70	3,1	4,1	–1,4	0,3
70–80	1,0	0,7	–1,7	0,2
80–90	1,7		–1,9	

Veränderungen zwischen den einzelnen Breitenzonen relativ gering gegenüber den Mittelbreiten sind. In Gebieten mit stetigen Klimaten bleiben die Temperaturen recht gleichmäßig, in solchen mit alternierenden Klimaten treten größere Temperaturschwankungen an der Oberfläche auf. Davon legt die Abb. 51 Zeugnis ab. Sie zeigt, dass in den Tropen die Jahresschwankung gewöhnlich unter 2° liegt und auch in den Bereichen der Subtropen nur wenige Grad beträgt, während sie in den Mittelbreiten bis über 14° zwischen Sommer und Winter betragen kann (Abb. 52). In den hochpolaren Gebieten ist sie dagegen wieder sehr gering, weil dort durch Eisbedeckung eine Veränderung in den Strahlungsbedingungen zwischen Sommer und Winter kaum gegeben ist. Die maximalen Jahresschwankungen der Oberflächentemperatur des Meerwassers finden sich entweder in abgeschnürten Meeresteilen im Inneren von Kontinenten, wie etwa im Schwarzen Meer, insbesondere aber an der Ostseite der Kontinente winterkalter Gebiete, weil dort infolge der Westwinddrift die starke Ausstrahlungskälte der Kontinentflächen noch weit über die Ozeane transportiert wird und zu lang andauernder Abkühlung führt. In flachen Nebenmeeren höherer Breiten treten ebenfalls größere Temperaturschwankungen auf. Beispiele zeigt Abb. 52 für die Nordsee. Dort sind die Monatsmittel für August und Februar, also den wärmsten und kältesten Monat, eingetragen. Die Schwankungen betragen über 10°, in Küstennähe auch mehr. Ausgeprägte Meeresströmungen sind in der Lage, große Wassermengen insbesondere an der Oberfläche über weite Breitenkreise hinweg zu transportieren. Ein besonderes Beispiel liefert der Golfstrom im Nordatlantik (vgl. Abb. 44a und b). Der enorme Wärmetransport durch diese Strömung von niederen zu hohen Breiten wird ganz klar durch den Verlauf der isothermen Linien der Wasseroberfläche im Nordwinter gezeigt. Die Wärme- und Speicherfähig-

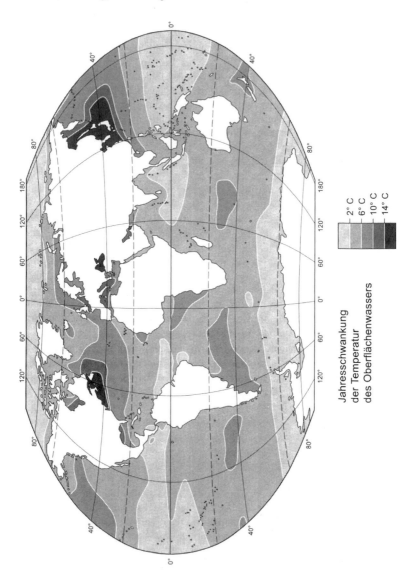

Abb. 51 Jahresschwankung der Temperatur des Oberflächenwassers in den Weltmeeren (n. Dietrich & Ulrich 1968).

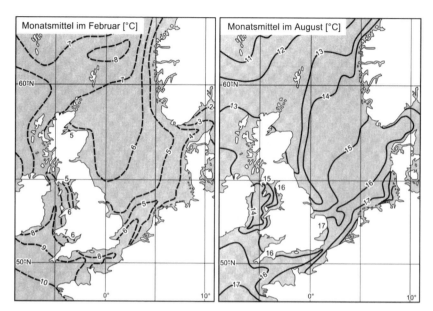

Abb. 52 Temperatur des Oberflächenwassers für den Bereich Nordsee und Britische Inseln im Sommer und Winter (n. Dietrich & Ulrich 1968, vereinfacht).

keit der Ozeane sowie ihr Einfluss auf Klima und Wettergeschehen werden im Übrigen in allen Handbüchern der Klimatologie bzw. Klimageographie behandelt.

2.9 Meeresspiegelschwankungen

Die meisten Veränderungen des Niveaus von Meeren und Ozeanen haben ihre wesentlichen Auswirkungen an den Küsten der Erde. Daher wird ihr Einfluss auch bei der Behandlung der Küstenformen und -formungsprozesse dargelegt. Hier sollen lediglich in einer systematischen Zusammenfassung die verschiedenen Ursachen für relative und absolute Meeresspiegelschwankungen aufgeführt werden.

Die recht große Fülle von Niveauveränderungen können wir entweder einteilen in kurzfristige oder langfristige, in singuläre und häufige oder gar regelmäßig wiederkehrende, in solche mit bleibenden Veränderungen (irreversible) oder nur um einen bestimmten Zustand pendelnde (fluktuierende), in lokal, regional oder global wirksame sowie in durch exogene oder endogene Ursachen bedingte. In den meisten Quellen werden nur die großräumig wirksamen, langfristigen Meeresspiegelschwankungen angeführt (vgl. Pirazzoli 1991, 1996, Fleming et al. 1998, Peltier 2002, Lambeck 2002, Lambeck et al. 2002, 2003, Mitrovica & Milne 2002, Mitrovica 2003, Yokohama et al. 2000, Lambeck & Chappell 2001, Kelletat 2001, 2005a, Schellmann et al. 2004b, Milne et al. 2005, 2009, oder Church et al. 2008, weitere Literatur in den entsprechenden Kapiteln zur Küstenmorphologie).

Zu den kurzfristigen Meeresspiegelschwankungen gehören die bereits diskutierten Windwellen (als Seegang, Dünung und Brandung), die gewöhnlich eine Periode von wenigen Sekunden und eine Amplitude von wenigen Zentimetern bis über 30 m haben. Gezeitenschwankungen weisen Perioden von einem halben bis zu einem Tag bei Amplituden von cm bis über 10 m auf, luftdruckbedingte Niveauveränderungen oder Windanstau von Wassermassen erreichen einige Zentimeter bis zu vielen Metern und halten gewöhnlich Stunden oder Tage lang an. In geschützten Buchten kleiner und gezeitenarmer Meere gehören sie zu den stärksten relativen Niveauveränderungen innerhalb kurzer Zeitspannen. Langfristige Meeresspiegelschwankungen sind die tektonisch, isostatisch oder eustatisch bedingten (s. u.).

Während Wellen, Gezeiten oder Luftdruckschwankungen häufig bis regelmäßig auftreten, sind seismisch ausgelöste Seebebenwellen (Tsunamis) oder durch Berg-, Fels- oder Eisabbruch verursachte Wasserstandsschwankungen selten, treten oft nur im Abstand vieler Jahrzehnte auf und fehlen in vielen Erdregionen völlig. Sie gehören ebenfalls zu den kurzfristigen Schwankungen, können aber in wenigen Sekunden oder Minuten Werte von mehreren Dekametern erreichen. Bei den Tsunamis ist ihre außerordentliche Fernwirkung zu beachten.

Wellen, Gezeiten, Luftdruckschwankungen und Seebeben führen zu Wasserstandsveränderungen, die vorübergehender Natur sind und um einen mittleren Zustand pendeln. Tektonische, isostatische und eustatische Dislokationen dagegen führen längerfristig zu dauernden Veränderungen in der relativen oder absoluten Lage des Meeresspiegels.

Von lediglich lokaler Wirkung können die durch Gletscherkalbung oder Bergsturz verursachten Spiegelschwankungen, aber auch der Welleneinfluss sein. Regional ausgedehnter ist grundsätzlich der Einfluss der Gezeiten oder des Luftdruckes, aber auch tektonische Bewegungen sowie eine Reihe von isostatischen Vorgängen. Global wirksam dagegen sind nur solche Prozesse, die entweder eine Veränderung im Volumen der Ozeanbecken oder des Meerwassers selbst bewirken, insbesondere die eustatischen Meeresspiegelschwankungen.

Die meisten angeführten Vorgänge haben ihre Ursachen in außenbürtigen (exogenen) Kräften, lediglich Tsunamis, tektonische Dislokationen und z. T. auch durch „sea floor spreading" ausgelöste isostatische Reaktionen sind endogener Natur.

Die Wirksamkeit endogen verursachter Meeresspiegelschwankungen ist entweder lokal (wie bei Seebeben, Vulkanausbrüchen im Meer oder dem Kollaps vulkanischer Inseln, (vgl. Krakatau, Santorin) oder regional, manchmal auch recht großräumig, wie bei tektonischen Verschiebungen in der Erdkruste. Gleichartig werden aber nur

Gebiete erfasst, die maximal einer Lithosphärenplatte im Sinne der Plattentektonik entsprechen. Gerade durch die regionale Differenzierung dieser tektonisch bedingten Bewegungen, wie sie in unterschiedlich verstellten Küstenlinien zum Ausdruck kommen, lassen sich Plattengrenzen oft erst ausmachen (vgl. dazu z. B. Kelletat et al. 1976).

Isostatische Ausgleichsbewegungen der Erdkruste infolge Be- und Entlastung führen über Zeiträume von Jahrhunderten bis zu Jahrmillionen zu regional ebenfalls ausgedehnten Niveauveränderungen. Wir haben dieses Phänomen bereits bei der Behandlung der „Guyots" und beim „sea floor spreading" kennen gelernt. Weltweit spielt es sich sicher zwischen Kontinenten und Ozeanen ab: durch Verwitterung bereitgestellt und durch die verschiedenen Prozesse der Abtragung bewegt werden ständig beträchtliche Sedimentmengen von den Kontinenten ins Meer befördert. Dies muss langfristig zu einer Entlastung der Kontinentblöcke und einer Belastung der Meeresböden führen. Für diese Tatsache spricht die Beobachtung, dass gewöhnlich ältere Küstenlinien höher liegen als jüngere, doch ist eine genaue Analyse der Vorgänge bzw. gar eine Quantifizierung bisher nicht gelungen. Selbstverständlich ergeben sich auch Dislokationen von Küstenlinien und damit Niveauveränderungen verschiedenen Ausmaßes durch natürliche Sackung von Lockersedimenten (in Schwemmebenen, Deltas, Watten) oder auch beschleunigt, wenn künstlich Material aus diesen Sedimentkörpern entnommen wird (Erdöl, Erdgas, Wasser etc., vgl. das Beispiel Venedig (Frassetto 2005).

Recht gründlich sind die glazial-isostatischen Niveauveränderungen studiert worden. Dabei handelt es sich um Be- und Entlastungsvorgänge infolge Eisbildung oder Gletscherschmelze in größerem Ausmaß, meist im Zyklus von Kalt- und Warmzeiten. Erfasst werden Gebiete mit zeitweise starker Eisbedeckung (z. B. nordamerikanisch-kanadischer Schild, Skandinavien Abb. 53 und 54), Island, Feuerland, heute noch Grönland oder die Antarktis). Die quantitativ bedeutenden Niveauveränderungen und ihr Ablauf in recht kurzer Zeit erlauben wichtige Rückschlüsse auf die physikalischen Zustände der „starren" Erdkruste. Schließlich haben sich in einigen Jahrtausenden lediglich durch die Entlastung von 1000–3000 m dicken Eisschichten große Kontinentteile mit Gesteinsdicken von mehreren Zehnern von Kilometern um mehrere 100 m herausgehoben und haben diese Bewegung auch noch nicht abgeschlossen (vgl. Abb. 53 und 54). In Kanada werden ähnliche Beträge wie in Skandinavien erreicht, in Schottland ca. 150 m, in Island wahrscheinlich noch knapp 100 m, jeweils innerhalb der letzten 8000–12 000 Jahre. Noch ist nicht endgültig geklärt, ob bei diesem Aufsteigen wegen der notwendigerweise in die Hebungsgebiete strömenden Magmamassen eine periphere Einwalmung ablaufen muss, doch gehen die meisten Wissenschaftler davon aus.

Nicht nur die Be- und Entlastung von großen Eismassen wirkt sich in Niveauveränderungen isostatischer Natur aus, sondern sie müssen ebenso bei einer Veränderung in der Höhe der Wassersäule in den Ozeanen erfolgen, wie es zwischen Eiszeiten und Warmzeiten im Ausmaß von 100 m oder mehr innerhalb der letzten 2 Millionen Jahre

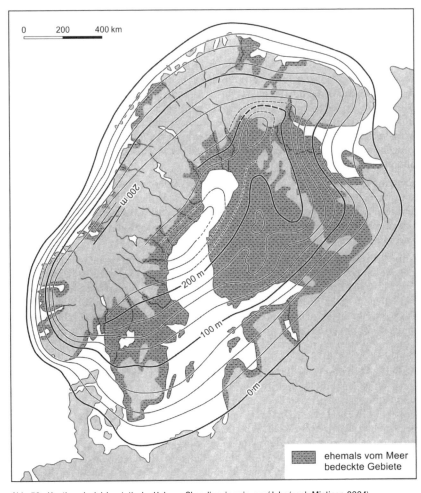

Abb. 53 Heutige glazial-isostatische Hebung Skandinaviens in mm/Jahr (nach Mietinen 2004).

häufig geschehen ist. Zwar ist hierbei die Veränderung der Belastung nicht so groß wie bei der Festlandsver- und -entgletscherung, doch spielt sich der Vorgang auf besonders dünnen und daher gut verformbaren Teilen der Erde, nämlich der manchmal nur 5 km dicken ozeanischen Kruste ab. Es wird mit vertikalen Ausgleichsbewegungen gerechnet, die etwa 1/3 der Veränderungen in der Wassersäule ausmachen.

2.9 Meeresspiegelschwankungen

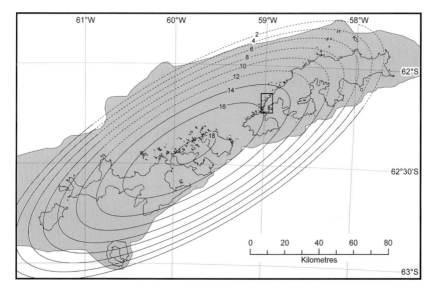

Abb. 54 Glazial-isostatische Hebung der Süd-Shetland Inselgruppe des Süd-Atlantik im Postglazial. (Credit: Fretwell et al. 2010)

Eine letzte große Gruppe von Meeresspiegelschwankungen, die sog. eustatischen, werden verursacht durch den unterschiedlichen Füllungsgrad der Ozeane und sind demnach von weltweiter Auswirkung. Insgesamt kann man auch hier zwei Gruppen unterscheiden: einmal Veränderungen in der Aufnahmekapazität der Meeresbecken, zum anderen die Volumenveränderung des Wassers selbst.

Aus der unterschiedlichen Geschwindigkeit der Ozeanfüllung infolge Gletscherschmelze am Ende einer Eiszeit, der Reaktion der vom Eis entlasteten Gebiete durch glazial-isostaische Hebung, und der Absenkung der von stärkerer Ozeanfüllung betroffenen Küstenstreifen ergeben sich auf der Erde ganz unterschiedliche Meeresspiegelkurven für das Holozän, vor allem die letzten 7000 Jahre (s. a. Abb. 55): In Gebieten starker Eisentlastung ist der Landaufstieg erheblich rascher als der Meeresspiegelanstieg und umfasst bis zu mehreren 100 m, so dass sich etwa 6000 Jahre alte Küstenlinien deutlich über dem heutigen Meeresspiegel befinden (Typ 1, tw. auch Typ 1–2 in Abb. 55). Sie werden auch „near-field sites" genannt (in Bezug auf die ehemalige Eisbedeckung). Auf der Südhalbkugel ist dieser Verlauf deshalb eher insignifikant, weil dort der antarktische Kontinent immer noch mit mächtigem Eis bedeckt ist. In den Übergangsbereichen (Zonen 2–4) finden wir einen zunächst raschen, dann verlangsamten Meeresspiegelanstieg bis zur heutigen Höhe, in den Regionen der Südhalbkugel (Zone 5) stieg dagegen der Meeresspiegel zunächst rasch

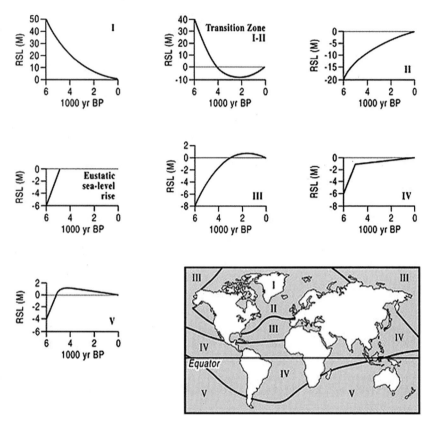

Abb. 55 Küstenregionen mit verschiedenen Grund-Typen von Meeresspiegelkurven für das jüngere Holozän (aus: Woodroffe & Horton 2005).

über das heutige Niveau, bis sich dann allmählich die zusätzliche Wasserbelastung in einem Rücksinken der Ozeanböden und einem Aufsteigen der Küstengebiete um wenige Meter bemerkbar machten, so dass wir um 6000 Jahre vor heute Spuren höherer Meeresspiegelstände auf den Südkontinenten finden (allerdings viel weiter nördlich im östlichen Südamerika, als in Abb. 55 durch Woodroffe & Horton 2005 dargestellt).

Bereits durch den Vorgang des „sea floor spreading", den vulkanischen Charakter vieler Erhebungen der Ozeanböden, einschließlich der sich ständig verbreiternden mittelozeanischen Rücken sowie das Verschlucken ozeanischer Kruste in den Sub-

2.9 Meeresspiegelschwankungen

duktionsbereichen ist angedeutet, dass Form und Größe der Meeresbecken und damit ihre Kapazität veränderlich sind. Das Aufreißen des Atlantischen Ozeans vor etwa 200 Mio. Jahren oder das bevorstehende der Afarsenke erweitern die Ozeanbecken, die Bildung submariner Erhebungen verringert dagegen das Aufnahmevermögen, wenn letzteres auch wenigstens teilweise und über längere Zeiträume durch isostatisches Rücksinken wieder kompensiert werden kann. Auch die Hebung ganzer Kontinentblöcke, das Auffalten von Gebirgen, welches gewöhnlich in den Sedimenttrögen der Ozeane beginnt, oder andere klein- oder großräumige tektonische Ereignisse spielen eine Rolle.

Schließlich wird auch durch die partielle Sedimentverfüllung der Ozeane ihr Volumen verringert und an den Küsten durch Deltawachstum etc. ihre Fläche verkleinert, während es an anderen Stellen durch Zurückschneiden der Festländer in Kliffen vergrößert wird. Alle diese Ursachen zusammen haben Auswirkungen auf den Meeresspiegel, jedoch nur in sehr langen Zeiträumen. Der Anteil des dabei jeweils dominierenden Prozesses dürfte kaum quantitativ fassbar sein, da ja alle genannten Vorgänge meist gleichzeitig ablaufen. Neuerdings rechnet man auch mit Veränderungen in der Rotationsgeschwindigkeit der Erde, Verformungen des Geoids und anderen Faktoren.

Prinzipiell gelingt die Quantifizierung und Ursachenzuweisung besser bei den eustatischen Bewegungen des Meeresspiegels, die auf der Volumenveränderung des Wassers selbst beruhen. Bereits die Mächtigkeit der Wassersäule, die Temperatur oder der Salzgehalt, also die auf die Dichte des Wassers Einfluss nehmenden Faktoren, bestimmen sein Volumen und dessen Veränderungen.

Von relativ stärkster Wirksamkeit aber dürften Klimaveränderungen sein, die auf den Anteil des flüssigen, gasförmigen und festen Wassers auf der Erde Einfluss nehmen. Das geschah vielfach im Verlaufe des Eiszeitalters (Quartärs, Pleistozäns) innerhalb der letzten 2 Mio. Jahre. In den Kaltzeiten sammelten sich auf Teilen der polaren oder hochgelegenen Festländer große Eismassen an, die eine Mächtigkeit von einigen 1000 m erreichen konnten und viele Mio. km^2 bedeckten. Das in ihnen gebundene Wasser wurde letztlich den Ozeanen entzogen, deren Wasserspiegel sank. Während der größten Eiszeiten (Elster bzw. Mindel, Saale bzw. Riß) wurde ein Ausmaß der Absenkung von 150–200 m erreicht, während der letzten Eiszeit (Weichsel bzw. Würm) um 120 m (Abb. 56). Mit Beginn der Warmzeiten schmolzen die Inlandeise und Gebirgsgletscher und das Wasser füllte die Meeresbecken wieder bis zu einem höheren Niveau. Diese sog. glazial-eustatischen Meeresspiegelschwankungen spielten sich in einigen 1000 Jahren ab, wobei Veränderungen von maximal mehreren cm/Jahr erreicht wurden. Von diesen Vorgängen sind uns an den Küsten der Erde zahlreiche geomorphologische und sedimentologische sowie paläontologische Zeugnisse erhalten geblieben. Ein vollständiges Abschmelzen des heute noch auf der Erde vorhandenen Gletschereises würde einen Anstieg des Meeresspiegels um weitere 60–75 m bewirken, wovon ca. 90 % auf das antarktische, 9 % auf das grönländische und nur 1 % auf das üb-

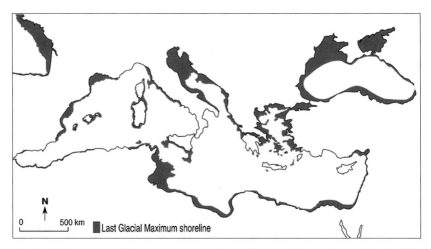

Abb. 56 Bei Absenkung des Meeresspiegels um ca. 120 m während des Höhepunktes der letzten Eiszeit im Mittelmeer und Schwarzen Meer trocken gefallene Küstengebiete.

rige Eis der Erde entfielen. Bei solchen Überlegungen dürfen schwimmende Schelfeismengen jedoch nicht mitgerechnet werden, weil durch ihr Abschmelzen allein der Meeresspiegel unverändert bliebe.

Im Prinzip müssten sich auch die in historischer Zeit beobachteten Gletscherschwankungen auf den Wasserstand der Weltmeere ausgewirkt haben, doch sind die Mengen so gering, dass eine sichere Aussage bisher nicht möglich ist. Auch die Ursache des gegenwärtig zu beobachtenden weltweiten Meeresspiegelanstieges, welcher an Pegeln vieler Küstenorte einen Betrag von gut 1 mm/Jahr (oder bis über 30 cm in den letzten 100 Jahren) ausmacht, ist letztlich nicht ausreichend geklärt. Die Erwärmung der gesamten Wassersäule um Beträge von 0,5–1 °C mit entsprechender Ausdehnung genügt als alleinige Begründung nicht.

3 Küsten und Küstenformung

3.1 Definition „Küsten" – Lage und Ausdehnung der Küsten

Auf Karten nahezu aller Maßstäbe werden die Küsten gewöhnlich als eine Linie dargestellt, die das Festland vom Wasser trennt. In der Natur jedoch sind die Küsten nicht auf Linien fixiert, sondern bilden ein mehr oder weniger breites Band und damit einen Grenzsaum zwischen Land und Meer. Die Breitenentwicklung dieses Grenzsaumes ist von verschiedenen Parametern abhängig, zu denen insbesondere die Schwankungen des Wasserstandes und die Neigung des Küstenhanges sowie des küstennahen Unterwasserhanges gehören. Bei Küsten mit mittlerem oder größerem Tidenhub schwanken zwischen Ebbe und Flut die jeweiligen Uferlinien in der Horizontalen um oft mehrere 1000 m, in der Vertikalen nur um wenige Meter, sofern es sich um Flachküstenabschnitte handelt.

Eine befriedigende Definition von „Küste" müsste jedoch auch den Wirkungsbereich der Brandung mit einbeziehen und nicht lediglich die Grenzen, an denen unterschiedliche Wasserstände markiert sind. Die Brandungswirkung reicht aber landwärts nicht nur bis zu dem Bereich, wo bei gelegentlichen Sturmflutereignissen noch Wellen hinschlagen, sondern darüber hinaus mindestens so weit, wie durch sehr häufigen Einfluss von Salzwasserspritzern und Salzwasserspray bestimmte morphologische und ökologische Bedingungen gegeben sind. Dies ist kenntlich an gewissen Meso- und Kleinformen, oft aber auch an einem Streifen besonderer Vegetationsbedeckung. Andererseits endet ein Küstenmilieu seewärts nicht am allertiefsten vorkommenden Wasserstand, sondern noch ein ganzes Stück weiter bzw. tiefer, nämlich dort, wo die Brandungswirkung unter Wasser spezielle Formen auf dem küstennahen Meeresboden hervorrufen kann. Das ist bis zu einer Wassertiefe der Fall, die der halben Wellenlänge an jedem Küstenabschnitt entspricht (vgl. Kap. 2.7.1). Erst in dieser Wassertiefe geht nämlich die Wellenenergie durch Reibung so weit verloren, dass geomorphologisch kaum noch Aktivitäten auf dem küstennahen Unterwasserhang entfaltet werden können. Diese Definition, die Küste als das Gebiet zwischen der obersten und äußersten landwärtigen und untersten oder äußerster seewärtigen Brandungswirkung begreift, ist so bereits von Valentin (1952) gefasst worden (vgl. Abb. 57 und 58). Da aber der Meeresspiegel sich in aller Regel aus eustatischen, isostatischen, seismischen, tektonischen oder sonstigen Gründen rascher ändert, als zur Anlage gut entwickelter Küstenformen notwendig ist, und weil im Verlaufe des Eiszeitalters der Meeresspiegel aus glazial-eustatischen Gründen mehrfach um Beträge von über 100 m in der Vertikalen geschwankt hat, muss die Küstenmorphologie auch vorzeitliche Küstenformen in der Nähe oder parallel zum heutigen Küstenverlauf einbeziehen, jenen gesamten Grenzraum, in dem noch Küstenformen und -ablagerungen der jüngeren erdgeschichtlichen Vergangenheit erhalten sind oder erhalten sein können. Dieser Gesamtsaum wird nach Valentin (1952) als „Küstenge-

3 Küsten und Küstenformung

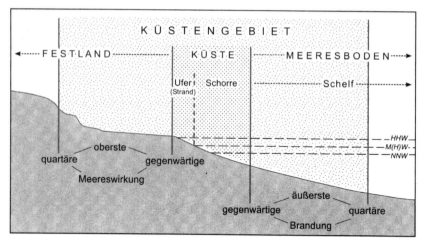

Abb. 57 Terminologie im Küstengebiet (n. Valentin 1952)

biet" definiert und bestimmt die äußerste Grenze der quartären Brandungswirkung sowohl zum Festland wie auch zum Meeresboden hin (vgl. Abb. 57).

Die Küste ist das am weitesten verbreitete Landschaftselement der Erde. Über ihre Ausdehnung gibt es unterschiedliche Auffassungen, doch sind diese Unterschiede im wesentlichen Maßstabsfragen. Nach Karten mittleren Maßstabes (etwa 1 : 200 000 oder 1 : 2 Mio) ermittelt, ergeben sich für die Meeresküsten der Erde die in Tab. 15 niedergelegten Werte mit einer Gesamtsumme von 286 300 km. Hinzu kom-

Tab. 15 Länge und „Entwicklung" der Küsten der Erde (i.w. nach Kossack 1953, S. 239).

Erdteil	Flächeninhalt ohne Inseln in Mio. km²	Umfang eines gleichgroßen Kreises (V)	„wahre Küstenlänge" (L)	Küstenentwicklung (V : L)
Europa	9,2	1 0 700	37 200	1 : 3,48
Asien	41,5	21 900	70 600	1 : 3,22
Nordamerika	20,0	15 500	75 500	1 : 4,87
Südamerika	17,6	14 600	28 700	1 : 1,97
Afrika	29,2	18 600	30 500	1 : 1,64
Australien	7,6	9 700	19 500	1 : 2,01
Antarktis (mit Schelfeis)	14,0	13 300	24 300	1 : 1,83
Summe	139,1	104 300	286 300	1 : 2,74

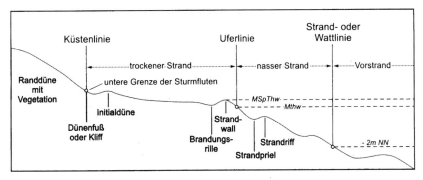

Abb. 58 Terminologie an einer gezeitenbeeinflussten Lockermaterialküste (deutsche Nordsee)

men die Küsten zahlreicher kleiner Inseln, die hierbei nicht erfasst sind. Die wirkliche Länge der Küsten der Erde, ermittelt im natürlichen Maßstab 1 : 1, würde aber wahrscheinlich einen Wert ergeben, der bei über 1 Mio. km liegt.

In Tabelle 15 ist auch die sog. Küstenentwicklung, das ist der Grad der Gliederung der Kontinente, wiedergegeben. Man erkennt, dass insbesondere Nordamerika, nachfolgend auch Europa und Asien im großen Maße durch starke Küstenkonturen gegliedert sind, während Australien, Südamerika und Afrika weniger gelappte Ränder aufweisen. Dieser Grad der Durchdringung von Land und Meer ist für die verschiedenen Austauschvorgänge, die Beeinflussung des Klimas und weitere geographische Phänomene wichtig.

3.2 Einführung in die physische Geographie der Küstenräume

Die Küsten der Erde bilden ein ganz besonderes physisch-geographisches Milieu, welches früher gerne mit dem Begriff „dreidimensionaler Kampfraum zwischen Atmosphäre, Hydrosphäre und Lithosphäre" umschrieben wurde. In der Tat grenzen an der Küste diese drei Bereiche aneinander und stehen in gegenseitiger Wechselwirkung. Zu ergänzen wäre jedoch auch die Biosphäre, die – wie später zu zeigen sein wird – auf die Küstenformen und insbesondere die dabei beteiligten Prozesse ebenfalls Einfluss nehmen kann. Wegen der außerordentlich großen Verbreitung der Meeresküsten auf der Erde, die zwischen dem Äquator und noch jenseits von 80° nördlicher und südlicher Breite in hochpolaren Gebieten zu finden sind, treten dort nahezu alle Typen von Locker- und Festgesteinen auf. Küsten sind in sämtlichen Klimazonen entwickelt. Es gibt sie an kalten, gemäßigten und warmen Meeren, an ruhigen und sturmgepeitschten, an gezeitenlosen und an solchen mit extremem Tidenhub, es gibt Eisküsten, Küsten an Süßwassermeeren, an solchen mit dem normalen Salzgehalt der Ozeane oder solchen mit extrem gesteigerten Salzgehalten. Unter-

3 Küsten und Küstenformung

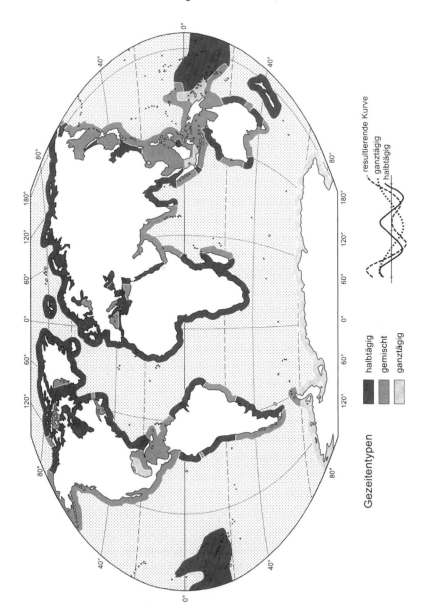

Abb. 59 Gezeitentypen an den Küsten der Erde (i. w. n. Davies 1977).

3.2 Einführung in die physische Geographie der Küstenräume

schiedliche Organismen (Pflanzen und Tiere), deren Lebewelt sowohl das Wasser wie auch das Festland ist, besiedeln die Küsten der Erde. Darüber hinaus gibt es Wirkungen auf den Küstenformenschatz, welche entweder aus weit entfernten offenen Meeresteilen hinzutreten (warme Wassermassen, Treibeis, Tsunamis), aber auch solche, die aus dem Inneren der Kontinente an die Küste gelangen können, etwa durch den Abfluss mit Sediment beladener Ströme, die Küste vom Binnenland her überstreichende Sand- und Staubstürme etc..

Um einen gewissen Eindruck von der Vielfältigkeit und Differenzierung der äußeren Einflussgrößen zu geben, seien hier im ganz groben Überblick zunächst einige Erscheinungen aus dem hydrosphärischen und atmosphärischen Bereich an den Küsten der Erde dargestellt. Abb. 59 gibt die Verbreitung der verschiedenen Gezeitentypen an den Küsten der Erde wieder, und man erkennt, dass die normale halbtägige Tide, wie sie auch an der Nordsee herrscht, am weitesten verbreitet ist. Ganztägige Gezeiten treten eigentlich nur in begrenzten Meeresflächen um große Inselarchipele oder in Mittelmeeren auf. Wichtiger als der Gezeitentyp ist sicher der Tidenhub, insbesondere der Springtidenhub, wie er auf Abb. 60 dargestellt wird. Wieder sieht man, dass in geschützten Meeresteilen, insbesondere abgeschnürten Mittelmeeren und Randmeeren, der Tidenhub sehr häufig gering ist und unter einem Meter liegt, desgleichen an arktischen Küsten, während er an den offenen Ozeanstrecken gewöhnlich zwischen 1 und 5 m beträgt. Bereiche mit über 5 m Springtidenhub sind auf der Erde nur sporadisch anzutreffen und niemals sehr ausgedehnt. Bei entsprechender Küstenkonfiguration, nämlich tieferen Buchten, kann die Flutwelle im Inneren sehr hoch auflaufen und dann zu Beträgen des Tidenhubs von über 10 m führen. Solche Stellen wie die Bretagne, die südlichen Britischen Inseln oder auch die Fundy Bay in Kanada sind auf der Karte mit der Angabe der absoluten Werte hervorgehoben worden. Somit lässt die Verteilung des Springtidenhubs eher eine gewisse Ordnung erkennen als die der Gezeitentypen. Das gilt jedoch nur bei globaler Betrachtung, während ein detaillierterer Blick auf Tidtyp und Tidenhub im Bereich von Mittel- und Nordamerika bereits wieder eine stärkere Differenzierung zeigt, in der lediglich die geringen Beträge im abgeschnürten Golf von Mexiko und im Karibischen Meer auffallen. Neben dem Tidenhub sind Brandungswellen für die Küstenformen von besonderer Bedeutung.

Die auf den Ozeanen erzeugten Wellen pflanzen sich über weite Meeresstrecken als Dünung fort und verwandeln sich beim Auftreffen auf eine Küste in Brandung. Diesem Umstand trägt die Karte in Abb. 61 Rechnung, in der in Anlehnung an Davies (1972) versucht wird, die wellendynamische Situation der Küsten der Erde ein wenig zu differenzieren. Gut heben sich die relativ geschützten Küstenbereiche in den Binnen-, Rand- oder Nebenmeeren sowie in einigen arktischen Bereichen, die Gebiete tropischer Wirbelstürme mit singulären, aber außerordentlich starken Wellenwirkungen und die Bereiche vorherrschender Sturmwellen, etwa in den Westwindgürteln der Erde auf beiden Halbkugeln ab. Als Fernwirkung können wir die Dünung bezeichnen, wobei auffällt, dass die Westküstendünung, insbesondere aus dem süd-

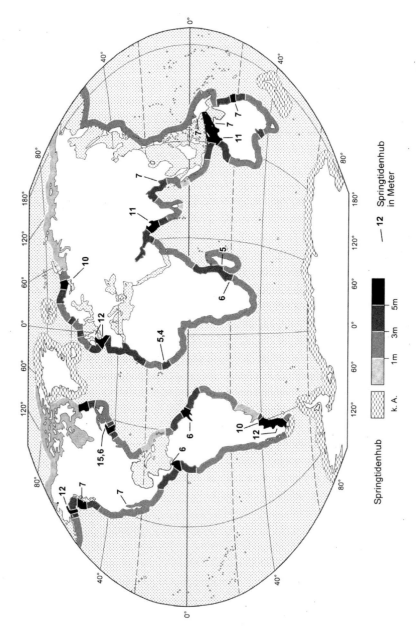

Abb. 60   Springtidenhub an den Küsten der Erde.

lichen Sektor, erheblich signifikanter und stärker verbreitet ist als die Ostküstendünung. Das liegt daran, dass insbesondere auf der Südhalbkugel die Wasserflächen ohne starke Unterbrechung durch Kontinente entwickelt sind und auf diesen größeren Wasserflächen aus den Sturmgürteln der hohen südlichen Breiten die dort erzeugten Dünungswellen links abgelenkt und teilweise bis über den Äquator hinweg tretend die Westküsten der Kontinente erreichen. Für die Nordhalbkugel ist die Westküstendünung aus nördlichen Richtungen, d. h. rechts abgelenkt aus den Westwindgürteln dagegen weniger signifikant, weil hier die überwehten Meeresstrecken kürzer sind. Bei der Betrachtung der energetischen Situation der Küsten der Erde müssen auch die seltener und nicht regelhaft auftretenden Erscheinungen, z. B. Wirbelstürme, dargestellt werden (Abb. 62, Ergänzungen zur Verbreitung der Tsunamis aus den Vorkommen des letzten Jahrzehnts finden sich im Kapitel 6). Sie treten als meist örtliche Zyklonen mit parabelförmiger Ablenkung in der tropisch-subtropischen Zone auf.

In der geomorphologischen Literatur wurde die Küstenmorphologie auffälligerweise recht stiefmütterlich behandelt. Einer schier unübersehbaren Fülle von Lehrbüchern zur festländischen Geomorphologie aus der Feder von Geographen oder Geologen (vornehmlich in den englischsprachigen Ländern) steht nur eine recht bescheidene Zahl ähnlicher Werke über die Küsten gegenüber: In den USA war es nach dem grundlegenden Werk von Johnson 1919 u. a. Finkl 1994. In Großbritannien sind vornehmlich King 1972, Carter 1988, Hansom 1988, Carter & Woodroffe 1994 sowie Viles & Spencer 1995 zu nennen, in Frankreich Guilcher 1954b (in engl. Übersetzung 1958), die jedoch beide dem submarinen Formenschatz noch größere Aufmerksamkeit widmeten, dazu Paskoff 1993 und Pirazzoli 1993, 1996. Die Australier haben nicht nur in ihren geomorphologischen Detailstudien und Aufsätzen, sondern auch in Lehr- und Handbüchern die Küstenmorphologie stärker als andere berücksichtigt (vgl. die Weltkarte von McGill 1958 oder die Lehrbücher von Bird, zuletzt 2008, sowie den besonderen zonal geprägten Ansatz bei Davies 1972).

Eine regionale Darstellung aller Küsten der Erde verdenken wir Bird (2008), doch ist die Qualität für viele Gebiete noch unzureichend.

Zu den wesentlichsten Werken der Küstenmorphologie gehört ganz zweifellos das Lehrbuch von Zenkovich, welches 1967 in englischer Übersetzung erschien. Insbesondere die Akkumulationsformen sind hier erschöpfend und originell bearbeitet worden. Demgegenüber sind in Deutschland erst drei Werke zur allgemeinen Küstenmorphologie entstanden, nämlich die Dissertation von H. Valentin (1952), die naturgemäß und zur damaligen Zeit ganz überwiegend eine Literaturzusammenstellung (mit Betonung etwa der Meeresspiegelschwankungen oder der Klassifikationsprobleme) war, sowie das 2-bändige Lehrbuch zur Geographie der Ozeane und Küsten von Gierloff-Emden (1980), welches eine große Fülle von gut dokumentierten Details enthält, jedoch keine durchgehend systematisierte Küstenmorphologie ist, und der „Atlas of Coastal Geomorphology and Zonality" (Kelletat 1995a), der erste

96 3 Küsten und Küstenformung

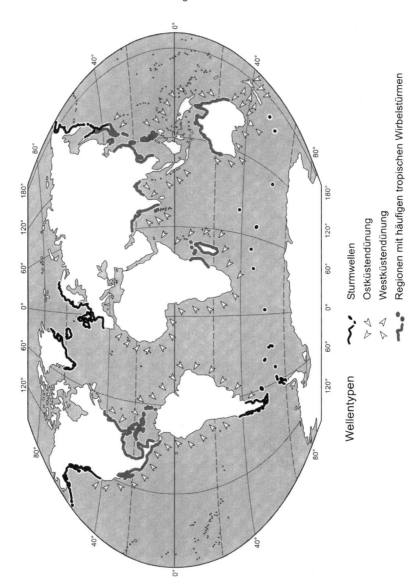

Abb. 61 Wellentypen an den Küsten der Erde (verändert n. Davies 1972)

3.2 Einführung in die physische Geographie der Küstenräume

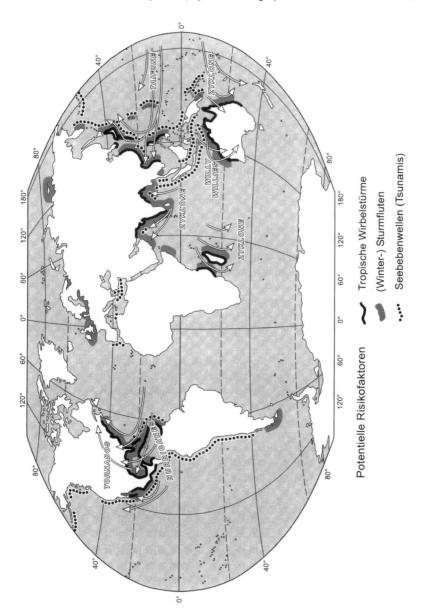

Abb. 62 Verbreitung von Wirbelstürmen und Seebebenwellen.

weltweit. Weitere wichtige Übersichten bieten Klug 1986a oder Schellnhuber & Sterr 1993.

Das nach wie vor geringe Gewicht der Küstenmorphologie gegenüber der des festen Landes spiegelt sich auch im Standardlehrbuch zur Allgemeinen Geomorphologie von Louis wieder. Waren in der ersten Auflage von 1961 von 279 Textseiten noch 36 (= fast 13 %) der Küstenmorphologie gewidmet, so sank deren Anteil bis zur letzten Auflage (Louis & Fischer 1979) auf 52 von 655 Textseiten (= knapp 8 %)! In Ahnerts neuer „Einführung in die Geomorphologie" (1996) behandeln 41 von 408 Seiten die Küsten, das sind 10 %.

Ein wenig positiver lassen sich die Verhältnisse jedoch insgesamt beurteilen, wenn man auch die allgemeinen küstenmorphologischen Informationen mitberücksichtigt, die in umfangreicheren Regionalarbeiten enthalten sind. Der Anteil von Beiträgen zu küstenmorphologischen Problemen an allen Artikeln zur Geomorphologie der Erdoberfläche in den deutschen wissenschaftlichen Zeitschriften lag zwischen 1950 und 1980 nur bei 2–2,5 %, hat sich aber seither mehr als verdoppelt. Weiter führende neuere Literatur zu allgemeinen Fragen der Küstenmorphologie finden sich u. a. bei Woodroffe 2003, Kelletat 2001, 2005b, d, 2006a, Pirazzoli 2005, Short 2006, Thom & Short 2006, Kelletat & Scheffers 2005a, Short & Woodroffe 2009, Davidson-Arnott 2010, Naylor et al. 2010, und Scheffers et al. 2012a.

Die folgende detaillierte Betrachtung der Küsten der Erde behandelt zunächst die an der Küstenformung beteiligten Prozesse in kurzer Übersicht und dann die wichtigsten natürlichen Küstenformen, die aus diesen Prozessen resultieren. Einer Darstellung der natürlichen Küstenformen folgt ein Exkurs über Vorzeitformen und die Systematik und Klassifikation. Den Abschluss bildet eine kurze Diskussion über das Problem der Zonalität von Küstenformen, welches in der Forschung stärker berücksichtigt werden sollte. Schließlich soll auf einige offene Fragen der physischen Meeres- und Küstenforschung abschließend hingewiesen werden.

3.3 Die an der Küstenformung beteiligten Prozesse

An dieser Stelle sollen zunächst nur zusammenfassend die wesentlichen die Küste gestaltenden Kräfte genannt werden, ohne dass bereits auf die geschaffenen Formen eingegangen wird. Diese werden detaillierter in Kap. 3.4ff. dargestellt.

3.3.1 Meeresspiegelschwankungen (vgl. auch Kap. 2.9)

Im angelsächsischen Sprachgebrauch wird häufig zwischen „primary" und „secondary" coasts unterschieden. Mit „primary coasts" sind solche gemeint, an denen lediglich der Meeresspiegel in einer bestimmten Höhe steht, deren Formen selbst aber nicht aus den Prozessen des litoralen Kräftespiels entstanden sind. Durch die häufi-

3.3 Die an der Küstenformung beteiligten Prozess

gen kurz- und längerfristigen Oszillationen des Meeresspiegels in der Gegenwart und geologischen Vergangenheit gibt es in der Tat sehr viele Küstenabschnitte der Erde, die eher durch bestimmte Anzeichen der Ertränkung ehemals subaerischer Reliefs oder Auftauchung bestimmter Meeresbodenteile gekennzeichnet sind, als dass ihre spezielle Form aus zerstörender oder aufbauender Brandungswirkung hervorgegangen ist. Wenn keine Umgestaltung des Reliefs erfolgt, ist die Küstenlinie beim Meeresspiegelanstieg lediglich eine ehemalige Isohypse am Festlandsrelief. Da wir heute in einer Warmzeit (einem Interglazial) leben, ist der letzte bedeutende Anstieg des Meeresspiegels vom Tiefstand der letzten Eiszeit erst einige tausend Jahre her, so dass es, weltweit gesehen, zahlreiche Ingressionsküsten auf der Erde in allen Breitenlagen gibt. Dazu gehören Fjord- und Schärenküsten, Rias und andere, die in Kapitel 3.4.2.1ff. näher erläutert werden. Über die verschiedenen Ursachen regional oder global wirkender Niveauveränderungen (wie sediment- und glazial-isostatische, glazial-eustatische, tektonische etc.) unterrichtet Kap. 2.9.

3.3.2 Zerstörungsprozesse

Die Küstenformung durch abtragende und zerstörende Wirkung kann auf ganz verschiedene Ursachen zurückgehen. Zu unterscheiden sind zumindest die fünf folgenden:

1. endogene Ursachen wie Verwerfungen, Felssturz infolge von Erdbeben oder der Kollaps vulkanischer Inseln, z. B. mit der Folge von Tsunamis;
2. mechanische Zerstörung durch Wellenwirkung und Treibeis-Einfluss;
3. Zurückverlegung von Küsten durch Auftauvorgänge, d. h. durch thermische Wirkung des Meerwassers, auch Schmelz- und Kalbungsvorgänge an Gletschereis
4. chemische Lösung durch Meerwasser bzw. Niederschlagswasser und Salzverwitterung;
5. Zerstörung durch Organismen (Pflanzen und Tiere), die sog. „Bioerosion".

Der Grad der zerstörenden Umformung durch Wellenwirkung ist natürlich abhängig von der Energie der Wellen, d. h. der Stärke der Brandung, der Wellenhöhe und der Konstanz ihrer Richtung, aber auch von der Widerstandsfähigkeit des die Küste aufbauenden Gesteins. Während an Lockermaterialküsten die mechanische Zerstörung im Wesentlichen durch Wegführen der Sedimente in Brandungsströmungen („longshore drift") seitwärts oder meerwärts erfolgt, sind die Vorgänge der mechanischen Zerstörung an Festgesteinsküsten etwas komplizierter. Sie bestehen hier im Druckschlag der Wellen gegen ein festes Widerlager. Dabei gibt es erhebliche Druckschwankungen an der Gesteinsoberfläche und in Spalten, Ritzen und Klüften, wenn Wasser und Luft in ständig wechselndem Druck herein gepresst werden. Das kann bei vorgegebenen strukturellen und texturellen Schwächen des Gesteinskörpers zu einer allmählichen Lockerung und zum Herausbrechen kleinerer und größerer Fragmente führen.

3 Küsten und Küstenformung

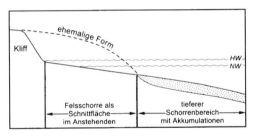

Abb. 63 Entwicklung von Schorre und Kliff (schematisch).

Im zweiten Fall können die Prozesse der reinen Brandungswirkung durch solche des schwerkraftbedingten Absitzens und Abrutschens unterstützt werden. Beim Zurückschneiden des Festlandes in Form von Kliffen oder kliffähnlichen Gebilden bleibt eine leicht seewärts geböschte Schnittplattform zurück, die soweit abgetragen werden kann, wie noch nennenswerte Wellenenergie reicht (vgl. Abb. 63). Eine solche unter Wasser gelegene Plattform bezeichnen wir, einerlei ob sie aus Lockermaterial oder Festgestein besteht, als Schorre. Sie verschneidet sich in einem scharfen Winkel mit dem Kliff. Die mechanische Bearbeitung der Kliffe und der Schorren wird natürlich erheblich gesteigert, wenn in der Brandungszone viel Lockermaterial als Waffe zur Verfügung steht.

Zahlreiche Beobachtungen in der Natur müssen zu dem Schluss führen, dass auch hochenergetische Brandung ohne das Vorhandensein von Lockermaterial als Brandungswaffen einem fest gefügten und nicht durch strukturelle Gegebenheiten geschwächten Fels morphologisch in absehbarer Zeit von einigen Jahrhunderten oder Jahrtausenden nicht sehr viel anhaben kann, dass also der reine Druckschlag des Wassers und das Hineinpressen von Luft in Fugen, die kein Lockermaterial enthalten, nicht zu morphologischen Veränderungen führen muss. So sind etwa in Nordeuropa Fjordwände oder Schären, die infolge des eiszeitlichen Abschleifens nur das kerngesunde Gestein aufweisen, seit einigen Jahrtausenden der Brandung ausgesetzt, und dennoch sind auf ihnen in der Brandungslinie die Gletscherschliffe zum Teil noch erhalten. Unter den mechanischen Zerstörungsformen an Felsküsten nehmen diejenigen eine besondere Stellung ein, die mit Frostwirkung einhergehen. Es kann sich dabei um normale subaerische Frostsprengung handeln, die Zerstörung kann aber auch durch die Eisbildung aus dem Meerwasser oder mit Hilfe des Meerwassers gesteigert werden (vgl. Kap. 3.4.3.3 und 3.4.3.4).

Auch die relative Wärme des Meerwassers in arktischen Gebieten kann zur Zerstörung von Küsten führen, insbesondere von solchen, die ihre Standfestigkeit lediglich dem Dauerfrostboden verdanken (Kap. 3.4.3.2). Spezialvorgänge der Küstenzerstörung schließlich finden sich an reinem Eis, etwa dem Schelfeis der Antarktis oder Grönlands, entweder als Abbrechen (Kalben) größerer Eispartien oder ebenfalls

3.3 Die an der Küstenformung beteiligten Prozess 101

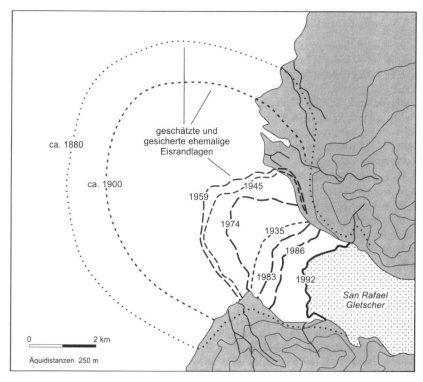

Abb. 64 Stark veränderliche Eisküsten an der Mündung des San Rafael Gletschers in Südwest-Chile (n. Warren 1993).

durch eine thermische Unterschneidung der untersten vom Meerwasser erreichten Partien (s. Abb. 64).

Bis in die neueste Zeit hinein ist strittig, ob es auch Zerstörungsformen an den Küsten der Erde gibt, die auf rein chemische Lösungsprozesse zurückgehen, ohne dass Organismen daran beteiligt sind. Diese Frage stellt sich um so mehr, als sich durch neuere Studien herausgestellt hat, dass die zahlreichen Hohlkehlenbildungen an Karbonatgesteinen und verwandten petrographischen Einheiten nicht auf die anorganischen Lösungsprozesse eines angeblich aggressiven Meerwassers zurückzuführen sind, sondern ihren Ursprung in der Bioerosion haben. Anorganische chemische Lösung ist selbstverständlich dort möglich, wo im Meerwasser lösliche Gesteine anstehen und das Meerwasser selbst nicht mit den Substanzen bereits gesättigt ist, die diese Gesteine als lösungsfähige Bindemittel enthalten. Das gilt etwa für die Salzbeulen und Salzinseln des Persischen Golfes, aber nicht für aus Karbonatgesteinen aufgebaute Küsten, da – wie bereits in Kap. 2.5.2 erwähnt – das Meerwasser in aller Regel mit Kalk gesättigt ist. Das bestätigen auch eigene Untersuchungen an Karbonatküsten des Mittelmeeres, Australiens, Mikronesiens, Neuseelands oder Schottlands (Kelletat 1982c und 1985 c, 1986a, 1987d, 1988b und c, 1989d bis f, 1991a, 1993b, 1994b und c). Natürlich kann nicht geleugnet werden, dass die Zusammensetzung des Meerwassers chemische Angriffsmöglichkeiten an Küsten aus Festgesteinen bewirkt. Das gilt insbesondere für Vorgänge der Hydratations-Verwitterung oder Salzsprengung an Gesteinen, die sich für diesen Prozess eignen. Dazu zählen körnige Gesteine wie Sandsteine oder Granite und verwandte Gesteinsarten. Das Ergebnis ist ein verstärktes Abgrusen oder Abschälen an vom Salzwasserspray erreichten Gesteinsflächen und kann bis zu einer pockenartigen Zernarbung in Form von Waben und Hohlkehlenverwitterung führen (vgl. auch Kelletat 1980, 1982). Im Wesentlichen auf Vorgänge der Salzsprengung geht die Entstehung absolut horizontaler Felsflächen an manchen Küsten der Erde zurück, insbesondere in wechselfeuchten bzw. mit relativ hoher Strahlung und Gelegenheit zur Austrocknung ausgestatteten Klimaregionen. Bis zu einem Niveau, welches ständig wassergesättigt ist, bleiben die Felsbereiche gewöhnlich stabil, direkt darüber, wo Benetzung und Abtrocknung häufig wechseln und auch tief ins Gestein eindringen können, herrscht verstärkte Abtragung. Im Allgemeinen liegt dieses Niveau in der Nähe des mittleren Springtidehochwassers (d. h. über dem mittleren Hochwasser); der Vorgang wird als „water layer weathering" bezeichnet.

Ein in Lehr- und Handbüchern zur Küstenmorphologie häufig vernachlässigter Prozess ist der der sog. „Bioerosion" (Kap. 3.4.3.4). Darunter soll eine Zerstörung durch verschiedenartige Organismen (Pflanzen oder Tiere) verstanden werden, wobei sowohl biochemische Wirkung durch Abscheiden aggressiver Körpersubstanzen als auch mechanische Wirkung durch Bohren, Graben und Fressen vorkommen. Insgesamt ist festzustellen, dass diese Prozesse insbesondere an Karbonatgesteinen häufig über jene der mechanischen Abrasion dominieren und dass gerade dort eine anorganische chemische Lösung der Gesteine ausgeschlossen ist, weil die Oberflächen durch einen dichten, undurchdringlichen Algenfilm vollständig versiegelt und so vor dem Angriff des Meerwassers und Niederschlagswassers geschützt sind (vgl. Schneider 1976, Kelletat 1989d, e, f u. a.).

3.3.3 Aufbauvorgänge

Auch die Aufbauvorgänge an den Küsten der Erde sind äußerst differenziert (Lavazungen, Schwemmlandebenen, Deltas u. a.).

Einen großen Raum nehmen jene Aufbauformen ein, die durch Brandungswirkung hervorgerufen werden, wobei das Lockermaterial vom Meeresboden, seitwärtigen Kliffabschnitten oder vom Festland angeliefert werden kann. Eine definitive Akkumulationsform kann natürlich nur von Wellen hervorgerufen werden, die über den Meeresspiegel hinaus Material gegen die Schwerkraft aufwärts transportieren kön-

3.4 Die natürlichen Küstenformen

nen. Der Saum hinreichend energiereicher Brandungswellen oberhalb der Wasserlinie ist oft gekennzeichnet durch eine wallartige Ablagerung (Strandwälle), die augenblickliche Reichweite äußerster Wellenzungen auch durch Spülsäume mit Treibgut unterschiedlicher Art. Der in Kap. 3.4.4.2 näher erläuterte Prozess der seitlichen Materialversetzung ist insofern wichtig, als dadurch unter und über Wasser große Sedimentmengen auch in solche Gegenden transportiert werden können, wo ursprünglich kein Sediment vorhanden war.

Einen besonderen Prozess bei Aufbauvorgängen an den Lockermaterialküsten der Erde bilden nachträgliche Verfestigungen der Sedimente. Wir finden sie einmal am Strand in Form betonharter Platten von einigen Dezimetern Dicke als sog. Strandsandstein oder Strandkonglomerat, meistens mit dem angelsächsischen Begriff „Beachrock" bezeichnet. Auch Küstendünen können sekundär verfestigen und werden dann „Äolianit" genannt (Kap. 3.4.4.6). Sie finden sich, ähnlich wie der „Beachrock", in typischer Verbreitung erst in wärmeren Regionen der Erde vom Mittelmeer über die Subtropen bis in Teile der Tropen.

Recht verbreitet an den Küsten der Erde sind Erscheinungen von Aufbauvorgängen, die aus einer Mischung anorganischer litoraler Prozesse und biogener Vorgänge entstanden sind. Es handelt sich um die Akkumulationsbereiche der Watten und Marschen. Das sind meist feine, schluffig-tonige, gelegentlich auch sandige Sedimente mit einem gewissen Anteil organischer Substanzen, die sich im Bereich größerer Gezeitenschwankungen (in der Regel mehr als 1 m) ausbilden können. Dieser amphibische Raum beherbergt eine große Zahl von pflanzlichen und tierischen Lebewesen, die dort zu einer Veränderung des Sediments und zu seiner Anreicherung mit organischen Resten beitragen. Organismen können auch Sedimentation verursachen oder beschleunigen (z. B. Mangroven).

Eine letzte Gruppe von Aufbauvorgängen an den Küsten der Erde schließlich wird durch organische Bildungen allein hervorgerufen, wobei organische Lockersedimente wie Tang, Seegras oder Treibholz oft nur temporäre Erscheinungen sind. Anders ist es mit der Bildung von biogenen Festgesteinen im Küstenmilieu. Diese können entweder durch Pflanzen oder durch Tiere hervorgerufen werden, und sie finden sich prinzipiell an allen Küsten der Erde, jedoch mit äußerst unterschiedlicher morphologischer Ausprägung. Zu den gesteinsbildenden Pflanzen gehören die zahlreichen Kalkalgen, welche im Bereich der Niedrigwasserlinie bereits im Mittelmeergebiet sog. Trottoirs und Kleinriffe bilden können. Durch Tiere aufgebaute konstruktive Küstenformen finden sich in Kleinformen wie Rippen und Wülsten von Seepocken, Wurmschnecken, Serpuliden oder Bryozoen, können aber in der Art von Biohermata auch mehr oder weniger ausgeprägte Gebilde bis zu Zehnern von Metern Durchmesser und einigen Metern Höhe in wärmeren Küstenmilieus der Erde ausbilden (Kap. 3.4.4.7.3). Die leistungsfähigsten organischen Gesteinsbildner sind jedoch zweifellos die Korallen in allen hinreichend warmen, klaren und sauerstoffreichen Meeresgebieten der Erde. Über ihren Formenreichtum und ihr Verbreitungsmuster finden sich nähere Ausführungen in Kap. 3.4.4.7.4.

3.4 Die natürlichen Küstenformen

3.4.1 Endogen bestimmte und Vulkanküsten

Die Gruppe dieser Küstenformen ist recht heterogen (Kelletat 1995 b, Scheffers et al. 2012), ihre Verbreitung auf der Erde begrenzt. Am auffälligsten sind die großen Grabenbrüche und Zerrspalten infolge von „sea floor spreading", die meist durch gestreckten oder scharfwinklig abknickenden Verlauf ihrer Küstenkonturen gekennzeichnet sind. Das beste Beispiel dafür ist das System Golf von Aden – Rotes Meer – Golf von Suez und Aqaba (Abb. 65). Auch der Golf von Niederkalifornien gehört in diese Kategorie, und die Region um Point Reyes nördlich von San Francisco zeigt das Ausstreichen der San Andreas-Bruchlinie in den Pazifischen Ozean (Abb. 66). Zwar ist bei diesen Meeresbuchten die endogen-tektonische Anlage bestimmend gewesen, die Küsten selbst aber decken sich nur noch selten mit Bruchstufen oder anderen Bewegungslinien, weil seit der Erstanlage zahlreiche andere Prozesse (hier insbesondere Korallenriffbildung, Kliffe oder Sedimentfächer) zu Veränderungen geführt haben. Es ist daher unzutreffend, solche Gebiete als „Bruchküsten" zu bezeichnen. Strukturbestimmte Küsten sind auch solche, die im Wesentlichen durch endogene Prozesse (z. B. Faltenbildung, Abb. 67) bestimmt sind.

In der Sondergruppe der Vulkanküsten gibt es die Vorgänge der Auftauchung und Untertauchung, des Aufbaus und der Zerstörung. In reiner Form erhalten sich Vul-

Abb. 65 Der große Grabenbruch des Roten Meeres teilt sich im Norden beidseitig der Sinai-Halbinsel auf in den Golf von Suez und den Golf von Aqaba oder Eilat (Google Earth).

3.4 Die natürlichen Küstenformen   105

Abb. 66 Ausstreichen der San Andreas Spalte am Point Reyes in Kalifornien (Google Earth).

Abb. 67 Parallele Faltenstränge bilden lang gestreckte Halbinseln und zwischengeschaltete oft kanalähnliche Meeresbuchten im Nordwesten von Australien (Kimberley Coast) (Google Earth).

106   3 Küsten und Küstenformung

Abb. 68   Vulkaninseln mit einer zum Meer geöffneten Caldera auf den Kurilen nördlich von Japan (Google Earth).

kanküsten jedoch über längere Zeit nur unter Sonderbedingungen, wenn auch die vulkanische Erstanlage, etwa in den runden Inselgestalten Hawaiis, des Galapagos-Archipels, der Kanarischen und Äolischen Inseln, über recht lange geologische Zeiträume hinweg erkennbar bleiben kann (s. a. Abb. 68).

Aus vulkanischem Lockermaterial aufgebaute Küsten (Beispiel: der größte Teil der 1964 neu entstandenen Insel Surtsey vor Südisland) unterliegen in wenigen Wochen bis Jahren einer starken Umgestaltung durch aufbauende oder zerstörende Brandungswirkung. Lediglich ins Meer geflossene Lavazungen überdauern Jahrzehnte bis Jahrhunderte und mehr, wie auf Hawaii, den Galapagosinseln oder Nea Kaimeni im Santorin-Archipel nachzuweisen ist. Hier ist auch der bis über 200 m hohe Küstensteilhang der Inseln Thira und Thirasia durch vulkanische Wirkung, nämlich Kollaps entstanden.

3.4.2   Ingressionsküsten

Unter dem Begriff Ingressionsküsten sollen all jene Küstenformen subsumiert werden, die im Wesentlichen durch das Eindringen des Meeres in ein differenziertes Relief gekennzeichnet sind. Es handelt sich also um sogenannte „primary coasts" im Sinne der angelsächsischen Literatur, deren Formen nicht oder nur wenig durch litorale Prozesse umgestaltet worden sind. Ingressionsküsten sind auch deshalb auf der Erde weit verbreitet, weil der letzte wesentliche Meeresspiegelanstieg in der Größenordnung von über 100 m erst vor rund 6000 Jahren beendet war. Die Zeit für eine aktive Umformung durch Brandungswirkung war daher in vielen Fällen noch zu kurz.

3.4.2.1 Ingressionsformen glazial gestalteter Küstenabschnitte

Weit verbreitet sind glazial gestaltete Küstenabschnitte, bei denen das Meer in ein ehemals durch Vergletscherung geprägtes Festlandsrelief eingedrungen ist. Dies wurde erleichtert, weil glaziale Skulpturformen an der Untergrenze der Gletscher wegen der großen Auflast auch relativ weit unter dem Meeresspiegel zustande kommen können, also in „submariner" Position. Sie sind oft durch die später erfolgte glazial-isostatische Landhebung nach der Enteisung nicht vollständig aus dem Bereich des Meereseinflusses herausgehoben worden.

Bei den glazialen Ingressionsformen unterscheiden wir mindestens zwei große Gruppen, nämlich die partielle Ertränkung glazialer Erosionslandschaften und die glazialer Akkumulationslandschaften. Es ist verständlich, dass die glazialen Erosionslandschaften, soweit sie im festen Fels angelegt sind, einer Umformung durch litorale Prozesse bisher am besten widerstehen konnten und deshalb die Ingressionsformen noch am reinsten zeigen. Ihr Prototyp ist der Fjord als ehemals glazial geprägtes Trogtal, oft verzweigt und mit gewundenem Verlauf sowie steil eintauchenden Flanken. Zahlreiche Beispiele dafür finden sich z. B. in Skandinavien, Schottland, Grönland (Abb. 69), Kanada, Südalaska und dem Norden der Sowjetunion, aber auch auf der Südhalbkugel in Süd-Chile oder der Südinsel von Neuseeland, ertrunkene Kare z. B. in S-Alaska.

Mit Fjorden sind in glazialen Felsreliefs Rundhöcker vergesellschaftet, welche als Inselfluren die Küsten säumen (vgl. Abb. 70). Diese walfischrückenähnlichen kleinen Erhebungen treten oft zu Tausenden auf (Aland-Archipel) und werden Schären genannt.

Typische Erscheinungen glazialer Ingressionsküsten gibt es auch in glazialen Erosionslandschaften aus Lockermaterial. Hohlformen infolge Eisschurf sind hier z. B. die Zungenbecken, die wir im halb ertrunkenen Zustand als Bodden bezeichnen (vgl. Abb. 71). Subglaziale Vertiefungen unter verstärkter Mitwirkung von Schmelzwasser und daher eher von rinnenförmiger Gestalt sind zu schmalen, manchmal gewundenen Buchten, den sog. Förden (Abb. 71), geworden. Beide sind als Küstentypen vornehmlich von der Ostsee her bekannt (vgl. auch Kolp 1981).

Insbesondere im Nordosten der USA sind die viel selteneren Ingressionserscheinungen in glaziale bzw. fluvioglaziale Akkumulationslandschaften als Moränenwall-, Oser- oder Drumlinküsten (z. B. „Marthas Vineyard") ausgebildet und erhalten geblieben. Deren Umgestaltung (wie auch die der Bodden) ist aber infolge ihres Aufbaus aus Lockermaterial zum Teil schon weit fortgeschritten (vgl. Abb. 72 und 73).

Abb. 69 a: Fjordküste am Scoresby Sound in Ost-Grönland (Google Earth); b: Der Milford Sound, ein extrem tiefer Fjord (>1000 m) im Süden der Westküste der neuseeländischen Südinsel, gesehen vom Ausgang zum Meer ins Landesinnere. Mit einer Breite im Meeresniveau von nur 1,2 km und zwischen 1600 m hohen Bergen von nur 6,5 km ist er fast doppelt so tief und nur halb so breit wie der Grand Canyon in den USA. Dies bezeugt die enorme Erosionsleistung durch mehrfache Vergletscherung.

3.4 Die natürlichen Küstenformen   109

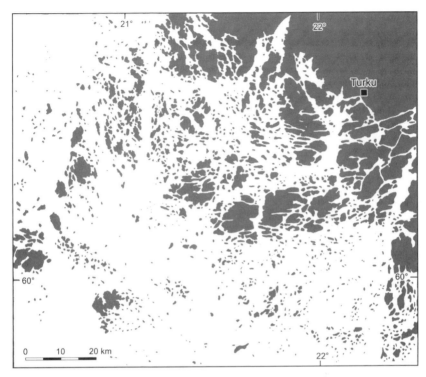

Abb. 70 Schärenküste bei Turku, Süd-Finnland.

3.4.2.2 Ingressionsküsten überwiegend fluvialer Genese

Eine große Gruppe nehmen jene Küsten ein, die im Wesentlichen durch fluviale Formung geprägt worden sind. Durch den nacheiszeitlichen Meeresspiegelanstieg ertrunkene Flussunterläufe bezeichnen wir als „Rias" nach den Vorkommen und Beispielen in Galizien (Scheu 1913), in Südirland, Südengland, der Bretagne (De Martonne 1903) oder auf Korsika und Sardinien. (Formen und Typen der Rias vgl. auch Samoilov 1956, Mensching 1961, Galas 1968 und besonders Schülke 1968, 1969 sowie Abb. 74 und 75).

Da sich während der pleistozänen Meeresspiegeltiefstände prinzipiell alle Flüsse bis zur damaligen Küstenlinie verlängert haben, gibt es überall auf der Erde in eiszeitlich nicht vergletscherten Gebieten ertrunkene Flussmündungsbereiche. Sie können einfach gestaltet sein oder eine Vielzahl von Verzweigungen aufweisen, so dass Schülke (1969) von „monofluvialen" und „polyfluvialen" Rias gesprochen hat. Sehr

110   3 Küsten und Küstenformung

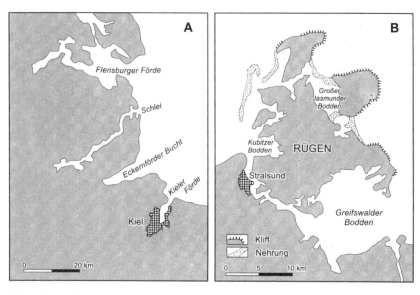

Abb. 71   Eisgeprägte Ingressionsküsten an der deutschen Ostsee: A – Förden in Schleswig-Holstein, B – Bodden um die Insel Rügen.

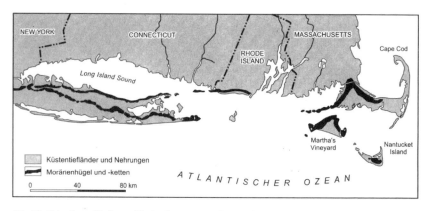

Abb. 72   Ertrunkene Moränenwälle bestimmen partiell den Küstenverlauf und die Inselkonfiguration bei Long Island, Ostküste der USA.

3.4 Die natürlichen Küstenformen 111

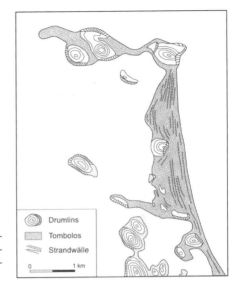

Abb. 73 Partiell und vollständig vom Meer umgebene Drumlins im dänischen Insel-Archipel (Region Bogense, Insel Fünen).

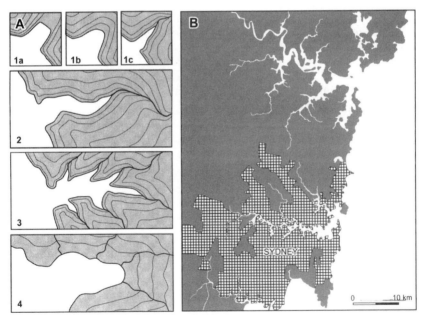

Abb. 74 Die verschiedenen Riatypen i. S. v. Schülke 1968/69: Figur A: Ia – Kastentalria, Ib – Muldentalria, Ic – Kerbtalria, 2 – monofluviales Ria, 3 – polyfluviales Ria, 4 – panfluviales Ria. Die Figur B zeigt ein ausgeprägtes polyfluviales Riasystem nördlich von Sydney, Australien.

112   3 Küsten und Küstenformung

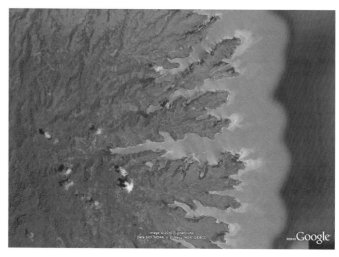

Abb. 75 Ertrunkene Täler an der Banks Halbinsel, Ostküste der neuseeländischen Südinsel (Google Earth).

häufig befinden sich in der Fortsetzung der Riabuchten noch aktive Täler, so dass die Rias vom Land her zunehmend zugeschüttet worden sind, seitdem der Meeresspiegel wieder die heutige Höhe erreicht hat. Andererseits können auch zwischen den Talmündungen von Abrasionsstrecken her Materialien vor die Buchten transportiert worden sein, um dort zu Verschlüssen durch Strände und Dünennehrungen zu führen (sog. Limane wie in Bulgarien, der westlichen Türkei oder auf Marthas Vineyard, USA, s. Abb. 76).

In Gebieten mit starkem Tidenhub und kräftigen Gezeitenströmungen ist die Verfüllung von Flussmündungsbuchten stärker behindert. Wir finden zwar an den Flanken gelegentlich Flussmarschabsätze, doch werden die Mündungsrinnen durch die starke Gezeitenströmung weitgehend von Sedimenten freigehalten. Dabei kann sogar eine trichterförmige oder trompetenartige Erweiterung des Mündungsbereiches durch seitliche Unterschneidung der Uferbereiche erfolgen. Solche Mündungsgebiete, wie sie an der Themse, an der Elbe oder an der Seine vorliegen, werden unter dem Begriff „Ästuar" subsummiert (Prichard 1967 u. a.).

Problematisch bleibt die Erklärung ria-artiger Einbuchtungen in extremen Trockengebieten, die nach Erscheinungen an den Küsten des Roten Meeres als „Scherm" bezeichnet werden (vgl. Schmidt 1923). Manchmal fehlen ihnen landwärts die talartigen Fortsetzungen, immer aber bilden sie eine tiefe Unterbrechung des die Küsten begleitenden Riffgürtels. Es könnte sich daher um Zerstörungsformen älterer Saumriffe bei abkommendem Flusswasser in Kaltzeiten mit tieferen Meeresspiegelständen handeln. Möglich ist aber auch, dass durch Süßwasseraustritte oder Sedimentan-

3.4 Die natürlichen Küstenformen

Abb. 76 Limane, meerwärts abgetrennte ehemalige Flusstäler an der Südküste der Insel Martha's Vineyard in Massachusetts, USA (Google Earth).

lieferung der Riffgürtel an einigen Stellen diese Unterbrechungen aufweist und die Scherms dann nicht auf fluviale Einflüsse zurückgehen.

Einen auffälligen Küstentyp, der durch Ingression in fluviale und allgemein-denudative Ausraumzonen und Strukturmulden entstanden ist, finden wir in den Inselreihen vor der jugoslawischen Küste. Er wird auch „dalmatinischer Küstentyp" oder entsprechend der Form der Meeresarme – „Canale" oder „Vallone" genannt (vgl. Abb. 77).

3.4.2.3 Andere Ingressionsformen

Da durch Absenkung von Festlandsteilen, aber auch durch die mehrfach tief stehenden Meeresspiegelstände der pleistozänen Kaltzeiten prinzipiell alle irdischen Reliefformen, die subaerisch gebildet sind, heute partiell ertrunken sein können, finden sich auf der Erde u. a. auch äolisch geformte Ingressionsküsten. Von größerer Ausdehnung und differenzierter Formgebung sind sie jedoch nur vor der Küste der Namib in Südwestafrika zu finden. Dort sind weite Deflationswannen teilweise ertrunken und bilden nun einen stark konturierten Buchtenverlauf, und auch zwischen mehr oder weniger verfestigten Dünen ist das Meer in die Täler eingedrungen, so dass man von „Dünentalküsten" sprechen kann. Letzteren Typ gibt es verbreiteter an Binnenseen, etwa am Tschadsee, am Aralmeer oder an einigen temporären Seen in Zentral-Australien.

114   3 Küsten und Küstenformung

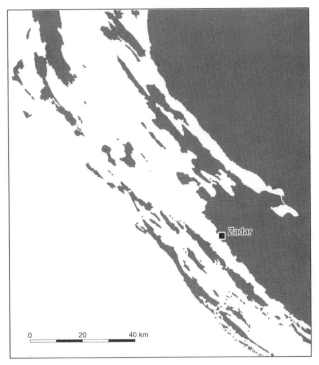

Abb. 77   Canale-Küste (Vallone-Küste) vor Kroatien, Adria.

Abb. 78   Ertrunkene Kegel- und Turmkarstlandschaft vor der Südküste Chinas (Google Earth).

3.4 Die natürlichen Küstenformen 115

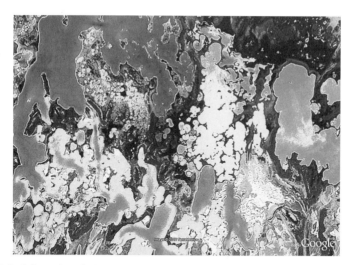

Abb. 79 Partiell ertrunkene flache Dolinen auf der Bahama-Insel Andros (Google Earth).

Abb. 80 Partiell ertrunkener Cockpit- und Kegelkarst auf den Palau-Inseln, Mikronesien.

3 Küsten und Küstenformung

Abb. 81 Ingression in Auftauseen des Dauerfrostbodens (sogenannter Thermokarst) im nördlichen Alaska (Cape Dalhousie, N Liverpool Bay).

3.4 Die natürlichen Küstenformen

Auch allgemein denudativ gestaltete Reliefteile finden sich im mehr oder weniger starken Ertränkungszustand an den Küsten der Erde wieder. Als Beispiel sei das südliche Vietnam genannt, wo der Inselreichtum vor der stark gelappten Küste auf die Ertränkung eines tropischen Kegelkarstes zurückzuführen ist (vgl. auch Abb 78). Ertrunkenen Cockpit- und Dolinenkarst findet man dagegen auf den Großen Antillen sowie auf den Bahama- und Bermuda-Inseln (vgl. Bretz 1960 und Abb. 79 und 80).

Schließlich lassen sich auf der Erde sogar litorale Vorzeitformen im Zustand fortgeschrittener Ertränkung finden. Dabei handelt es sich meistens um mehr oder weniger parallele Küstendünen und Strandwallsysteme. Ingression des Meeres ist sogar in Auftauformen über Permafrost möglich, wie Beispiele aus Alaska (Abb. 81) belegen.

3.4.3 Abtragungsformen und -vorgänge

3.4.3.1 Abtragung durch (mechanische) Abrasion

Hauptvertreter der Gruppe der Abtragungsformen bilden zweifellos die reinen Abrasionsküsten, die – wie oben bereits ausgeführt wurde – aufgrund mechanischer Wirkung der Brandung am Locker- oder Festgestein entstanden sind, wobei die Prozesse ganz wesentlich durch das Vorhandensein von Brandungswaffen wie Schotter, Kiese und Sande unterstützt bzw. überhaupt erst ermöglicht werden. Die typischen Formen sind Kliff (Abb. 82, vgl. u. a. Fairbridge 1952, oder Ellenberg 1986) und Schorre, wobei die Schorren als den Kliffen vorgelagerte Flächen sehr häufig gekappte Gesteinsstrukturen, Schichtköpfe und dergleichen aufweisen und insgesamt flach meerwärts eintauchen (vgl. auch Louis & Fischer 1979, S. 532ff., und Abb. 82–86).

Abb. 82 40 m hohe Kliffe an der Great Ocean Road im Süden Australiens.

118 3 Küsten und Küstenformung

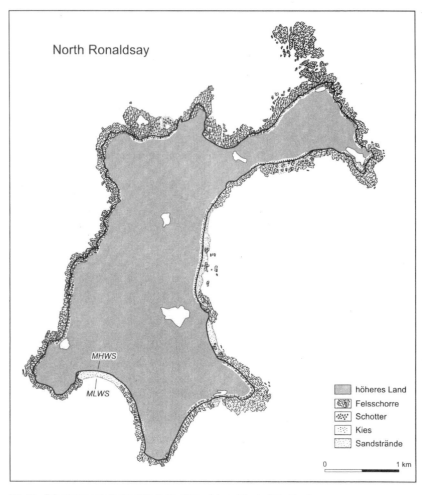

Abb. 83 Felsschorren an der Insel North Ronaldsay, Orkney Islands, Schottland.

Die Kliffe können vielgestaltig ausgeprägt sein. Zu langen Wänden zusammengeschlossen finden sie sich an sehr homogenen Gesteinen, erheblich stärker differenziert mit kleineren oder größeren Kliffbuchten dort, wo vorgezeichnete Schwächelinien einen differenzierten Angriff der Abrasion erlauben (Abb. 87). Die zwischen den Abrasionsbuchten stehen gebliebenen Reste lösen sich schließlich aus dem Kliffverband und bleiben als einzelne Türme und Pfeiler auf der Schorre noch länger von der Brandung verschont (Abb. 88). Sie werden Brandungspfeiler oder (mit dem

3.4 Die natürlichen Küstenformen 119

Abb. 84 Gekappte Gesteinsschichten auf einer Felsschorre an der nordspanischen Küste (Google Earth).

Abb. 85 Felsschorre mit Kliff im Westen von Neufundland bei Niedrigwasser.

120   3 Küsten und Küstenformung

Abb. 86   Breite Felsschorre in der Bretagne (Frankreich) mit einer Schnittfläche auf flach einfallenden Gesteinsschichten (Google Earth).

Abb. 87   Abrasionsnischen und Brandungsgassen in weichen tertiären Gesteinen entlang der Great Ocean Road im Süden Australiens (Google Earth).

3.4 Die natürlichen Küstenformen 121

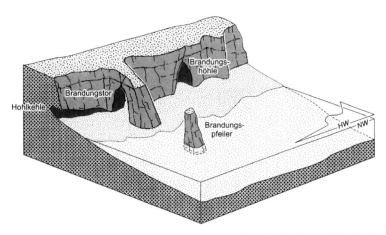

Abb. 88 Blockbild zur Veranschaulichung der Begleitformen eines Felskliffs: Brandungshöhlen, Brandungstore und Brandungsbögen sowie Brandungspfeiler (teilweise die eine aus der anderen Form hervorgegangen) sitzen auf und an der Felsschorre vor und im Kliff.

englischen Begriff) „stack" genannt. Schmalere Vorsprünge zwischen Kliffbuchten werden gelegentlich durch die Brandung seitwärts unterhöhlt, so dass Brandungstore entstehen können (Abb. 89), doch sind diese Gebilde nicht besonders langlebig, da sie bei weiterer Unterhöhlung einstürzen. Schließlich finden sich am Klifffuß durch schleifende Brandungswirkung Unterschneidungen, manchmal regelrecht eingeschliffene Hohlkehlen mit glatter oder gar polierter Felsoberfläche. Entlang besonderer Schwächelinien greifen Unterschneidungen auch höhlenartig weiter ins Gestein und werden zu Brandungshöhlen oder Brandungstunneln (Abb. 89). Bei unsteten Gesteinsverhältnissen werden häufig ganze Kluftbereiche, Mylonitzüge oder Gesteinsgänge eher ausgeräumt als das Nachbargestein, so dass von mauerartigen Steilwänden flankierte schmale Brandungsgassen entstehen können. Solche werden im nördlichen Großbritannien „Geos" genannt und finden sich sehr zahlreich auch an den Küsten von Bornholm. Der Brandung länger widerstehende Gangfüllungen werden dagegen entsprechend ihrer Form „dike" genannt. Viele Kliffe existieren nur zeitweise nach heftigen Winterstürmen und werden im Verlauf der ruhigeren Jahreszeit von oben her durch Versturzmaterial weitgehend wieder zugeschüttet. Das ist z. B. an den Außenböschungen der Küstendünen der Nordseeküste zu beobachten, wo die Dünenkliffe in jeder Winterperiode bei Sturmfluten aufgefrischt und im Sommer durch weitere Sandeinwehung bis zur Unkenntlichkeit verschleiert werden können (vgl. u. a. Thilo & Kurzak 1952). Auch Kliffe aus Lockergestein (Abb. 90) neigen dazu, durch Rutschungen und Abgleitungen bei Austritt des Wassers oder Abtauen des Bodenfrostes durch Zusammensinken ihre klare Form zu verlieren. In jeder stürmischen Periode jedoch erfolgt eine Auffrischung.

3 Küsten und Küstenformung

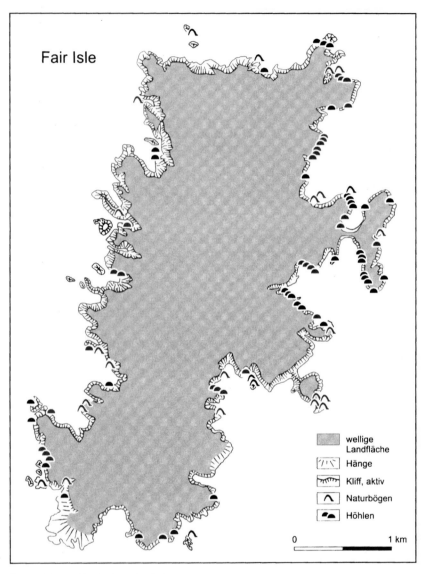

Abb. 89 Fair Isle (Shetland Islands, Großbritannien) ist von zahlreichen Kliffen mit natürlichen Brandungshöhlen und Brandungsbögen umgeben.

3.4 Die natürlichen Küstenformen

Abb. 90 Hohe Kliffe aus kaum verfestigten Sedimenten am östlichen Küstenabschnitt der Algarve: Die Absturzmassen infolge Übersteilung werden in stürmischen Perioden abgeräumt, das Kliff insgesamt rasch zurückgeschnitten.

Die Geschwindigkeit der Kliffbildung und damit gleichzeitig potentielle Breite einer Felsschorre sind je nach Stärke der Brandungsexposition und Gesteinsmassen äußerst unterschiedlich. Bei stabilem Meeresspiegel erlahmt die Brandungswirkung auf immer breiter werdender Schorre zudem bald, weil im flachen Wasser die Wellenenergie gedämpft und schließlich nahezu vernichtet wird. Viele Angaben über den Kliffrückgang pro Zeiteinheit (u. a. Sunamura 1973) erscheinen übertrieben (vgl. auch die Tabelle bei Kelletat 1985d, S. 92). Es bleibt auch heute noch festzustellen, dass Felsküsten und ihre Prozesse erheblich weniger intensiv untersucht wurden als Lockermaterialküsten. Über einige wenige jüngere Ergebnisse in diesem Problemfeld unterrichten u. a. Bryant & Haslett 2007, Etienne 2007, Felton 2002, Hansom et al. 2008, Naylor et al. 2010, Scheffers & Kelletat 2008, Scheffers et al. 2012a, Smith 2003, Stephenson 2000, oder Suanez et al. 2009.

3.4.3.2 Abtragung durch Schmelzwirkung

Von der Form her verwandt mit den reinen Abrasionsküsten sind die Eiskliffküsten, die ebenfalls einer hohlkehlenartigen Unterschneidung (hier durch Schmelzen) und einem Nachbrechen als mechanischer Vorgang ihre Entstehung verdanken. Wir finden sie an den Schelfeisen der Erde, aber auch an großen treibenden Eisbergen. Schließlich gibt es in hochpolaren Gebieten überall dort, wo die Küstenländer aus zusammengefrorenem Lockermaterial aufgebaut sind, die „Thermo-Abrasionsküsten" mit im Permafrost angelegten Kliffbereichen (Abb. 91, 92; Are 1968 u. a.), welche ebenfalls in der Auftauzeit im Sommer durch Rutschungen und Niedertauen zusammensinken können. Schöne Beispiele sind insbesondere von der Nordküste Alaskas publiziert worden (Washburn 1979).

124 3 Küsten und Küstenformung

Abb. 91 Durch in jüngerer Zeit gesteigerte Schmelzwirkung infolge der arktischen Meereserwärmung wird zunehmend der Eisgehalt in den Permafrostküsten im Norden Sibiriens aufgedeckt (www.awi.de/en/news/press_releases/detail/item...).

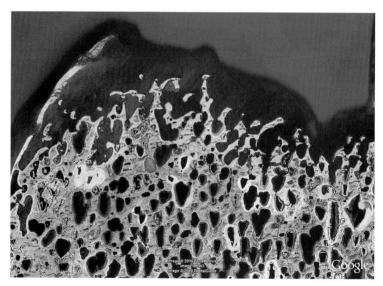

Abb. 92 Schmelzwirkung als Thermoabrasion verändert in zunehmendem Maße die Permafrostküsten. Hier ein Beispiel aus Nord-Alaska (Google Earth).

3.4.3.3 Abtragung durch Eiseinwirkung

Einen sehr vielfältigen Einfluss auf die Küstengestalt hat das Vorhandensein von Eis in seinen verschiedenen Erscheinungsformen. Für die Abtragungsvorgänge ist neben dem oft thermisch geförderten Abtauen des Permafrost (s. o.) z. B. in vielen Gebieten der Erde die Frostsprengung zu nennen, die nicht nur Kliffe rascher zerlegen kann, sondern auch zur Verwitterung des Strandmaterials beiträgt. Kenntlich ist das u. a. an der schlechten Zurundung der groben Bestandteile.

Die mechanische Wirkung von Meereis als Treib- oder Packeis kann ebenfalls beträchtlich sein: Durch Strömungen und Winddrift werden Eisschollen an Stränden oder Kliffen entlang transportiert, wobei Material heraus gebrochen oder beiseite geschoben werden kann. Durch Festfrieren am oder im Eis kann es über weite Strecken treibend transportiert werden, wobei auch ausgesprochen grobes Material, welches in allen anderen Küstenregionen der Erde am Ort verbleiben muss, verfrachtet wird (vgl. Abb. 93 und 94). Wenn sich an der Küste festgefrorenes Meereis wieder in Bewegung setzt, werden darauf akkumulierte Schuttmassen weggeführt, Felsbrocken aber auch regelrecht aus den Kliffen herausgerissen. Im flachen Wasser können treibende Eisschollen auch erhebliche mechanische Wirkungen auf den Untergrund ausüben (vgl. u. a. Nichols 1966, Nielsen 1969, Ellenberg & Hirakawa 1982 sowie für den Einfluss auf die Schorre z. B. Dionne 1968a, b, 1980), was bis zur Glättung oder gar Politur auf der Schorre führen kann. Da der Raum der Eisbewegung im Wesentlichen durch den Tidenhub bestimmt wird, entstehen dabei nicht selten hori-

Abb. 93 Ein großer Moränenblock wurde von beweglichem Küsteneis durch weiche Wattsedimente geschoben und erzeugte dabei einen Stauchwulst und eine Transportrinne.

126   3 Küsten und Küstenformung

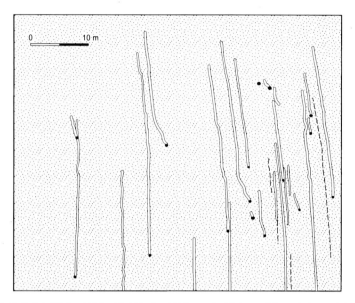

Abb. 94 Treibeis bei Gotland (Ostsee) hat Moränenblöcke vor der Küste parallel verschoben und dabei Furchen von beträchtlicher Länge hinterlassen (n. Philip 1990).

zontale Felsplattformen großer Breite (im jüngeren Holozän über 100 m wie im St. Lorenz-Gebiet, vgl. Kelletat 1991c, Dionne & Brodeur 1988b, oder Hansom & Kirk 1989), wenn der Meeresspiegel längere Zeit relativ stabil bleibt.

Eine besondere Erscheinung an den Küsten kalter Erdregionen ist die Ausbildung des „Eisfußes" (vgl. Abb. 95 sowie Nielsen 1979 u. a.). Es handelt sich um am Kliff

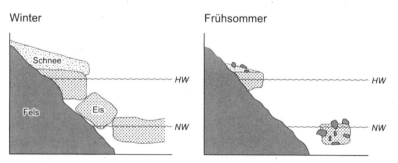

Abb. 95 Eisfußbildung und ihre jahreszeitliche Veränderung an polaren Gezeitenküsten (in Anlehnung an Nielsen 1979).

festgefrorenes Meereis oder auch angefrorenes Salzwasser durch Wellen und Spritzer an unterkühlten Kliffwänden, welches beim strömungs- oder gezeitenbedingten Abbrechen oder Losreißen Schuttstücke mitführt. Bei geringem Tidenhub sind die Eisfüße während der längeren kalten Jahreszeit relativ stabil und dienen sowohl als Schutz vor Wellenschlag und Treibeiskontakt wie auch als Ablagerungssaum für Felstrümmer aus dem Kliff. Erst mit der sommerlichen Erwärmung – mit der oft eine Auflösung des Treibeises und damit ein Einsetzen größerer Wellenenergie verbunden ist – brechen die Eisfüße ab oder schmelzen. Zerstörend wirkt Treibeis (oft auch mittels eingefrorener Gesteinsbrocken) im kleinen Bereich als ungerichtete Kratzer auf Fels und Grobschutt, im größeren Maße aber Lockermaterial im Eu- und Sublitoral auffurchend und verlagernd (Abb. 95 und Philip 1990). Bei hohen Wasserständen kann sogar die Marschenvegetation im Küsteneis einfrieren und – bei Eisbewegung als Grassoden losgerissen – zu pockennarbigen Vertiefungen der Marschenoberfläche im größeren Umfang führen (vgl. Dionne 1980 oder Kelletat 1991c, 1995b). Nicht selten werden diese Grassoden als Inseln „fremdartiger" Vegetation auch auf der Marsch oder gar im Watt wieder abgesetzt, was zu auffälligen Pflanzenmosaiken dort führen kann.

3.4.3.4 Abtragung durch chemische und biogene Vorgänge

Die an vielen Felsküsten der Erde zu beobachtenden Kleinformen wie Hohlkehlen, karrenähnliche Gebilde und Felsköpfe im Wellen- und Spritzwasserbereich vermitteln den Eindruck von chemischer Einwirkung im Sinne karstartiger Lösungsprozesse. Die Schlussfolgerung in Richtung auf (anorganische) Korrosion durch das Salzwasser wird gestärkt durch die Tatsache, dass solche Formen insbesondere an Gesteinstypen zu finden sind, welche auch unter anderen Bedingungen der Benetzung Lösungsspuren aufweisen. Das sind ihrer Verbreitung auf der Erde nach im Wesentlichen Karbonatgesteine So wurden auch die Begriffe „Salzwasserkarst", „Küstenkarst" oder „Brandungskarst" verwendet (Mensching 1961). Verwandte Erscheinungen – meist morphologisch weniger signifikant – wurden auch gelegentlich von Nichtkarbonatgesteinen beschrieben (z. B. von Guilcher 1952, Guilcher et al. 1962). Welche chemischen Prozesse bei der Gesteinszerlegung im Einzelnen ablaufen sollen, wurde jedoch erst in jüngerer Zeit hinreichend dargelegt. Aufgrund von Beobachtungen vollständig horizontaler – meist schmalerer – Felsplattformen (im Gegensatz zu den geneigten Schorren) an Küsten niederer Breiten und ohne nennenswertes Lockermaterial wurde auf einen Zerstörungsprozess geschlossen, der mit bestimmten Wasserständen zusammenhängend durch Abscheiden, Auskristallisieren und Lösen von Salzen wirksam wird (Bartrum 1961, Wentworth 1938, Cotton 1963 u. a.). Dieses auch „water layer weathering" genannte Prozessgefüge, gefördert durch häufige Benetzung und Austrocknung bestimmter Felsbereiche, soll sogar gleichzeitig Plattformen in verschiedener Höhe (z. B. im Hoch- und Niedrigwasserniveau) schaffen können. Das Bildungsniveau dieser horizontalen Felsplattformen liegt aber wohl im Bereich des mittleren Tidehochwassers (Abb. 96 bis 98).

128   3 Küsten und Küstenformung

Abb. 96 Horizontale Feldplattform, entstanden durch „water layer weathering" an der mittleren Hochwasserlinie vor einem Kliff auf der Kaikoura Halbinsel an der Ostküste der Südinsel von Neuseeland.

Da beim „water layer weathering" warmer (und meist arider) Gebiete die mechanische Sprengwirkung der Salze bei der Wasseraufnahme eine Rolle spielt, besteht eine Verwandtschaft zur Waben- und Tafonibildung, welche ebenfalls als Küsten zerstörender Prozess eine Rolle spielen kann (vgl. Kelletat 1980, 1982 u. a.). Tafonibildung und Wabenverwitterung mit Hilfe von Meeressalzen reicht aber weit über den Spritz- und Spraywasserbereich landeinwärts und damit über das eigentliche Küstengebiet hinaus.

Insbesondere unter Biologen ist seit langer Zeit bekannt, dass viele Organismen des litoralen Benthos in der Lage sind, aktiv das Gestein zu zerstören (vgl. Kleemann 1973, Frydl & Stearns 1978). Sie tun dies gewöhnlich aus zweierlei Gründen: entweder, um sich in selbst geschaffenen Vertiefungen vor der Brandungswirkung oder Feinden zu schützen, oder weil das abgetragene Gestein für sie Nahrungsbestandteile enthält. Außerdem wirken diese Organismen auf mindestens zweierlei Weise gesteinszerstörend: einmal durch biochemische Zersetzung oder Lösung infolge Abscheidens selbst produzierter Substanzen oder durch mechanischen Angriff mit Stacheln, Schalenrändern, meist aber Fresswerkzeugen. Daher hat Schneider (1976) im Gesamtkomplex der litoralen „Bioerosion" unterschieden zwischen „Biokorrosion" und „Bioabrasion". Zur Gesteinszerstörung sind im Küstenmilieu so unterschiedliche Organismen fähig wie Blaualgen, Papageienfische, Seeigel, Bohrmuscheln, Napfschnecken, Bohrwürmer oder Bohrschwämme u. v. a.

Seit einer Reihe von Jahren haben Detailstudien immer klarer gezeigt, dass auch die meisten „karstähnlichen" Formen wie Hohlkehlen, kleine Felsgrate und -waben oder Felstümpel mit sehr rauer Oberfläche an Karbonatgesteinsküsten das Ergebnis bioerosiver Prozesse sind (Healy 1968, Neumann 1968, Kelletat 1974, 1980, 1982,

3.4 Die natürlichen Küstenformen 129

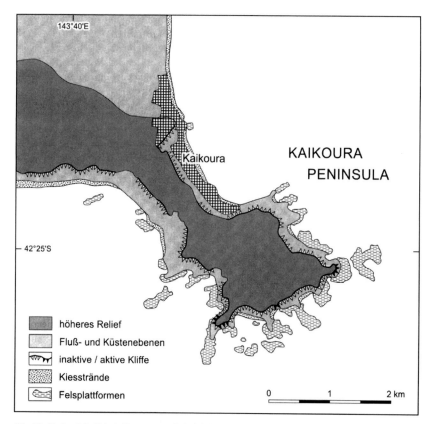

Abb. 97 Horizontale Felsplattformen am Beispiel der Kaikoura-Halbinsel an der Westküste der Südinsel Neuseelands.

1985c und g, 1986a, 1987d, 1988c, 1989d, e, f, 1991a, 1993b, 1996a, 1997, Schneider 1976, Torunski 1979, Trudgill 1987, Spencer 1988, Kelletat 2005c, Pirazzoli 2005, Spencer & Viles 2002). Eine reine Lösung durch das Meerwasser an Kalkküsten ist schon dadurch kaum möglich bzw. nicht leistungsfähig, weil das Meerwasser in der Regel an Kalk übersättigt ist.

Anhand der Formenabfolge an einer Kalksteinküste (aus dem Mittelmeergebiet, vgl. Abb. 99) sei hier zusammenfassend auf die typischen morphologischen Gegebenheiten hingewiesen: im Sublitoral, dem ständig wasserbedeckten Bereich einer sedimentarmen bis sedimentfreien Festgesteinküste, dominiert die Abtragung durch Bohrmuscheln, Seeigel (Abb. 100), Bohrwürmer und Bohrschwämme (z. B. *Lithophaga lithophaga, Cliona lampa, Arbacia lixula, Paracentrotus lividus, Polidora* sp.

130 3 Küsten und Küstenformung

Abb. 98 Am sog. „Tesselated Pavement" im Südosten von Tasmanien werden regelmäßig geklüftete Sandsteine bis zum mittleren Hochwasserniveau herunter völlig abgetragen.

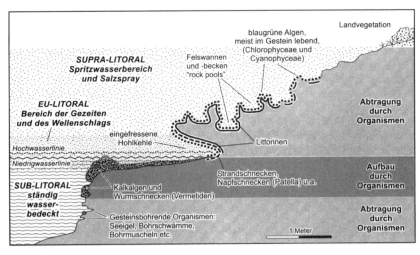

Abb. 99 Farbstufen sowie bioerosive und biokonstruktive Formgürtel an Küsten aus Karbonatgesteinen im Mittelmeergebiet. Bei sehr steilen Küstenhängen fehlen gewöhnlich die „rockpools", bei sehr flachen die Hohlkehlen (Kelletat 1997).

3.4 Die natürlichen Küstenformen

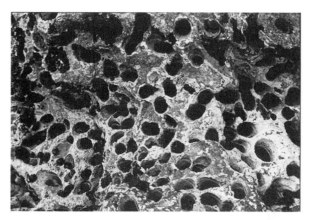

Abb. 100 Bohrlöcher von Seeigeln (5–8 cm Durchmesser und bis 20 cm tief) in jungen Basalten der Hawaii-Insel Kauai.

etc.). Das Ergebnis ist eine starke Perforierung des Gesteins, die Formenvielfalt ist aber wegen der Schwierigkeiten der Beobachtung bisher in der Geomorphologie kaum bekannt. Im Eulitoral, d. h. der Gezeitenzone einschließlich des Bereiches der normalen Wellenbewegung, findet sich gewöhnlich eine Hohlkehle (vgl. Abb. 101 bis 104), vor der eine mehr oder weniger ausgedehnte Felsplattform liegen kann. Diese entsteht passiv infolge der bioerosiven Zurückschneidung der Küste im Eu- und Supralitoral. Zusätzlich kann ein Bewuchs aus Kalkalgen, Vermetiden u. a. eine seeseitige Verbreiterung und einen oberflächlichen Schutz bewirken, so dass die Plattform nahezu horizontal ausgebildet ist (Abb. 105 a und b).

Im Eu- und Supralitoral (d. h. der Zone der Wellen, Spritzer und des Salzwassersprays) sind übereinander verschiedene Farbstreifen oder -zonen (in der französischen Literatur wird richtig von „étage" gesprochen) zu erkennen, zuunterst mit den hellsten Farben (gelb bis grün), schließlich grau bis schwarz, und in der Nähe der festländischen Vegetation schließlich die natürliche Gesteinsfarbe. Die Farbstreifen decken sich gewöhnlich gut mit Formzonen, so die unteren hellen mit den Hohlkehlen, die grauschwarzen mit dem Bereich stärkster Ziselierung und Felsauflösung mit Felswannen. Die Oberflächenfarben werden hervorgerufen durch den meist lückenlosen Besatz durch Blaualgen (Cyanophyceen und Chlorophyceen), die im feuchteren Milieu epilithisch (d. h. auf dem Gestein) leben (daher die durch Photosynthese erzeugte grüne Farbe aufweisen), im Gürtel häufiger Austrocknung des Supralitorals dagegen soweit ins Gestein eindringen (ca. 20–60 my), wie dorthin noch Licht zur Photosynthese ausreicht („Kompensationstiefe" nach Schneider 1976). Oberflächlich erscheinen die abgetrockneten Teile der hier endolithisch (d. h. im Gestein) lebenden Algen dann nahezu schwarz.

132   3 Küsten und Küstenformung

Abb. 101   a: Biogene Hohlkehlen: oben im zementierten Korallenschutt an der Insel Serventy, Abrolhos Archipel, West Australien, b: im mesozoischen Kalk von West-Kreta.

Die Blaualgen dienen vornehmlich verschiedenen Schnecken als Nahrung. Beim Abweiden der Gesteinsoberfläche mit Hilfe ihrer Radula werden Partien des festen Gesteins abgeraspelt (Bioabrasion). Entsprechend den (im Mittelmeergebiet) übereinander angeordneten Lebensbereichen von zwei verschiedenen Schneckenarten finden sich auch zwei verschiedene Formbereiche: Im Eulitoral, dem Lebensraum der Napfschnecken (*Patella* sp., 1–3,5 cm Durchmesser) werden durch diese (und Käferschnecken u. a.) im Laufe der Zeit Hohlkehlen angelegt, im Supralitoral durch die kleinen (0,1–10 mm) Strandschnecken (meist *Littorina neritoides*) dagegen Grate, Spalten und löchrige Vertiefungen aller Art einschließlich größerer Felsbecken („rock pools", s. Abb. 106). Die Qualität der Formausprägung ist meist – außer von Exposition, Gesteinstextur bzw. -reinheit und Neigung der Küstenhänge – direkt

3.4 Die natürlichen Küstenformen 133

Abb. 102　Biogene Hohlkehle, die etwa 2,5 m tief in den Korallenkalk eingreift, an einem geschützten Küstenabschnitt der Insel Curacao, Niederländische Antillen.

Abb. 103　Biogene Hohlkehle im Korallenkalk aus dem letzt-interglazialen Höchststand des Meeresspiegels an der Westküste der Insel Bonaire, Niederländische Antillen.

3 Küsten und Küstenformung

Abb. 104 Doppelte biogene Hohlkehlen im älteren Korallenkalk auf der Insel Curacao, Niederländische Antillen, wahrscheinlich angelegt im vorletzten Interglazial.

abhängig von der Populationsdichte der Schnecken und damit von deren gesamter Fressleistung. Zählungen im Eulitoral des Mittelmeeres ergaben bis zu über 800 Patellen/m^2 im Hohlkehlenbereich und im Supralitoral bis über 50 000 Littorinen/m^2. Bei solchen Populationen liegt die flächenhafte Abtragung bei deutlich über 1 mm/a.

Der tiefe Unterschneidungsbereich der eingefressenen rauen Hohlkehlen liegt an gezeitenlosen Meeren an der Mittelwasserlinie, während bei Ebbe die vorgelagerte Felsleiste meist gerade noch wasserbedeckt bleibt (vgl. Kelletat 1982, 1997).

Der gesamte Formenschatz der Bioerosion ist bisher in der geomorphologischen Literatur einschließlich der Lehrbücher kaum berücksichtigt worden. Häufig wurde auch die Ansicht geäußert, dass die Hauptarbeit bei der Abtragung durch die Blaualgen geleistet werde, weil diese mit endolithischer Lebensweise die initialen Gesteinszerstörer seien. Dies ist jedoch unzutreffend, da die Algen – sofern nicht ihre oberen Teile einschließlich des umgebenden Gesteins ein wenig abgeraspelt werden – nicht über die sehr geringe Kompensationstiefe hinaus in das Gestein eindringen können. Fehlen also die die Algen verzehrenden Schnecken, so wird das Gestein lediglich von einer dichten Algenmatte überzogen.

Charakterformen des Supralitorals an Karbonatgesteinsküsten sind Felswannen und -tümpel („rock pools", Abb. 106). Diese Formen erreichen bis zu vielen Metern Durchmesser und Tiefen von vielen Dezimetern, haben meist flache und ziemlich glatte Böden sowie umlaufende kleine, aber scharf markierte Hohlkehlen. Die cha-

3.4 Die natürlichen Küstenformen 135

a

b

Abb. 105 Durch biogenes Zurückschneiden können im mittleren Hochwasserniveau (am fast gezeitenlosen Mittelmeer) horizontale Plattformen („trottoirs") entstehen. a: Beispiel aus Zypern im harten Kalk, b: im wenig resistenten Äolianit von Israel.

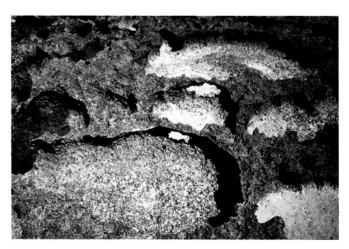

Abb. 106 Biogene Felswannen („rock pools") bis über 2 m Durchmesser durch Fraß der *Littorina neritioides* im Supralitoral auf Kalk an der Westküste von Kreta. Die hier gezeigten Formen sind erst nach einer Heraushebung dieses Inselteiles im Jahre 365 AD entstanden.

rakteristischen Formmerkmale treten aber erst bei einer gewissen Größe der Vertiefungen auf, die bei ca. 20 cm (Tiefe und Durchmesser) liegt. Kleinere Formen sind ohne flache Böden eher spaltenförmig und ganz überwiegend durch eine Dominanz der Vertiefung gegenüber der seitlichen Ausweitung geprägt.

Diese Formengemeinschaft lässt sich leicht durch das Vorhandensein endolithisch lebender Blaualgen als Nahrungsgrundlage weidender Schnecken verstehen: initiale mikroskopische Vertiefungen im Gestein bieten Schutz vor Verdunstung infolge geringeren Windeinflusses und besserer Beschattung. Daher gedeihen die Blaualgen hier besser und reproduzieren sich rascher, das Nahrungsangebot für die Littorinen ist hier also günstiger. Beim Abraspeln der Gesteinsoberfläche wird die initiale Hohlform vergrößert (auch vertieft), was nachfolgend eine zunehmende Standortgunst für die Algen bedeutet. Das so vergrößerte Nahrungsangebot wird von immer mehr Schnecken wahrgenommen, bis eine Vertiefung entstanden ist, die nicht nur überwiegend feucht gehalten wird, sondern in der das Spritzwasser (auch Regenwasser) an einem gegebenen Standort nicht mehr vollständig verdunstet, so dass über kürzere oder längere Zeit ein Wassertümpel verbleibt. Unter ständiger Wasserbedeckung aber gedeihen weder die Blaualgen optimal (und müssen nicht endolithisch leben), noch weiden die Littorinen gern unter Wasser.

Das Hauptgebiet der Abtragung konzentriert sich nunmehr auf den optimal feuchten Bereich an der Wasserlinie und soweit darüber, wie ein kapillarer Feuchtigkeitsanstieg die Algen begünstigt. Seitliche Hohlkehlen entstehen, das Vordringen der „rock pools" in die Tiefe erlischt, eine seitliche Ausweitung in einem bestimmten Niveau schließt sich an.

An geneigter Felsküste und in Nachbarschaft zu anderen, in Bildung begriffenen, „rock pools" werden jedoch sehr bald die bestehenden Seitenwände vollständig abgenagt sein, so dass nunmehr das Wasser überlaufen bzw. ausfließen kann. Die Überlaufstellen erniedrigen sich in der Folgezeit soweit, dass die Felsbecken völlig entleert werden können, so dass der gesamte Formenzyklus von neuem entstehen kann. Davon legen auch ineinander geschachtelte „rock pools" verschiedener Dimensionen Zeugnis ab. Trotz der Flachbödigkeit und der Möglichkeit des Zusammenwachsens benachbarter „rock pools" entsteht durch diesen Mechanismus daher keine Felsplattform in einer bestimmten Höhe, sondern es herrscht ein ständiges Entstehen und Vergehen der „rock pool"-Formen in ganz unterschiedlichen Niveaus.

Im tropischen Milieu wurde die Bioerosion als äußerst leistungsfähiger Prozess inzwischen auch von Basalten und Radiolariten beschrieben, und selbst junge Basaltströme sind z. B. an den Küsten der Hawaii-Inseln von Seeigeln mit 20–30 cm tiefen und 5–10 cm weiten Bohrungen zu Millionen im Wellenbereich geradezu perforiert (Abb. 100). So fehlt zwar heute sicher noch eine Gesamtübersicht über Verbreitung und Genese der litoralen Bioerosionsformen, doch ist ihr Stellenwert unter allen die Küste zerstörenden Prozessen erheblich größer, als bisher von Seiten der Geomorphologie erkannt worden ist.

Eine Besonderheit biogener Abtragung bilden Verlagerungen auch grober und über 10 kg schwerer Gesteinsfragmente an den Haftorganen von Makroalgen, vor allem beim Riesentang (vgl. Kelletat 1994d). Oft reicht allein der zunehmende Auftrieb der gasgefüllten Blasen der Tangpflanzen bei deren Größenwachstum zum Aufheben und Verdriften der Steine, auf denen sie wachsen. Riesentange, die intertidal an Felsküsten wachsen (wie *Durvillea* auf der Südhalbkugel) reißen aber auch bei Sturmbrandung aktiv Felspartien heraus, und den benachbarten Sandstränden können nen dann zahlreiche scharfkantige Grobpartikel beigemengt sein.

3.4.4 Aufbauformen und Aufbauvorgänge

Akkumulationsprozesse an den Küsten führen normalerweise zu einer meerwärtigen Verschiebung der Uferlinie, gelegentlich auch nur zu einer Aufhöhung des Geländes. Im Regelfalle ist jedoch beides miteinander verbunden. Eine meerwärtige Verschiebung der Uferlinie kann auch ohne Akkumulationsprozesse allein durch Auftauchen (Hebung des Landes oder Regression des Meeres) resultieren. Valentin (1952) sprach dabei vom Typ der „Meeresbodenküste". Da sich solche Vorgänge jedoch kaum ohne sichtbare Umformung infolge Brandungseinwirkung abspielen, soll hier der Blick mehr auf die aktiv gebildeten Aufbauformen gerichtet sein. Entsprechend der Herkunft des Lockermaterials ergibt sich bereits die Möglichkeit einer groben Gliederung: bei überwiegender Anlieferung fluvialer Sedimente vom

Festland her entstehen Schwemmlandküsten und Deltas („potamogene" Küstenformen). Handelt es sich dagegen um Meeressedimente (wie im Beispiel der Watten etc.), so können wir von „thallassogenen" Schwemmlandküsten sprechen. Direkt an der Uferlinie werden aber meistens die rein „litoralen" Prozesse überwiegen und Formen wie Strände, Strandwälle, Barren, Nehrungen u. v. a. hervorrufen, die ohne Brandungseinwirkung nicht denkbar sind. Oft sind mehrere der genannten Hauptvorgänge an der Formgebung beteiligt bzw. führen zu einer engen Vergesellschaftung der Formen.

In den kalten Gebieten der Erde ist als anorganischer Formungsprozess auch die Wirkung von Küsten- oder Meereis zu nennen, wobei ebenfalls unter bestimmten Umständen Akkumulationsformen entstehen können oder bestehende umgeformt werden.

Eine sekundäre Verfestigung von Strand- und Dünenmaterial (zu Beachrock oder Äolianit) ist dagegen eher Merkmal der wärmeren Breitenlagen.

Eine besondere Gruppe von Aufbauformen kommt durch Mitwirkung von Organismen oder organischen Abfallprodukten zustande, wobei wir eher passive Beteiligung (als Treibgut u. ä.) oder aktive wie bei den Mangrovenwäldern unterscheiden können. Es sind sowohl pflanzliche wie auch tierische Organismen, insbesondere bei den primären Festgesteinsbildnern im Küstenmilieu, die außerordentlich formenreich sind und in aller Regel eher vertikal als horizontal aufgebaut sind. Zu ihnen zählen z. B. die Kalkalgen- und Vermetiden-Bioherme oder die Korallenriffe.

3.4.4.1 Aufbauformen durch fluviale Vorgänge: Schwemmlandebenen und Deltas

In humiden Klimabereichen der Erde werden Gebirgszüge und größere Erhebungen, die sowohl als Regenfänger wirken wie auch größere Mengen von Verwitterungsmaterial anliefern, an ihrem Fuße oft von Schwemmländern aus eng benachbarten Flusssystemen begleitet.

Bei weitem größeres Interesse haben jedoch die einzelnen Deltabildungen gefunden, so dass darüber eine sehr umfangreiche Literatur vorliegt (u. a. Credner 1878, Samoilov 1956, Coleman 1968, Wright 1973, Wright 1978, Broussard 1975, die Zusammenfassung des damaligen Forschungsstandes bei Kelletat 1984, sowie Brückner 2003).

Obwohl Deltas auf der ganzen Erde verbreitet sind und daher weder an Klimazonen, bestimmte Gesteine oder tektonische Strukturen, Abflussregime und andere Faktoren gebunden sind, lassen sich eine Reihe von Bedingungen nennen, die das Deltawachstum eindeutig begünstigen. Das ist vor allem eine kontinuierliche Anlieferung möglichst großer Sedimentmengen (Gerölltrieb bis Suspensionsfracht) an eine Stelle der Küste, so dass ein großes Einzugsgebiet förderlich ist (vgl. die Beispiele in

3.4 Die natürlichen Küstenformen

Tab. 16). Stabilität der Erdkruste oder relative Meeresspiegelabsenkung fördern das Deltawachstum genauso wie ein sehr flacher und breiter Schelf, geschützte Küstenlage, Sumpfvegetation oder submerse Pflanzen als Sedimentfänger und geringe Strömungen, Wellenwirkung und Gezeiteneinfluss aus dem Meeresbecken, damit die Sedimente nicht auf ein zu ausgedehntes Küstengebiet verteilt werden. Als Deltas bezeichnen wir daher alle fluvialen Ablagerungen an oder vor einer Küstenlinie, die den Bereich ehemaliger Meeresbedeckung einnehmen, auch wenn sie in Buchten liegen. Selbstverständlich sind in unterschiedlichem Maße Umlagerungsprozesse darin eingeschlossen.

Da es sich bei Deltas um Ablagerungen an der Stelle handelt, wo ein fließendes Gewässer in ein stehendes einmündet und daher seine Schleppkraft verliert, ist verständlich, dass alle heutigen Deltas der Erde auch mit dem gegenwärtigen Meeres-

Tab. 16 Fläche und jährliche Sedimentanlieferung in ausgewählten Deltagebieten der Erde (nach Samoilov 1956, Volker 1966, Wright et al. 1974 u. a.).

Delta	Fläche in km^2	durchschnittliche Sedimentanlieferung in Mio. t/Jahr
Amazonas (Brasilien)	467 000	363–1000
Ganges-Brahmaputra (Bangladesch)	105 600	700–1800
Mekong (Vietnam)	93 700	80
Jangtsekiang (China)	66 600	400–600
Lena (Russland)	43 500	15
Indus (Pakistan)	29 500	400–435
Mississippi (USA)	28 500	516
Wolga (Russland)	27 200	26
Orinoco (Venezuela)	20 600	45
Irrawaddy (China/Myanmar)	20 500	299–350
Yukon (USA)	20 000	88
Niger (Nigeria)	19 100	40–67
Po (Italien)	13 400	18
Nil (Ägypten)	12 500	54–111
Mackenzie (Kanada)	8 500	15
Sambesi (Mocambique)	7 200	100
Amu-Darja (Usbekistan, Turkmenistan)	3 500	94–100
Donau (Rumänien)	2 740	100
Kongo (Zaire)	2 100	70
Magdalena (Kolumbien)	1 680	100–150

spiegelstand in Verbindung stehen. Das heißt, dass sie alle nicht älter als einige 1000 Jahre sein können, weil vorher der Meeresspiegel noch sehr viel tiefer und auch weiter meerwärts lag als heute. Die oft großen Vorbauraten der Deltas (vgl. Tab. 17) lassen erkennen, dass allein seit der Antike viele Kilometer Landgewinn zu verzeichnen sind. In Extremfällen (Euphrat-Tigris) verschob sich die Küstenlinie gar um rund 250 km. Das oft extreme Deltawachstum in historischer Zeit (vgl. u. a. Brückner 1998) ist in vielen Regionen der Erde auch mittelbar durch menschlichen Eingriff verursacht und gesteuert, beginnend mit ersten flächenhaften Waldauflichtungen im Neolithikum bis zu völligem Kahlschlag in der klassischen Antike (des Mittelmeergebietes) und die durch zunehmende Landwirtschaft extrem gesteigerte Bodenabspülung.

Der innere Aufbau der Deltas ist im Prinzip recht einfach: die oberflächlich sichtbaren Schichten sind ganz schwach meerwärts geneigt, die Beträge liegen bei Bruchteilen von 1‰. Im Meer selbst werden die Deltas von einer steileren Außenböschung umgürtet, deren Winkel abhängig von der Wasserbewegung und der Korngröße der angelieferten Sedimente ist. Er beträgt mehrere Grad. Im Gegensatz zu den deckenden „top-set beds" bezeichnen wir diese Außenschichten auch als „fore-set beds".

Tab. 17 Mittlere Beträge des Deltavorbaus in m/Jahr (nach verschiedenen Quellen zusammengestellt, vgl. Kelletat 1984, Tab. 12).

Deltagebiet	Vorbau in m/Jahr
Klang (Malaysia)	7
Arno (Italien)	7–9
Don (Russland)	10
Frazer (Kanada)	bis 15
Orinoco (Venezuela)	bis 20
Jangtsekiang (China)	23
Donau (Killa-Arm, Rumänien)	27
Indus (Pakistan)	25–40
Nil (Ägypten)	33 (vor Bau des Assuan-Hochdammes)
Irrawaddy (China/Myanmar)	25–65
Mekong (Vietnam)	75
Po (Italien)	20–136
Mississippi (SW-Pass, USA)	80–100
Syr Darja (Usbekistan/Kasachstan)	110
Hwangho (China)	100–268
Wolga (UdSSR)	170

3.4 Die natürlichen Küstenformen 141

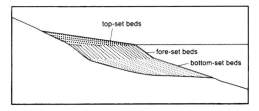

Abb. 107 Die typische Schichtung in einem Delta: knapp oberhalb des Meeresniveaus flache „topset beds" an der Außenböschung, unter Wasser stärker geneigte „foreset beds" und im tieferen Wasser vor der Deltafront wiederum flachgeneigte „bottomset beds".

Die scharfe Diskordanz zwischen beiden zeigt die Lage des Meeresspiegels zur Lagerungszeit jeder Schicht an. Vor der submarinen Deltafront schließen sich wieder gering geneigte „bottom-set beds" an (vgl. Abb. 107). Durch die enge seitliche Verzahnung mit deren Ablagerungen bei Aufspaltung von Flussmündungen, aber auch durch Sortierungs- und Umlagerungsprozesse infolge von Strömungen, Gezeiten und Wellen ist im Einzelnen natürlich der innere Bau der Deltas oft viel komplizierter. Auch oberflächlich finden sich neben Teilen sehr flacher Schwemmfächer verschiedene ganz anders entstandene Formen wie Dammuferwälle, Marschen und Sümpfe, abgeschnürte Seen, Strandwälle, Dünengürtel, Prielsysteme mit Mangrovetorfen etc.

Auch die Umrissformen der Deltas sind außerordentlich vielgestaltig. Abb. 108 zeigt die Haupttypen in vereinfachter Form:

1. Partielle Buchtfüllungen wie bei Paraná, aber auch Colorado und Schatt-al-Arab.
2. Gelappte Küstenkonturen, die teils meerwärtige Vorsprünge aufweisen, teils auch noch ästuar-artig aufgeschlitzt sind, meist an Stellen mit größeren Tidenbewegungen (wie am Amazonas).
3. Gerundete Deltakonturen (Niger, Yukon, Abb. 109), bei denen Formelemente und Fazieszonen wegen zahlreicher Mündungsarme und hoher Sedimentanlieferung über einen großen Raum in der Abfolge vom Land zum Meer verteilt sind.
4. Keilförmige Deltas, wie sie in aufgesetzter Form am insgesamt gerundeten Nil zu finden sind. Breite oder schmale Keile können entwickelt sein, je nach der Kraft des Flusses oder der Brandung und anderer Meereseinflüsse.
5. Der Typ des „Vogelfußdeltas" (Abb. 110 und Mississippi in Abb. 111) zeigt eine meerwärts orientierte Anlage von Mündungsarmen und weiten Küstenvorsprüngen und damit den nur geringen Einfluss aus dem Meeresbecken. Solche Formen sind jedoch auf wellen- und gezeitenschwache, d. h. geschützte Meeresteile beschränkt.
6. Schaufelförmige Deltas (Ebro) mit rückwärts gerichteten geraden oder geschwungenen Strandwall- und Dünennehrungen sind recht selten in reiner Form anzutreffen, bezeugen sie doch durch ihr starkes seewärtiges Vordringen einen großen Ein-

142   3 Küsten und Küstenformung

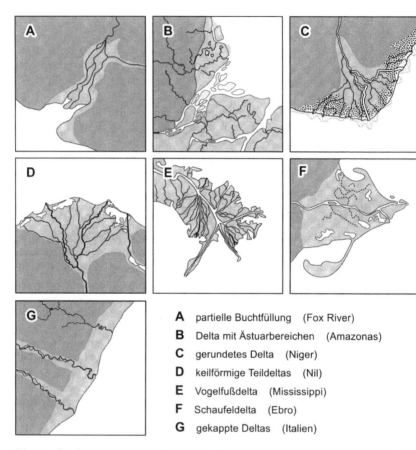

Abb. 108   Die wichtigsten Prototypen der Deltas: A – partielle Buchtfüllung (Fox-River, Colorado), B – Delta mit Ästuarbereichen (Amazonas), C – gerundetes Delta (Niger), D – keilförmige Teildeltas (sogenannte „cuspate deltas") am äußeren Rand des Nildeltas vor den Mündungen der Hauptflussarme, E – Vogelfußdelta (Mississippi), F – Schaufeldelta (Ebro), G – gekapptes Delta (Italien).

fluss des Sediment anliefernden Flusses, durch die Flügelnehrungen jedoch auch die starke Verdriftungskomponente an der Deltaküste. Häufig sind bei diesen Deltas bereits die Spitzen der Nehrungsflügel an das Festland wieder angelehnt, so dass einfachere keil- oder bogenförmige Konturen entstanden sind, denen man die komplizierte Bildungsgeschichte nicht mehr ohne weiteres ansehen kann.
7. Die gekappten Deltas (Abb. 112) belegen, dass die Flusssedimente nahezu vollständig durch Meereswirkung verdriftet werden. Oft fehlt es auch an einem geeigneten, d. h. flachen und breiten, der Küste vorgelagerten Ablagerungsraum.

3.4 Die natürlichen Küstenformen 143

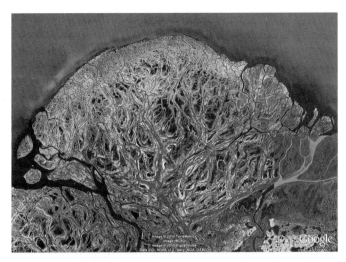

Abb. 109 Das gerundete große Delta des Yukon an der NW-Küste Alaskas (Google Earth).

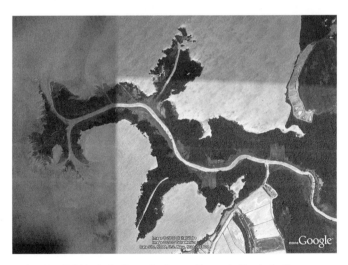

Abb. 110 Kleines Vogelfußdelta in der Maracaibo-See von Venezuela (Google Earth).

144 3 Küsten und Küstenformung

Abb. 111 Vogelfußdelta des Mississippi (NASA).

Über zahlreiche weitere Aspekte der Deltabildung unterrichten im Übrigen auch die Abb. und Tab. bei Kelletat (1984).

3.4.4.2 Akkumulationsformen durch Brandungswirkung: Strände, Strandwälle, Haken und Tombolos

Die Brandungswirkung schafft an den Küsten der Erde eine solche Fülle von Akkumulationsformen, dass hier nur die wichtigsten einschließlich der am häufigsten beteiligten Prozesse in ganz geraffter Darstellung erwähnt werden können. Grundbedingung ist das Vorhandensein von Lockermaterial sowie die vertikale und horizontale Deformation der im tiefen Wasser erzeugten Wellen beim Erreichen von Flachwassergebieten, also in unmittelbarer Küstennähe. Abb. 113 und 114 zeigen den uns allen geläufigen Aspekt der Veränderung der Oberflächenwellen bei Annäherung an den Strand: aus der zunächst sinusförmigen Schwingung mit runden Wellenbergen spitzen sich diese zu, dann steigen sie – manchmal asymmetrisch werdend – auf und brechen zur Strandseite über. Am Strand selbst schwappt das Wasser je nach Wellenenergie mehr oder weniger hoch und damit über den jeweiligen Meeresspiegel hinaus, wobei selbstverständlich auch Lockermaterial in die gleiche Rich-

3.4 Die natürlichen Küstenformen

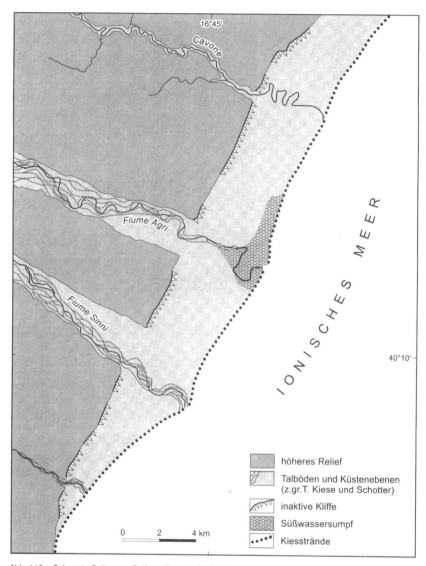

Abb. 112 Gekappte Deltas am Golf von Taranto, Süditalien.

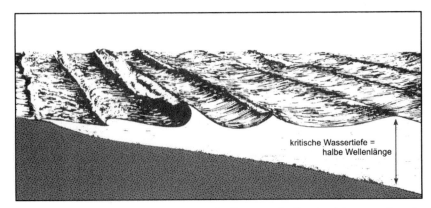

Abb. 113 Wellenrefraktion im flachen Wasser bei Annäherung an den Strand und daraus resultierender küstenparalleler Materialversatz („longshore drift") am Strand.

tung verfrachtet werden kann. Die Wellendeformation beginnt mit Erreichen einer „kritischen" Wassertiefe, die etwa der halben Wellenlänge entspricht und damit von Ort zu Ort ganz verschieden sein kann.

Aus der Energie des den Strand hinaufschießenden Wassers und dem Zurücklaufen auf schräger Böschung resultieren Verlagerungen, Schichtung, Sortierung und andere Prozesse der Stranddynamik, über die eine außerordentliche Fülle wissenschaftlicher Studien und Beobachtungen – einschließlich Laborexperimenten – vorliegt. In unserer Bibliographie zur Küstenmorphologie seit 1960 konnten wir allein zur Stranddynamik und -veränderung innerhalb von 15 Publikationsjahren weltweit ca. 1500 Titel anführen. Einen Einstieg vermitteln z. B. Bascom 1960, Inman & Bagnold 1963, Sindowski 1968, für Grobmaterialstrände auch Carter & Orford 1981. Über kurzfristige oder periodische Veränderungen im Zusammenhang mit Sturmereignissen o. ä. unterrichten Carter & Orford 1984, Dean 2002, Lorang 2002, Smith 2003, Woodroffe 2003, Anthony 2005, 2009, Finkl & Walter 2005, McKenna 2005, Short 2006, Thom & Short 2006, oder Hayes et al. 2010.

Wenn die Wellen nicht ganz senkrecht auf die Küste zulaufen, sondern unter einem Winkel, so wird der der Küste nähere Abschnitt der Welle bereits eher flaches Wasser erreichen und dort gebremst werden als der küstenfernere Teil, der sich noch mit ursprünglicher Geschwindigkeit weiterbewegen kann. Dadurch entsteht die sog. Refraktion oder Beugung der Wellen, d. h. ein Umschwenken zur Küstenlinie hin, wie es die Abb. 114 verdeutlicht. Die Wellen werden aber immer noch unter einem gewissen Winkel den Strand erreichen und hinauflaufen, während das Ablaufen – verbunden mit Energieverlust durch Reibung und teilweiser Versickerung des Wassers (wobei gewöhnlich Sedimente abgesetzt werden) – nahezu der Schwerkraft folgend direkt die Strandböschung hinunter geschieht. Auf diese Weise werden Partikel in

3.4 Die natürlichen Küstenformen 147

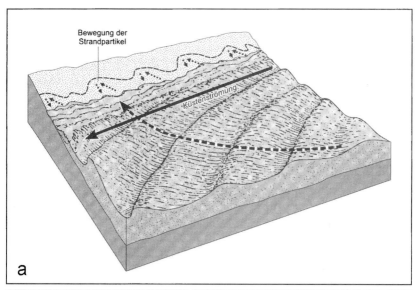

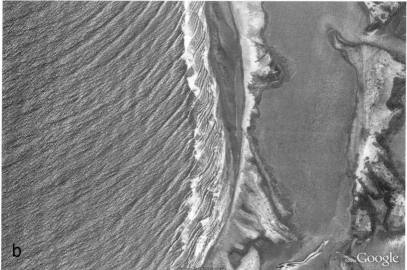

Abb. 114 a Umschwenken der Wellenkämme über flacher werdendem Wasser mit Annäherung an einen Strand; b diese Wellenrefraktion ist ebenfalls im Satellitenbild sichtbar (Google Earth).

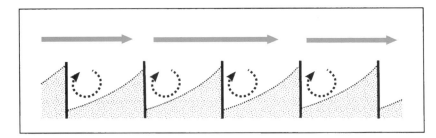

Abb. 115 Ungleiche Anlagerung von Strandmaterial an Hindernissen: an der Luvseite erfolgt verstärkt Akkumulation, an der Leeseite dagegen Erosion.

einer zick-zack-förmigen Bewegung am Strand oder auf dem Strand entlang geführt. Das gleiche geschieht in der Brandungszone durch eine Restströmung in Richtung der ursprünglichen Wellenbewegung. Für diesen strandparallelen Materialversatz ist auch in der deutschen Literatur der Terminus „longshore drift" gebräuchlich. Besonders deutlich erkennt man die Richtung des Materialtransportes an Hindernissen, die in die Küstenlängsströmung hineinragen, wie Buhnen (Abb. 115 und 116).

Durch die Beugung (Refraktion) der Wellen an allen Hindernissen verändert sich ihre Richtung besonders stark, wenn die Küste gegliedert ist oder Inseln die freie

Abb. 116 An der Westküste Dänemarks ist durch „longshore drift" aus Norden die Nordseite der Buhnen bereits völlig aufgefüllt, während an der Südseite der Strand infolge Lee-Erosion (s. Abb. 115) abgetragen wird (Google Earth).

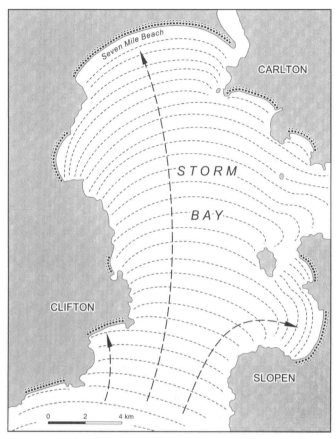

Abb. 117 Orientierung der Strände in einer Bucht nach den durch die Refraktion abgelenkten Wellenspektren in Süd-Australien (King 1972).

Wellenbewegung behindert. Dieses führt insbesondere in Buchten zu einer stets gleichartigen Ausrichtung der Brandungswellen und bestimmt damit Richtung, Lage und Anordnung der Strände (vgl. Abb. 117 bis 119).

Hingewiesen werden soll noch ohne eingehende Erörterung auf die Vielzahl der Besonderheiten und Kleinformen des Strandes selbst wie Rippeln, Spülsäume, Kolke oder das rhythmische Phänomen der „beach cusps" (Strandhörner) (Abb. 120). Sie alle bilden nur vorübergehende Erscheinungen, die sich bei jedem Sturm, jeder Tide oder gar jeder Welle verändern können.

150   3 Küsten und Küstenformung

Abb. 118   Der breitere Küstenvorsprung im Süden dieser Bucht im Norden Spaniens führt hier zu einer stärkeren Wellenrefraktion, so dass der Strand innerhalb der Bucht ein wenig unsymmetrisch angelegt und nach Süden verschoben ist (Google Earth).

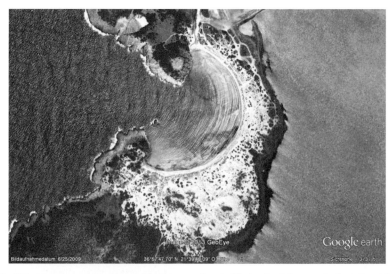

Abb. 119   Die nahezu gleiche Form beider Felsvorsprünge im Westen des Peloponnes bedingt eine gleichartige Refraktion im Norden und Süden und führt daher zu einem fast perfekt halbkreisförmig angelegten Strand ohne Rücksicht darauf, aus welcher Richtung die Wellen letztlich aus dem offenen Meer gekommen sind (Google Earth).

3.4 Die natürlichen Küstenformen

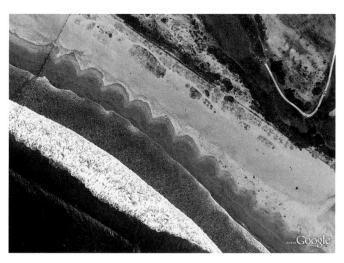

Abb. 120 Strandhörner („beach cusps") an der Südküste von Ibiza, Spanien.

Mit der Fähigkeit der Wellen, durch die in ihrer Bewegung steckende Energie Lockermaterial gegen die Schwerkraft und damit über den Bereich des Meeresspiegels oder die normale Wellenreichweite zu transportieren, ist die Möglichkeit gegeben, dass durch starke Brandungswirkung Ablagerungen und Formen geschaffen werden, die relativ dauerhaft sind und die Küstenkonfigurationen nachhaltig und auffällig verändern. Die höchsten und dauerhaftesten dieser Formen gehen auf außerordentliche Wellenereignisse (z. B. Wirbelstürme) zurück. Einen guten Überblick über ihre Vielfalt, Vergesellschaftung und die dabei beteiligten Prozesse gab am regionalen Beispiel bereits Johnson (1925), die umfassendsten Darstellungen allgemeiner Art hat wohl Zenkovich (1967) geliefert.

Die einfachste Akkumulationsform oberhalb der Wasserlinie ist der Strandwall („beach ridge"), oft aufgeworfen in einer kurzen Periode stärkerer Brandungswirkung (Kelletat 1985b, d, 1991e, 1994a, Anthony 1991 u. v. a. sowie Abb. 121). Wie der Name sagt, handelt es sich um eine lang gestreckte, küstenparallele Anhäufung von einigen Dezimetern bis Metern Mächtigkeit bzw. Höhe, einigen Metern bis zu über 100 m Breite und meist flachen Böschungswinkeln, die nur bei Grobmaterial (bis zu meterlangen Blöcken) deutlich über 10° liegen können. Die Höhe der Kammlinie von Strandwällen belegt die vertikale Mindestreichweite energiereicher Brandung. Sie ist daher je nach Materialgröße, Exposition, Klimazone, Materialverfügbarkeit etc. recht unterschiedlich und kann z. B. an der französischen Atlantikküste oder im Norden Großbritanniens 8–10 m über der Hochwasserlinie liegen, aber auch auf engem Raum stark wechseln (vgl. Kelletat 1994a). Es ist daher äußerste Vorsicht

152 3 Küsten und Küstenformung

Abb. 121 Aktiver Strandwall aus gut gerundete Schottern im Nordwesten von Irland.

geboten, wenn man aus der Kronenhöhe von alten Strandwällen auf frühere Meeresniveaus schließt (bzw. aus unterschiedlichen Kronenhöhen in einem begrenzten Gebiet auf verschiedenes Alter, die Stärke früherer Stürme oder gar neotektonische Dislokationen).

Bei longshore drift aus verschiedenen Richtungen können sich spitze oder plumpe Küstenvorsprünge aus Strandwällen aufbauen, die im Deutschen auch Höftland genannt werden (Abb. 122 und 123).

Wenn ein Küstenabschnitt hinreichend und über längere Zeit mit Lockermaterial versorgt wird – sei es durch einen Fluss, vom flachen Meeresboden her oder aus benachbarten Kliffabschnitten – so können eine große Fülle von Strandwällen nacheinander sedimentiert werden, wobei ein relatives Auftauchen natürlich förderlich ist. Jeder Strandwall markiert dabei eine Küstenlinie zur Zeit seiner Entstehung. Strandwallsysteme mit charakteristischen Kappungen, Richtungsänderungen und Formmustern lassen somit den oft komplizierten Werdegang ausgedehnter Akkumulationsformen an Flachküsten erkennen und sind ein gutes Hilfsmittel zur Rekonstruktion früherer dynamischer Zustände (vgl. auch die Abb. 124, 125, 126).

Da sich auch über Untiefen im flachen Wasser Brandung entwickeln kann, entstehen dort quasi-stationäre Bereiche starker Sedimentaufwirbelung und -anhäufung. Vornehmlich im Gezeitenbereich, aber auch vor gezeitenlosen Küsten können dabei gebildete Unterwasserbarren bis über den Meeresspiegel aufwachsen (vgl. auch die Ausführungen über „Nehrungsinseln" s. u.). Meistens lehnen sich diese Akkumulationskörper – jedenfalls bei einer seitlichen Versatzkomponente – an einen Küstenvorsprung an. Wenn sich die Richtung des Küstenverlaufes ändert, wachsen die Akkumulationskörper zunächst noch ein Stück in ursprünglicher Transportrichtung und es entstehen Strandhaken oder „spits" (z. B. Abb. 127). Sie weisen eine große Fülle von Einzelgestalten oder komplexen Gebilden auf, mit gestrecktem oder gekrümmtem Verlauf, symmetrischem oder asymmetrischem Grundriss und mehr oder weni-

3.4 Die natürlichen Küstenformen 153

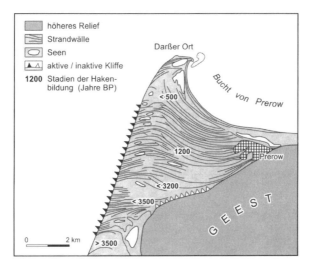

Abb. 122 Ein nahezu kontinuierliches Wachstum weist das große Höftland des Darss an der deutschen Ostseeküste auf (i. W. n. Kolb 1982).

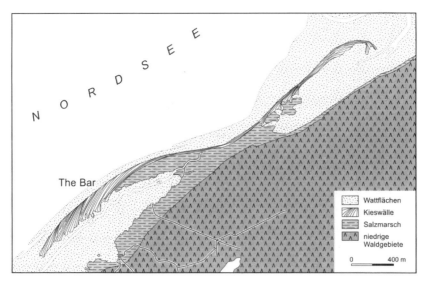

Abb. 123 „The Bar", eine Strandwallinsel vor der schottischen Küste bei Cairns, zeigt deutlich Wachstum durch küstenparallelen Materialversatz aus zwei Richtungen (SW und NE). Die Inselspitzen werden Strandhaken („spits") genannt (n. Steers 1973).

Abb. 124 Die Strandwallsysteme der Insel Pelsaert, Abrolhos Archipel, West Australien, bestehen aus Bruchstücken von Korallen und sind bis zu 6000 Jahre alt.

Abb. 125 Auf der Insel St. Vincent im Nordwesten von Florida erkennt man deutlich unterschiedlich ausgerichtete Strandwallsysteme (hier aus Sanden aufgebaut), die mit deutlichen Winkeln aneinander stoßen. Diese Linien belegen zwischenzeitliche Phasen der Küstenerosion (Google Earth).

3.4 Die natürlichen Küstenformen

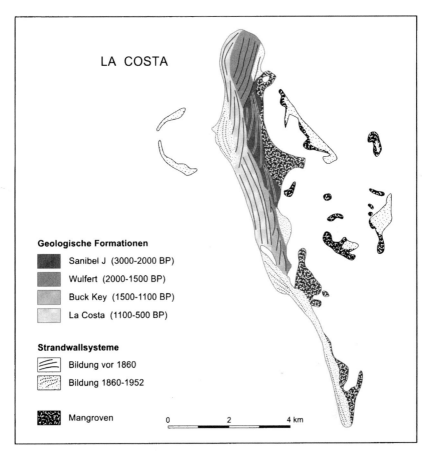

Abb. 126 Die Inseln vor der Westküste Floridas zeigen gewöhnlich eine Zusammensetzung aus Strandwallsystemen unterschiedlichen Alters und unterschiedlicher Richtungen (in Anlehnung an Stapor et al. 1991).

ger ausgedehnten Wasser- oder Sumpfflächen dazwischen (vgl. die Abb. 128 bis 131). Da die Ausbildung größerer Strandhaken die Küstenkonfiguration nachhaltig verändert, nimmt sie auch Einfluss auf die Wellenrefraktion bzw. deren Richtungsänderung und zieht ihrerseits wieder weitere Hakenbildungen (manchmal in ganz neuer Richtung) nach sich (vgl. Abb. 129, 130 und 132).

Eine Sonderform von Strandwallakkumulationen ist das allmähliche Anschließen von Inseln an das Festland bzw. die Herstellung dammartiger Verbindungen von Inseln.

156   3 Küsten und Küstenformung

Abb. 127   Gut ausgebildeter Strandhaken an einem Buchtausgang im südlichen Tasmanien.

Abb. 128   Im nördlichen Schwarzen Meer gibt es eine große Vielfalt sehr komplex aufgebauter Hakensysteme. In diesem erkennt man – neben unzähligen feinen Wällen – mindestens 6 größere Entwicklungszyklen (Google Earth).

3.4 Die natürlichen Küstenformen 157

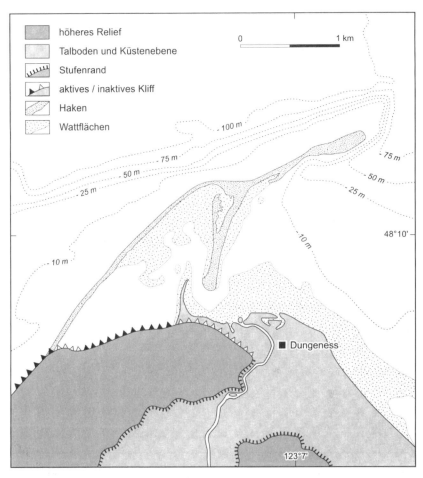

Abb. 129 Sehr komplex gebauter Strandhaken („spit") bei Dungeness vor der Nordküste des Staates Washington, USA.

3 Küsten und Küstenformung

Abb. 130 Entwickelt sich ein Strandhaken weit ins Meer hinaus, gerät er in andere Umweltbedingungen von Wassertiefe, Strömungen und Wellen, so dass sehr komplexe Hakenformen entstehen können (Schwarzes Meer, Google Earth).

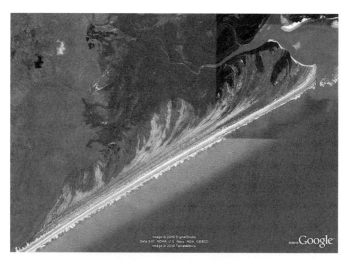

Abb. 131 Der kontinuierliche Vorbau dieses Strandhakens im Schwarzen Meer ist in zahlreichen Einzelschritten genau zu verfolgen (Google Earth).

3.4 Die natürlichen Küstenformen   159

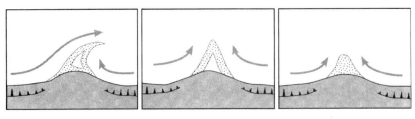

Abb. 132   Bildung von Küstenvorsprüngen durch „longshore drift" aus verschiedenen Richtungen.

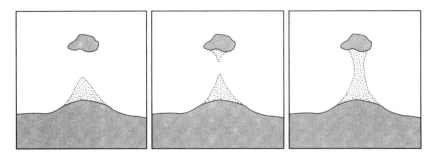

Abb. 133   Mögliche Entwicklungsstadien eines Tombolos.

Ein schematisches Beispiel solcher nach der Region des Mt. Argentario im Westen Italiens genannten „Tombolo"-Bildungen zeigt die Abb. 133. Viele Tombolobildungen finden sich im Südosten der Insel Tasmanien (Abb. 134).

3.4.4.3   Akkumulationsformen durch Wind: Küstendünen, Nehrungen und Nehrungsinseln

Normalerweise liegen an Gezeitenküsten auch regelhaft ausgedehnte Lockermaterialflächen vegetationslos und bei Ebbe trocken. Damit sind gute Voraussetzungen für den Angriff des Windes und die Bildung von Dünen gegeben, wie man z. B. an der Nordseeküste vielfältig beobachten kann (vgl. Klijn 1990, Venzke 1992, Hempel 1980 u. v. a.). Aus dem Sandtreiben nach hinreichendem Abtrocknen des oberen Strandbereiches entstehen zunächst frei wandernde, barchan-ähnliche Initialdünen, die an Hindernissen zu unregelmäßigen höheren Anhäufungen führen können, wobei meistens eine erste Besiedlung durch salzresistente Pflanzen (z. B. Strandhafer) mit verzweigtem und schnellwüchsigem Wurzelwerk zur Stabilisierung und weiteren Sandanhäufung beiträgt. Der Endzustand sind regelrechte Dünenwälle mit dichterer Vegetationsdecke in den humiden Erdregionen. Solche Küstendünen sind mit den meisten Akkumulationsformen aus Brandungswirkung wie Strandwällen, Ha-

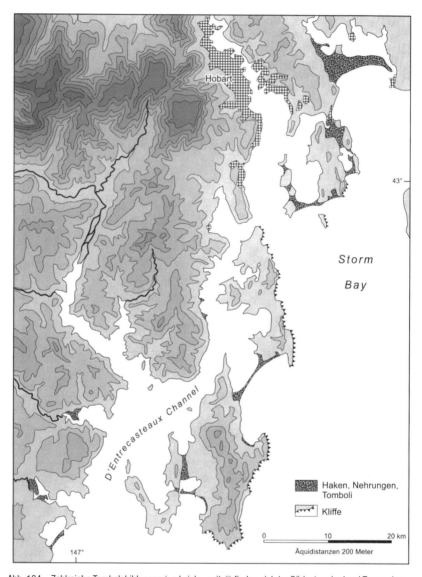

Abb. 134 Zahlreiche Tombolobildungen (und viele „spits") finden sich im Südosten der Insel Tasmanien.

Abb. 135 Als typische Küstendünen gelten Parabelformen, bei denen ein Teil des Sandes durch initiale Vegetation fixiert wird, und dazwischen größere Sandmengen vorwärts getrieben werden. Die Parabeln öffnen sich auf diese Weise gegen den Wind. Das obere Beispiel (a) zeigt eine Kartierung aus dem Süden des Oman, das untere (b) ein Google Earth Satellitenbild von West-Australien.

3.4 Die natürlichen Küstenformen 161

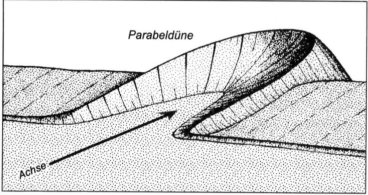

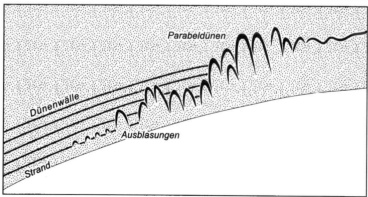

Abb. 135

ken, Höftländern (als größere hakenartige Küstenvorsprünge der Ostsee) u. ä. vergesellschaftet und kommen in verschiedenen Formen vor (Barchane, Barchanoide, „Chevrons", Parabeldünen u. a., vgl. u.a Shepard & Young 1961, Coaldrake 1962, Hempel 1980, Dillenburg & Hesp 2007, Scheffers et al. 2008, oder Goff et al. 2009). Sie sind es letztlich, die die langlebige Stabilität von Nehrungen und Nehrungsinseln garantieren, weil sie auch bei Sturmfluten nicht so leicht überspült bzw. völlig entfernt werden können.

Die Formen der Küstendünen sind im Einzelnen oft unregelmäßig-kuppig (Kupstenoder Kuppendünen), was u. a. auch mit unterschiedlich dichtem Bewuchs, Zerstörung durch Touristen oder Windanrissen zusammenhängt. Wo hinreichende Sandmengen zur Verfügung stehen und die Entwicklung ungestört abläuft, können Parabeldünen mit der Öffnung gegen den Wind entstehen (vgl. Abb. 135). Häufiger sind jedoch küstenparallele Dünenwälle, deren Form erst aus einiger Entfernung signifikant wird. Küstendünen haben eine sehr weite Verbreitung auf der Erde (Abb. 136–138), auch in feuchten Gebieten, sogar den inneren Tropen, können sie vorkommen. Ihre Entstehung ist begünstigt bei Vorhandensein großer Mengen Sand (z. B. aus Flussmündungen, fluvioglazialer Anlieferung oder litoral aus glazialen Ablagerungen aufbereitet, vgl. Carter 1990 u. a.). In humiden Gebieten Europas bilden sie stellenweise große Wanderdünenareale, so auf der Kurischen und Frischen Nehrung der Ostsee, in Nordjütland oder im Südwesten Frankreichs.

Relativ arm an Küstendünen sind arktische Bereiche, weil dort eher Grobmaterial am Strand vorkommt oder langer Eisverschluss eine Auswehung verhindert. Küstendünen bestehen vornehmlich aus Quarzsanden (mit geringen Beimengungen von Schwermineralien und Bruchschill). Es gibt aber auch ausschließlich aus biogenen Kalkbestandteilen aufgewehte Dünen wie im Naturschutzgebiet El Jable im Norden Fuerteventuras oder auf Koralleninseln, wobei Muschelreste, Korallenbruchstücke, Foraminiferen, Bryozoen und andere Skelett-Teile die Hauptmasse bilden.

Der küstenparallele Materialversatz ist es, welcher durch die Tendenz zur Beibehaltung seiner Richtung beim Umbiegen der Küstenkonturen zunächst Vorsprünge bildet und schließlich Einbuchtungen gänzlich abschließen kann. Das geschieht – je nach Wind- und Wellenrichtungen – von einer Seite oder von beiden Seiten zugleich (Abb. 139). Liegt eine geschlossene Strandwallbarriere (evtl. auch mit aufgesetzten Dünen) vor einer Bucht, so sprechen wir von einer „Nehrung", der jetzt abgeschnürte Meeresteil ist zu einer Lagune geworden (Shepard 1960, Kraft et al. 1978, über Lagunen auch Zenkovich 1959, oder Bird 1967).

Abb. 136   Große Küstendünenfelder im Nordosten Brasiliens bestehen aus Barchanen (Sichelformen) oder Barchanoiden (d. h. barchan-ähnlichen Dünen), deren schmalere Sichel-Enden in Windrichtung weisen (Google Earth).

Abb. 137   Regionen in Europa mit ausgedehnten Küstendünen.

3.4 Die natürlichen Küstenformen

Abb. 136

Abb. 137

164 3 Küsten und Küstenformung

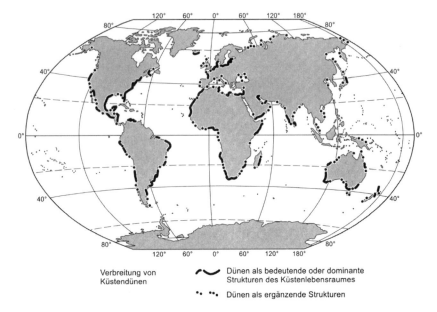

Abb. 138 Die Verbreitung ausgedehnter Küstendünen-Areale auf der Erde.

Nehrungen, meist aus Haken entstanden, manchmal aber auch durch senkrecht auf die Küste zugewanderte Barren gebildet, führen gewöhnlich zu einer Begradigung der Küstenkonturen, entweder, indem sie lediglich Einbuchtungen abschließen, oder, indem gleichzeitig dazwischen liegende Küstenvorsprünge abradiert werden (Abb. 139, 140). Solche Stellen liefern dann bevorzugt das Material für die „longshore drift" und den Nehrungsaufbau. Im Endzustand liegt eine „Ausgleichsküste" (wie z. B. in Mecklenburg, Pommern oder Polen) vor.

An Küsten mit größerem Tidenhub verlagert sich regelmäßig der Brandungsraum in der Horizontalen, z. T. um beachtliche Strecken, besonders an Flachküsten. Dadurch werden wallartige Akkumulationskörper vor den Küsten aufgeworfen, die zunächst über die Niedrigwasserlinie, schließlich auch über die Hochwasserlinie hinauswachsen können und damit lang gestreckte Inseln bilden. Auch beim seitwärtigen Materialversatz wachsen diese Inseln nicht zusammen, und Nehrungen sind nicht in der Lage, Buchten vollständig zu verschließen, weil im Rhythmus der Gezeiten große Wassermengen landwärts und seewärts strömen und daher fast immer in der Lage sind, einige Durchlässe offen zu halten (Abb. 141). Je enger eine Lücke wird, umso geringer wird der Strömungsquerschnitt für annähernd gleich bleibende Wassermengen, so dass es nicht zum vollständigen Verschluss kommt. Auf diese Weise entwickeln sich an Küsten mit höherem Tidenhub meistens freie Nehrungen und Neh-

3.4 Die natürlichen Küstenformen

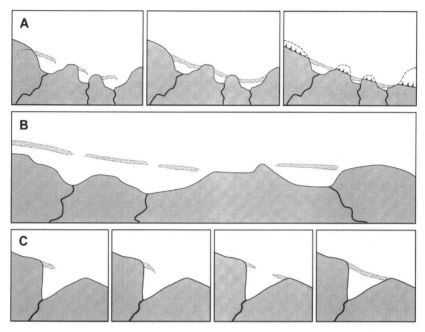

Abb. 139   Haken und Nehrungen und verschiedene Stadien bei der Bildung einer Ausgleichsküste.

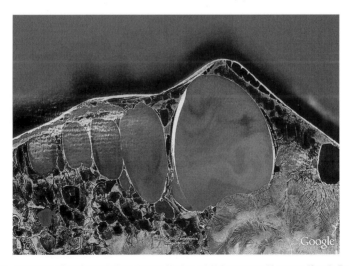

Abb. 140   Komplexe Küstenlandschaft im Norden Alaskas mit Nehrungen und Lagunen (Google Earth).

Abb. 141 Nehrungs-Inselreihen vor den nördlichen Niederlanden und Norddeutschland (Google Earth).

rungsinseln (vgl. auch Stapor et al. 1991 und Abb. 142), wie sie in typischer aneinander gereihter Form vor der deutschen Nordseeküste, insbesondere vor Ostfriesland, zu sehen sind (Abb. 141). Ihr Abstand von der Küste wird dabei wesentlich mitbestimmt durch Erreichen einer kritischen brandungserzeugenden Wassertiefe im Verlaufe der letzten Transgression und damit von der Höhe der wirksamen Brandungswellen und der Neigung des küstennahen Unterwasserhanges.

Entsprechend den westlichen Winden und Wellen herrscht in unseren Breitenlagen ein nach Osten gerichteter, küstenparalleler Materialversatz, so dass auch die ostfriesischen Inseln die Tendenz zum Ostwandern aufweisen. Die Lücken zwischen ihnen, die sog. „Seegatten" oder „Baljen", können jedoch wegen der starken Tideströmungen nicht vollständig verschlossen werden. Über die großen, bei diesen Verdriftungen bewegten Sedimentmengen und Veränderungen an den Außenstränden (Abb. 143 für Spiekeroog) kann Abb. 144 mit dem Beispiel der Insel Terschelling über verschiedene Zeitbereiche Aufschluss geben. Wichtige Quellen zu diesen Küstenformen liefern im übrigen Otvos 2000 und vor allem Ehlers 1988 und 1998 (s. a. Abb. 145).

3.4.4.4 Akkumulation durch Gezeitenwirkung: die Watten der mittleren und hohen Breiten

Im Bereich größerer Gezeitenschwankungen (Tidenhub etwa 1 m und mehr) an Flachküsten liegt ein breiter Saum, der viele Stunden am Tage mit Salzwasser bedeckt ist und viele Stunden trocken fällt. Infolge der geringen Wassertiefe ist hier die Brandungswirkung wesentlich weniger wirksam als das Ein- und Ausströmen der

3.4 Die natürlichen Küstenformen

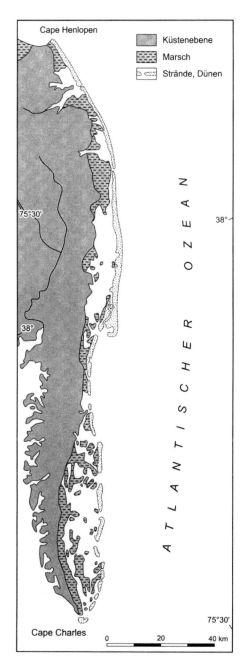

Abb. 142 Zahlreiche Nehrungsinseln begleiten die Ostküste der USA zwischen Cape Henlopen und Cape Charles.

168 3 Küsten und Küstenformung

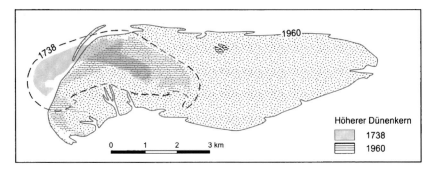

Abb. 143 Veränderungen der Insel Spiekeroog zwischen 1738 und 1960 (n. Ehlers 1988).

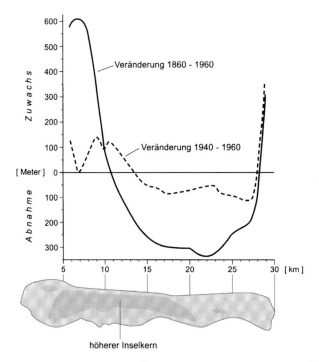

Abb. 144 Anwuchs und Abrasion an der Außenküste der Insel Terschelling (Niederlande) (verändert n. Edelman 1967 aus King 1972, Fig. 12–31B).

3.4 Die natürlichen Küstenformen 169

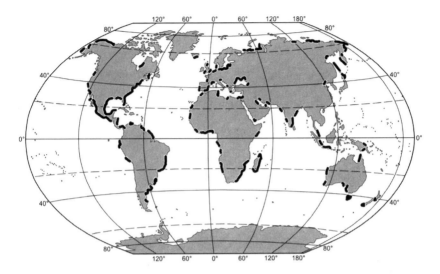

Abb. 145 Verbreitung von Nehrungen, Lagunen und Nehrungsinseln an den Küsten der Erde.

Wassermassen mit einer kurzen Phase des Strömungsstillstandes beim höchsten Wasserstand, bevor sich die Strömungsrichtung umkehrt. Diese Bedingungen führen sowohl in sedimentologischer wie auch in biologischer Hinsicht zur Ausbildung eines besonderen amphibischen Milieus, welches wir als „Watt" bezeichnen. Da ein großer Teil der deutschen Küsten mit Watten ausgestattet ist (vgl. Abb. 146, 147), gibt es hierüber eine Fülle von Arbeiten verschiedener Disziplinen, von denen als Auswahl genannt sei Gripp 1956, Sindowski 1960, 1970, Gierloff-Emden 1961, Forschungsstelle Norderney 1962, Reineck 1978 oder Ehlers 1988 und 1998. Auch in vielen anderen Erdregionen gibt es Watten (Verger 1968 u. a.), besonders interessant sind natürlich die Bedingungen im Gebiet mit dem höchsten Tidenhub auf der Erde, der Fundy Bay im Osten Kanadas (Garret 1972). Wenn die Watten allmählich über das Hochwasserniveau aufwachsen, werden sie in Mitteleuropa und anderen humiden Gebieten der Erde zu Marschen (vgl. Ranwell 1972, Knapp 1975).

An der Nordseeküste unterscheiden wir gewöhnlich zwei Typen von Watten, nämlich die Sandwatten im Bereich stärkerer Brandung und Strömungsenergie, wo gröberes Korn einschließlich Muschelschill abgesetzt wird, und die Schlickwatten aus Schluffen, Tonen und einem größeren Prozentsatz organischer Substanzen als Ausscheidungsprodukte und Verwesungsreste von Pflanzen und Tieren. Der amphibische Lebensraum der in geschützter Position liegenden Schlickwatten ist in den obersten Zentimetern und Dezimetern äußerst dicht besiedelt von Algen, Schnecken, Muscheln, Würmern, Krebsen usw., die infolge ihrer Bewegungen zur Bioturbation beitragen, so dass die regelmäßige dünne Sedimentauflage beim Stillwasserzustand

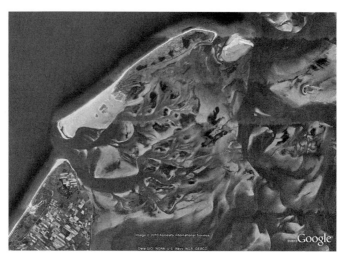

Abb. 146 Breiter Wattensaum zwischen Nehrungsinseln und dem Festland im niederländisch-deutschen Küstengebiet der Nordsee (Google Earth).

während des Stromkenterns nicht eindeutig erkennbar ist. In einiger Tiefe (ca. 30 cm) findet sich gewöhnlich ein dunkler Reduktionshorizont, wo unter Sauerstoffabschluss Zersetzungsprozesse stattfinden.

Auch die Watten sind mit einer großen Fülle von kleineren Formen ausgestattet, zu denen neben Kolken und Rippeln sowie Muschelbänken und Sandplatten insbesondere die Priele gehören. Die größeren Systeme dieser Wattwasserläufe sind auf Abb. 146 noch gut zu erkennen. Sie sind im Allgemeinen über längere Zeit lagestabil. Je mehr die Watten durch Sedimentation aufgehöht werden, umso kürzere Zeit sind sie nur noch vom Meerwasser überflutet. Daher werden die Bedingungen für eine Pflanzenbesiedlung immer besser. Die hochgelegenen Wattbereiche sind im Allgemeinen daher schon ziemlich dicht mit salzresistenten Pflanzen (z. B. Queller: *Salicornia* sp.) besetzt, welche auch noch eine völlige Untertauchung vertragen. Die Pflanzen festigen nicht nur das Sediment, sondern erhöhen durch die Beruhigung der Strömungsbewegung auch die Sedimentationsrate. Auf diese Weise beschleunigt sich das Aufwachsen bis über die Hochwasserlinie. Es geht aber auch dort noch eine Weile weiter, nämlich durch Sturmfluten, wobei infolge der großen Bewegungsenergie dann gröbere Sedimente aufgesetzt werden (Sande und Schilllagen), die wegen der fast fehlenden Bioturbation in diesem meist trockenen Milieu auch als Einzelschichten gut erhalten bleiben können.

3.4 Die natürlichen Küstenformen

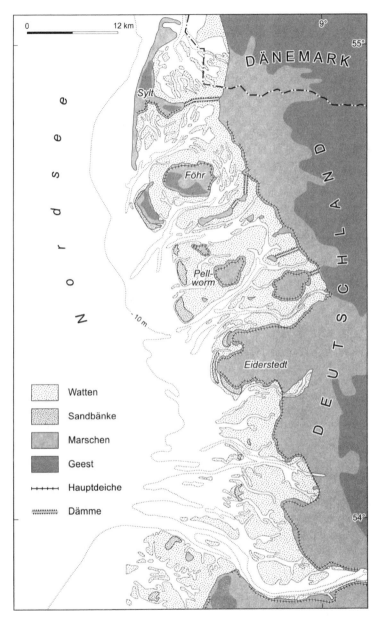

Abb. 147 Wattareale in Nordfriesland.

3.4.4.5 Aufbauformen durch Eiswirkung

In den kühlen und kalten Regionen der Erde kann Eis in verschiedener Form am Aufbau von Lockermaterialküsten beteiligt sein bzw. die Lagerungsverhältnisse im Strand- und Wattbereich beeinflussen. So ist z. B. Gletscher- und Schelfeis infolge seiner Bewegung in der Lage, in submariner Position Moränenwälle zusammenzuschieben, die bis über den Meeresspiegel aufwachsen können. Mit driftenden Eisbergen und Eisschollen werden außerdem entweder unsortiertes Moränenmaterial (einschließlich großer Blöcke) oder auch vom gefrorenen Strand oder Kliff losgerissene Partien teilweise weit verfrachtet und können dann in fremden Küstenräumen stranden. Verbreiteter ist jedoch der Einfluss sich bewegenden Meereises (Treibeis) oder die Eisbildung an den Stränden selbst infolge Festfrierens von Meerwasser. Über die recht große Fülle der Erscheinungen und deren Genese unterrichten z. B. Nichols 1953, 1961, Dionne 1968a, b, 1989, Moore 1968, Owens & McCann 1970, oder Kelletat 1991c.

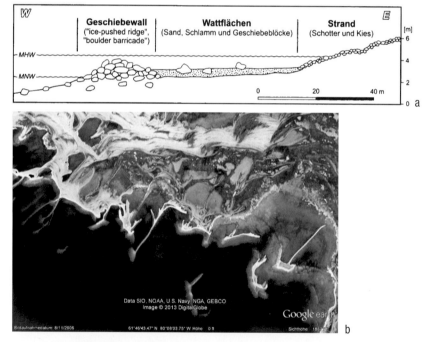

Abb. 148 „Boulder barricades", typische, vom beweglichen Küsteneis zusammengeschobene Blockwälle im Watt des Porsangerfjordes, Nord-Norwegen (oben: a) und in der Hudson Bay Kanadas (unten: b) (Google Earth).

3.4 Die natürlichen Küstenformen

Der wichtigste Akkumulationsprozess mit Eisbeteiligung ist das Zusammenschieben von Lockermaterial durch driftende und strandende Eisschollen. Sogenannte „Eisschubberge" irregulärer Gestalt im Watt oder am Strand können dabei entstehen, häufiger jedoch Rampen bzw. schmale Strandwälle als „ice-pushed ridges" oder „boulder barricades", die in großer Zahl vergesellschaftet auftreten können (Abb. 148). Im Bereich des Bottnischen Meerbusens wird gewöhnlich mit jedem winterlichen Zufrieren ein neuer Schubwall aus ausgewaschener Moräne und groben Findlingen angelegt. Es kommt auch vor, dass ein großer Block pflügend durch das Strandsediment geschoben wird, wobei an seiner landwärtigen Stirn Stauchwülste entstehen und an der Leeseite (d. h. seewärts) eine Rinne zurückbleibt. In weichen Wattsedimenten können sogar ganz irreguläre Furchensysteme durch die Bewegung der Eisschollen selbst entstehen.

Wenn im Herbst das Land bereits stark abgekühlt ist, bevor die Meeresflächen zufrieren, bilden sich an den Stränden der Arktis und Antarktis häufig sogenannte „Kaimoo", das sind abwechselnde Lagen aus angefrorenem Meerwasser und Strandsedimenten. Auf diese Weise verbreitern sich die Strände rampenartig seewärts. Bei sehr starker Unterkühlung entstehen im eishaltigen Strandmaterial auch Frostspaltenpolygone. Das Austauen des Eises (der „Kaimoo", aber auch eingepresster Eisschollenfragmente) geschieht gewöhnlich unregelmäßig, so dass sich nun eine Reihe von ausgeschmolzenen Vertiefungen (sogenannte „shore-ice kettles") zeigen, die erst bei kräftigerer Brandung aufgefüllt bzw. zerstört werden.

Polare Lockermaterialküsten sind insgesamt gesehen jedoch wegen der langen Meereisbedeckung und dadurch geringen Wellenenergie sowie durch angefrorenes Eis die meiste Zeit des Jahres inaktiv bzw. geschützt vor größeren Umgestaltungen.

3.4.4.6 Aufbauformen mit sekundärer Verfestigung (Äolianit und Beachrock)

Nach dem bisherigen Literaturstand (s.u.) sind sekundäre Verfestigungen von Strandsedimenten und Küstendünen auf wärmere Erdregionen beschränkt, eigene Beobachtungen solcher Phänomene stammen aber auch noch vom Norden der Britischen Inseln, doch dürfte es sich dabei um Ausnahmen handeln.

Nahezu alle Lockergesteine werden im Verlaufe längerer geologischer Zeitspannen durch verschiedene Bindemittel verfestigt. Hier sollen jedoch nur solche Prozesse behandelt werden, die im gleichen Milieu wie die Ablagerung und in zeitlich unmittelbarer Folge auf die Sedimentation vorkommen. Wir finden sie besonders in den versteinerten Dünen („Äolianiten", vgl. Abb. 149 u. a. Yaalon 1967, Henningsen et al. 1981 oder Kelletat 1979, 1991d) oder als betonhart verfestigte Platten aus Sandstein und Konglomeraten am Strand, für die der Terminus „Beachrock" eingeführt ist (Abb. 150, 151 und Russell 1959, 1970, Stoddart & Cann 1965, Moore 1973, oder Kelletat 1975b, 1979, 1998a, 2006c).

Abb. 149 Beginnende Umwandlung einer Düne in einen zementierten „Äolianit". Mittlere Westküste von Chile.

Abb. 150 Breiter Streifen eines versteinerten Strandes (Beachrock) an der Südküste von Zypern.

In beiden Gesteinen zeigt das Vorkommen bzw. Vorherrschen von Hoch-Magnesium-Kalzit als Bindemittel, dass eine Verfestigung weniger durch Auflösen und Ausfällen von Bruchschill infolge des Einsickerns von Niederschlägen erfolgte, sondern dass es sich um verdunstetes Meerwasser (durch Spritzer und Spray auf das Sediment gelangt) handelt. Die hohe Verdunstungsrate ist es dann auch, welche diese Erscheinungen eher auf die niederen geographischen Breiten (unter Einschluss von Teilen des Mittelmeergebietes) beschränkt (vgl. auch Abb. 151).

3.4 Die natürlichen Küstenformen

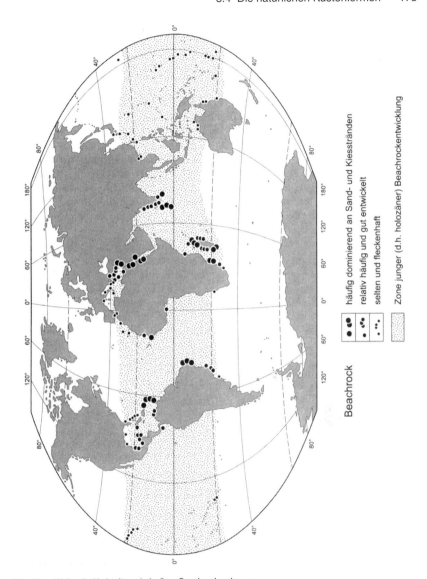

Abb. 151 Weltweite Verbreitung holozäner Beachrockvorkommen.

Während die meisten Äolianite pleistozän aufgewehte Dünen sind, welche auch im Pleistozän verfestigt wurden, und holozäne Dünen diesen Prozess erst in Ansätzen bzw. in den oberen Partien und dann auch nur sporadisch zeigen, handelt es sich bei den am Strand offen zutage liegenden Beachrock um holozäne Sedimente und eine erst in junger Vergangenheit erfolgte Versteinerung derselben (vgl. zur typischen Lage auch die Abb. 150). Über ihre Genese und genaue Altersstellung wird jedoch noch diskutiert. Ältere Auffassungen (vornehmlich Russell 1962) gehen von einer Verfestigung am sog. „water-table" aus, das ist die Mischzone von süßem Grundwasser und Meerwasser im Strandsediment und bedeutet eine primäre Entstehung innerhalb der Gezeitenbereiche. Genauere Altersstudien mit Hilfe absoluter Datierungen und historischer sowie archäologischer Indizien, der Verlagerung durch Neotektonik, der Lagebeziehung zu anderen Phänomenen und Ablagerungen der Küstengebiete etc. (d. h. eine mehr geomorphologische Interpretation) ergeben, dass Beachrock in subaerischer Position am oberen trockenen Strand verfestigt, und zwar vor längerer Zeit (einigen 1000 Jahren), wie seine starke Zerstörung durch Abrasion und Bioerosion belegt. Unmittelbar rezente Neubildung, wie sie durch eingelagerte Artefakte des 20. Jahrhunderts an einigen Stellen nachgewiesen ist, lehnt sich nahezu immer an bereits vorhandene karbonatische Hartsubstrate an. Weitere Forschungen zur Lösung der offenen Probleme, zur Position der Verfestigung, Geschwindigkeit der Versteinerung und Alter dieser Prozesse sind jedoch auch hier noch notwendig (vgl. auch Kelletat 1998a, 2006c).

3.4.4.7 Aufbauformen und -prozesse mit Beteiligung von Organismen

3.4.4.7.1 Seegras und Seetang

Bei der starken Betonung der Mangrove als Küstengestalter werden andere Pflanzen oft weniger berücksichtigt. Ihre Wirkung kann jedoch der der Mangroven zumindestens nahekommen, wie die Zusammenstellungen u. a. bei Axelrod 1960, Chapman 1978, oder Green & Short 2003 beweisen. Insbesondere sind hier zu erwähnen die Seegraswiesen und Seebälle (Abb. 152), der Meeresalgenbesatz an den Atlantikküsten der Britischen Inseln und anderer Erdregionen, wobei die sessilen Organismen in ihrem dichten Bestand eine wesentliche Dämpfung der Brandung bewirken und damit eine Schutzfunktion für die begleitenden Küstenstriche ausüben (Kremer 1986 oder Kelletat 1986a, 1987d, 1989f, 1994d, 1995b, sowie Steneck et al. 2002), oder regelrechte Tangwälder („kelp beds") vor Küsten mit kaltem Wasser (z. B. Alaska bis Kalifornien). Besonders eindrucksvoll sind hier die „Riesentange" wie *Macrocystis pyrifera* und *Nereocystis luetkeana*, die im Sublitoral auf Fels oder Blöcken wachsen oder die im Intertidal an Felsküsten stark verbreiteten und größten Braunalgenarten wie *Durvillea antarctica* und *Durvillea willana* der Südhalbkugel (Abb. 153).

Auch losgerissene und abgestorbene Pflanzen und Pflanzenteile können morphologische Relevanz für die Küsten haben. Das gilt für die nach Stürmen oft massenhaft

3.4 Die natürlichen Küstenformen   177

Abb. 152   Seebälle, von der Brandung aus Resten der Seegräser geformt, am Strand von Sardinien, meist im Frühjahr zu finden.

angehäuften Seegrasanlandungen des Mittelmeergebietes (vgl. Schülke 1974), die Wochen und Monate ganze Buchten füllen und Strände bedecken, bis sie infolge Vertrocknung, Zersetzung, Verwehung, Zudeckung oder Verspülung wieder aufgearbeitet werden. Auch vom Festland angelieferte Pflanzen sind hier zu nennen, insbesondere das Treibholz aus den Waldgürteln der Erde (Kelletat 1987d, Ellenberg 1988 und Abb. 154). Zu Hunderten und Tausenden angeschwemmt und meist mehr oder weniger in das Strandsediment eingearbeitet, bilden sie einen wirksamen und dauerhaften Brandungsschutz bzw. begünstigen in Wattgebieten die Sedimentfestlegung.

„Treibholzküsten" gibt es auch im Bereich tropischer Regenwälder oder in Monsunregionen, wo starke Überschwemmungen zahlreiche Bäume entwurzeln und ins Meer treiben können (Abb. 154). Sie fehlen selbst nicht in ganz baumlosen Gebieten der Erde (z. B. Nordisland, Südgrönland, Feuerland oder Nordsibirien).

3.4.4.7.2 Mangroven

An zahlreichen Küsten der Erde und in nahezu allen Breitenlagen ist eine Fülle von lebenden und toten Organismen am Aufbau beteiligt und zwar auf sehr verschiedene Art und Weise. Schon das Aufwachsen von Muschelbänken und Austernriffen sowie die Seegraswiesen führen zu einer relativen Stabilisierung bestimmter Abschnitte des Küstenvorfeldes und beeinflussen damit die Morphodynamik an der Küste selbst (vgl. auch Kelletat 1989c). In viel stärkerem Maße gilt dieses für die Verlandungsgesellschaften der Watten mittlerer und höherer Breiten, insbesondere aber der Tropen und Subtropen, wo verschiedene Mangrovenarten dominieren (vgl.

Abb. 153 *Durvillea antarctica* an Felsküsten (hier: Südinsel Neuseelands). Oben: Haftorgane mit bis zu 40 cm Durchmesser; in der Mitte: völlig vom Riesentag bedeckte und geschützte Felsküste bei Niedrigwasser; unten: treibende Blattorgane lebender Pflanzen, bis über 5 m lang.

3.4 Die natürlichen Küstenformen   179

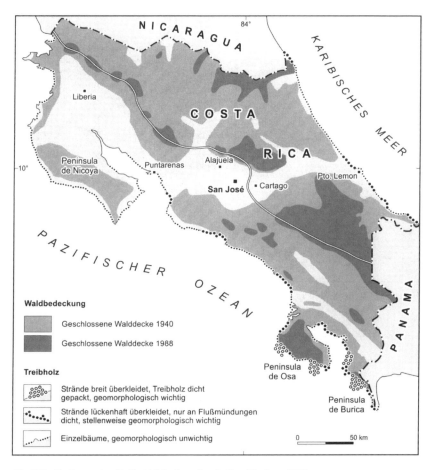

Abb. 154 Kartierung der „Treibholzküsten" von Coasta Rica (Ellenberg 1988).

die Übersichtskarte Abb. 155). Eine kaum übersehbare Fülle von Arbeiten zu ihrer Verbreitung und Ökologie liegt inzwischen vor (z. B. Mac Nae 1963, Bird 1972, Kuchler 1972, Savage 1972, Lugo & Sneaker 1974, Valentin 1975, Chapman 1976, Kelletat 1995b, Duke 2006, Spalding et al. 2010). In ihren voneinander getrennt liegenden Verbreitungsgebieten treten oft verschiedene Artenvergesellschaftungen auf (Abb. 156 bis 158), wobei auch das Klima, insbesondere die Verdunstung und dadurch gesteigerte Salinität im Hochwasserniveau, eine Rolle spielt (Kelletat 1986b oder 1995b). Da Mangroven gewöhnlich im feinkörnigen Lockermaterial aufwachsen, haben sie eine Fülle von speziellen Verankerungssystemen geschaffen,

3 Küsten und Küstenformung

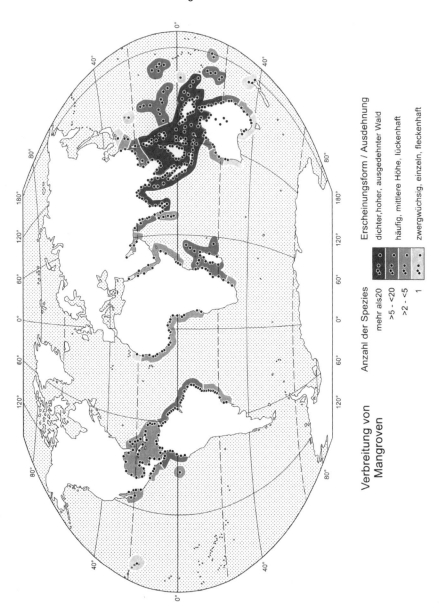

Abb. 155 Verbreitung, Erscheinungstypen und Artenzahl der Mangroven an den Küsten der Erde (n. Ott 1988 u. a.).

3.4 Die natürlichen Küstenformen

Abb. 156   oben (a): Typische Stelzwurzeln der Mangroveart *Rhizophora* in Queensland, Australien; unten (b): in den inneren Tropen ist die Mangroveart *Sonneratia* mit starken und bis über 1 m hohen Atemwurzeln (Pneumatophoren) vertreten.

zu denen Brett-, Stelz- und Kniewurzeln gehören. Auch die lebend vom Baum fallenden Stecklinge tragen zur Verdichtung der Vegetationsdecke bei und damit zu einer Beruhigung von Strömung und Wellengang, was wiederum dem Absetzen der Suspensionsfracht förderlich ist. Mangroven können allerdings auch auf Hartsubstrat gedeihen, wie Beispiele von Galápagos oder der Küsten von Kenia und Australien belegen.

Der oft verwandte Begriff „Mangroveküste" ist ein wenig irreführend, denn dahinter verbirgt sich nicht eine eindeutige morphologische Erscheinung, sondern es handelt

182   3 Küsten und Küstenformung

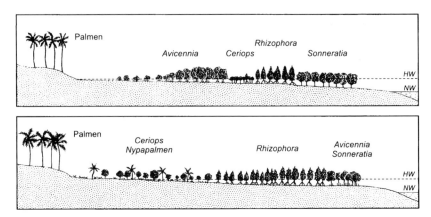

Abb. 157 Zonierung der Mangrovenvegetation an tropischen Küsten. Oben: Ostafrika (n. Walter & Steiner 1936). Unten: Nordaustralien (n. Valentin 1975).

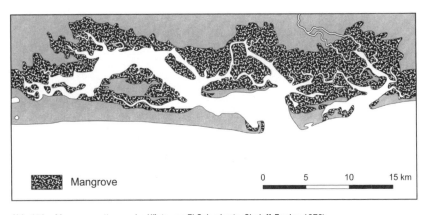

Abb. 158 Mangrovewatten an der Küste von El Salvador (n. Gierloff-Emden 1976).

sich vielmehr um einen Mangrovenbesatz an so unterschiedlichen Küstenelementen wie Lagunen, Ästuaren, Deltas oder Felsschorren und Korallenriffen.

Die verschiedenen Klimaregionen der Erde weisen alle recht unterschiedliche Watttypen auf. Darunter gibt es auch solche, die aufgrund dominierender und starker ablandiger Winde über viele Tidezyklen trockenliegen und daher Schrumpfungsrisse, Austrocknung und Salzanreicherung zeigen, wie lange Strecken der Ostküste von Patagonien. Hier treten alle sonst in Watten der gemäßigten Breiten beheimateten Organismengruppen stark zurück, damit auch die Bioturbation und der Anteil orga-

3.4 Die natürlichen Küstenformen 183

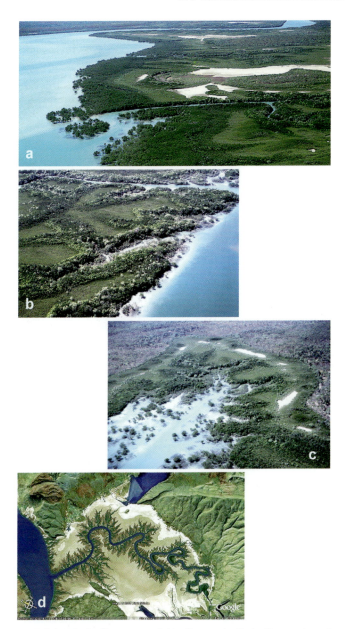

Abb. 159 a–d: Beispiele für den Übergang von dichten Mangrovebeständen über zunehmend vegetationsfreie Salztonebenen im Hintergrund von Mangrovewäldern im Norden Australiens.

Abb. 160 In sehr trockenen Klimaten bilden buschartige Mangroven noch gallerieartige Streifen entlang der Priele (Nord-Australien).

nischer Bestandteile im Sediment. Eine besondere Bedeutung haben die Mangrovewatten (Kelletat 1986b), in denen im Gegensatz zu denen der gemäßigten Breiten die Pioniervegetation bereits aus Bäumen besteht. Mit ihren Knie-, Stelz- oder Brettwurzeln gut verankert, fördern sie eine viel raschere und bessere Fixierung der Oberflächen und des Randes von Wattwasserläufen, somit eine verstärkte Sedimentation von Suspensionsfracht (vgl. dazu auch Hardie 1977 sowie Abb. 159 und 160).

In teilweise oder überwiegend ariden Gebieten treten auf den Watten infolge starker Verdunstung mehr oder weniger ausgedehnte Salz- oder Salztonebenen auf, die jeglichen Pflanzenbewuchs verhindern (Abb. 159 a-d und 160). Im oberen Niveau und damit eher landwärts gelegen bilden sie helle Barflächen hinter den grünen Mangrovengürteln des Außensaumes. Gewöhnlich werden sie nur bei Springtiden noch überflutet.

Die Vielfalt der Watttypen der Erde, ihre Differenzierung nach Sediment- und Vegetationsbedeckung und Abhängigkeit von bestimmten Tidezuständen werden – auch im Hinblick auf eine mögliche zonale Verteilung – insbesondere von Chapman 1960, Valentin 1975, Pielou & Poutledge 1976, Kremer 1978 und Kelletat 1986b dargestellt.

3.4 Die natürlichen Küstenformen

3.4.4.7.3 Organische Gesteinsbildungen: Kalkalgen und Vermetiden

Am Aufbau von Küsten – zumindest an ihrem Schutz vor Abtragungswirkungen jeglicher Art – sind auch eine Reihe von Festgesteinsbildnern aus dem pflanzlichen und tierischen Bereich beteiligt, insbesondere verschiedene Kalkalgen (*Lithothamnion*, *Lithophyllum* etc.) und Wurmschnecken (*Vermetus* sp., *Dendropoma petraeum*, vgl. Abb. 161 bis 163). Ihr Stellenwert ist in der küstenmorphologischen Literatur – ebenso wie der der Riesentange, bisher wenig berücksichtigt worden, bei den

Abb. 161 Miniatur-Atolle (2 m Durchmesser), aufgebaut von der Kalkalge *Neogoniolithon notarisii* und der Wurmschnecke (Vermetide) *Dendropoma petraeum* an der Westküste von Kreta.

Abb. 162 Von Kalkalgenrippen („algal rims") abgesperrte Miniaturlagunen vor der Mittelmeerküste Israels. Das ganze Gebilde von ca. 1,5 m Mächtigkeit und über 8 m Durchmesser besteht aus holozänem organischen Aufbau.

186 3 Küsten und Küstenformung

Abb. 163 Auf das Stockwerk der Bioerosion durch Napfschnecken mit Hohlkehlenbildung folgt von der Niedrigwasserlinie abwärts das Stockwerk der Biokonstruktion mit Kalkalgen und Vermetiden (Nordspitze von Ibiza, Spanien).

Abb. 164 Ebenfalls zu den Biokonstruktionserscheinungen gehören diese Stromatolithen aus der Shark Bay an der Westküste Australiens.

3.4 Die natürlichen Küstenformen 187

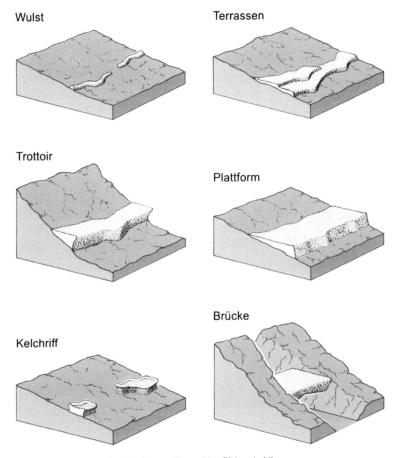

Abb. 165 Typische Formen der Kalkalgen und Vermetiden-Biokonstruktionen.

Hydrobiologen aber längst bekannt (vgl. u. a. Dalrymple 1965, Laborel 1987, Lewis 1992, Baker & Haworth 2000, Baker et al. 2001).

Wir unterscheiden am besten zwischen solchen organischen Gesteinsbildungen, die an einer Felsküste lediglich mehr oder weniger geschlossene Krusten und Überzüge bilden, also „stromatolithisch" ausgebildet sind (z. B. Seepocken, Felsenaustern oder Muschelbänke), und solchen, die zu einer eigenen Formenentwicklung geführt haben, die wir „Bioherme/Biohermata" nennen. Sie erreichen viele Dezimeter bis Meter Breite und Höhe und führen bereits zu einer signifikanten Gliederung bestehender Felsküsten, ja können selbst losgelöst davon eigenständig auf dem flachen

Meeresgrund aufwachsen, sofern der Küstenstrich sedimentarm oder sedimentfrei ist. Neben Kalkalgen und Wurmschnecken oder Bryozoen sind es vor allem Sabellarien, aber auch Mikroalgen wie *Penicillus* sp., die mit ihren winzigen aufeinander gewachsenen Schichten letztlich turm- oder säulenartige Gebilde entwickeln können, wie die Stromatolithen in der Shark Bay West-Australiens (vgl. Kelletat 1989c und Abb. 164).

Die beteiligten Organismen sind bereits wichtig für den Bau und die Stabilität von Korallenriffen, herrschen aber polwärts von deren Verbreitung allein. Eine typische Erscheinung ist das sogenannte „Trottoir" (vgl. Blanc & Molinier 1955) des Mittelmeergebietes, welches als Gesims von oft mehr als 1 m Breite im obersten Sublitoral den Felsküsten ansitzt und sie auf lange Strecken lückenlos begleiten kann. Es ist steinhart und begehbar und wächst aktiv gegen die Brandung insbesondere dort, wo bewegtes Lockermaterial als Abrasionswaffe fehlt. Auch „Kleinatolle" oder „Boilerriffe" (Safriel 1966, Kelletat 1979, 1982, Zimmermann 1980, Kelletat & Zimmermann 1991 u. a.) gehören in den Formenkreis der Bioherme ebenso wie größere „algal rims" (Algenrippen), welche zum Teil ausgedehnte Felsbecken umgürten und selbstständig aufwachsend sich ihre günstigsten Lebensbedingungen sozusagen selber schaffen bzw. erhalten (vgl. Abb. 165). Mit ihrer unmittelbaren Nachbarschaft zu den Formen der Bioerosion des Eu- und Supralitorals sind die biokonstruktiven Formenelemente ausgezeichnet geeignet, Fragen junger Niveauveränderungen nachzugehen (Kelletat 1979, 1982, 1985c, 1989d, f, 1991a, 1994b, c, 1996a, 1997, 1998b, Kelletat & Zimmermann 1991, Kelletat & Psuty 1996, Kayan et al. 1985).

3.4.4.7.4 Organische Gesteinsbildungen: Korallenriffe

Die mit Abstand am weitesten verbreiteten und küstenmorphologisch wesentlichsten organischen Gesteinsbildungen sind Korallenriffe verschiedener Form, die entweder anorganisch gestaltete Küsten als additive Elemente säumen oder selbst Küsten bilden können. Aus der sehr großen Fülle von Veröffentlichungen zu diesem Formenkreis seien hier zum Weiterstudium nur genannt Macnell 1950, Stoddart 1969, Maxwell 1968, Schuhmacher 1976, Schröder & Nasr 1983, Guilcher 1988, Veron 2000, Sagawa et al. 2001, Spalding et al. 2001, Burke et al. 2002, Wilkinson 2004, Hughes et al. 2003, oder Hyvernaud 2009. Schnellwüchsige riffbildende Korallen leben in Symbiose mit einzelligen Algen („Zooxanthellen"), welche zur Photosynthese ausreichend Licht benötigen. Daher sind Korallenriffe in der Regel in der Nähe des Meeresspiegels am üppigsten entwickelt (Abb. 166, 168), ihre Basis ist die Flachwasserregion der Schelfe oder hoch aufragende submarine Erhebungen. Wo der hohe Lichtbedarf durch Einspeisung trüber festländischer Abflüsse nicht gewährleistet ist, aber auch in ausgesüßten oder hypersalinen Milieus, können Riffkorallen nicht gedeihen. Als wichtigster begrenzender Faktor ist jedoch die Wassertemperatur zu nennen, die im kältesten Monat gewöhnlich bei 20 °C, nicht aber unter 18 °C liegen darf (vgl. die Verbreitungskarte Abb. 167).

3.4 Die natürlichen Küstenformen

Abb. 166 Nur bei extremem Niedrigwasser können lebende Korallenriffe für einige Dezimeter aus dem Wasser auftauchen und überleben. Die verschiedenen erkennbaren Formen der Korallen sind unterschiedliche Spezies. (Credit: http://www.livingtravel.com/australia/queensland/green_island/green_2.htm, 14.9.2012)

Als Riff sollen laut Schuhmacher (1976, S. 12) nur solche Gebilde bezeichnet werden, die eine eigenständige Aufwuchsform solcher Größe aufweisen, dass sie die physikalischen und ökologischen Eigenheiten ihrer Umgebung erheblich beeinflussen. Sie sollen widerstandsfähig gegen Brandung sein und damit ihren zahlreichen Bewohnern für längere Zeit einen spezifischen Lebensraum bieten.

Man unterscheidet gewöhnlich vier verschiedene Rifftypen, nämlich das Saumriff und Barriereriff als dem Festland angelagerte oder es begleitende Struktur, sowie das Plattformriff und das Atoll, welche aus tieferem Wasser isoliert aufragen können. Saumriffe sind Korallenbänke mit direktem Küstenanschluss, deren flache Oberfläche bis zum Niedrigwasser aufwachsen kann und die seewärts meist steil in tieferes Wasser abfallen. Bei konstantem Meeresspiegel können sie im Wesentlichen nur noch meerwärts wachsen und sich so allmählich verbreitern. Schöne Beispiele für Saumriffe finden sich an den Küsten der Sinaihalbinsel und des Roten Meeres, vor Ostafrika oder in der Karibik (Abb. 169 und 170).

Ein Barriereriff ist vom Festland abgesetzt und begleitet es in einiger Entfernung, wobei der Abstand häufig gleichbleibend ist (Abb. 171 und 172). Es ist bei Absenkung des Untergrundes oder steigendem Meeresspiegel überwiegend vertikal gewachsen. Für seine Entstehung sind daher – anders als beim Saumriff – relative Meeresspiegelschwankungen und bestimmte Vorformen als Ansatzpunkte für die Riffkorallen vor der Küste notwendig. Daher sind Barriereriffe auch seltener als

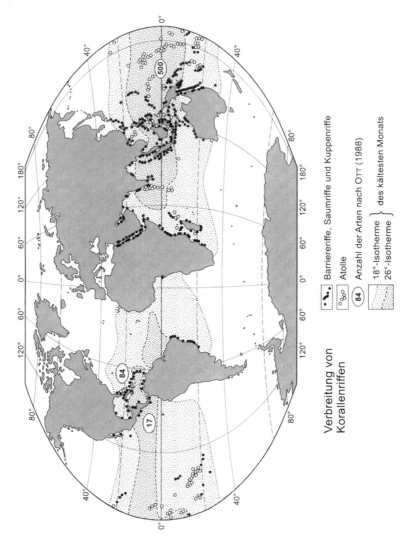

Abb. 167 Die Verbreitung der Korallenriffe auf der Erde (in Anlehnung an Schumacher 1976, Veron 1986, u. a.)

3.4 Die natürlichen Küstenformen

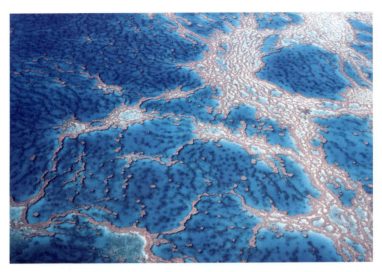

Abb. 168 Sekundäre Wachstumsmuster auf dem Hardy-Reef im Großen Barriereriff Ostaustralien, hier gerade bei Springtide-Niedrigwasser ein wenig aufgetaucht. Der Bildausschnitt ist etwa 800 m breit.

Saumriffe. Die ausgedehntesten finden sich mit rund 2000 km Länge vor der Küste von Nordostaustralien, kleinere Formen umgürten jedoch auch einzelne Inseln (Abb. 172, und Kelletat 1991b, 1993b).

Die auffälligste Erscheinung der Korallenriffe, über deren Genese bereits vor mehr als 150 Jahren Charles Darwin wichtige Schlussfolgerungen zog, bilden zweifellos die Atolle (Abb. 173–177). Es sind ovale oder rundliche Riffe mit deutlicher zentraler Vertiefung, der sogenannten Rifflagune, welche den größten Raum einnimmt. Ringriffe, gelegentlich auch als kleinere Formen, sogenannte „Faros", ausgebildet (vgl. Abb. 177), können stellenweise durch Riffschutt infolge Brandungswirkung über den Meeresspiegel aufgehöht sein und hochwasserfreie Inseln bilden, während an anderen Stellen schmale Durchlässe geöffnet bleiben können.

Von Darwin wurde bereits angenommen, dass Atolle aus Vorformen wie Saum- und Barriere- oder Wallriff hervorgegangen und durch vertikales Wachstum bei Absenkung des Untergrundes entstanden (vgl. Abb. 176) seien. Solche infolge späterer isostatischer Ausgleichsbewegungen versunkenen, isolierten und meist runden – weil vulkanischen – Inseln auf der dünnen Ozeankruste und weit abgesetzt vom Festland haben wir schon in den „seamounts" und „Guyots" (Kap. 2.3.5) kennengelernt.

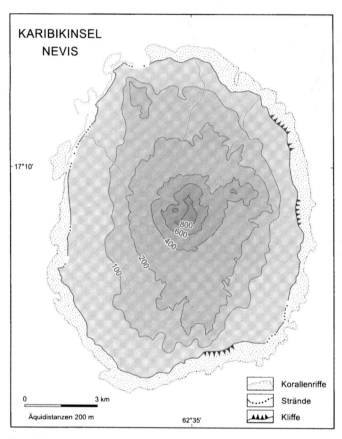

Abb. 169 Saumriffe („fringing reefs") um die Insel Nevis, Karibik.

Tiefbohrungen auf einigen Atollen bis zu mehreren 100 m unter die Riffkrone haben mittlerweile den Beweis erbracht, dass die Basis des Riffkalkes tatsächlich bis in lichtlose Tiefen reichen kann. Für Atolle, die lediglich aus Wassertiefen von nicht viel über 100–150 m aufragen, reicht jedoch auch die Erklärung von Daly aus, wonach ein vertikales Wachstum Schritt halten konnte mit dem glazial-eustatischen Meeresspiegelanstieg zum Ende einer Eiszeit. Isostatische und eustatische Ursachen der Niveauveränderungen dürften aber inmitten der Ozeane meist gleichzeitig gegeben sein.

3.4 Die natürlichen Küstenformen 193

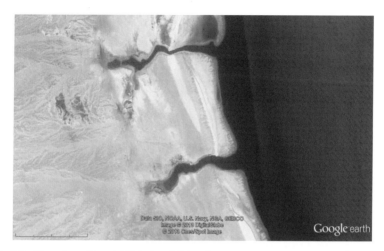

Abb. 170 Dieses Saumriff an der Küste des südlichen Ägypten zum Roten Meer zieht sich auch noch als schmales Band in eine talähnliche Bucht hinein, die dort „Scherm" genannt wird und im heutigen ariden Klima praktisch keinen Süßwasserabfluss mehr hat (Google Earth).

Abb. 171 Das größte Riff der Erde (>2000 km lang), hier als helles Band ca. 50–70 km vor der ostaustralischen Küste, ist das „Great Barrier Reef", entlang der äußeren Schelfkante. Hinter diesem Riff liegen im südlichen Teil noch etliche sog. Fleckenriffe („patch reefs") unterschiedlicher Gestalt (Google Earth).

194   3 Küsten und Küstenformung

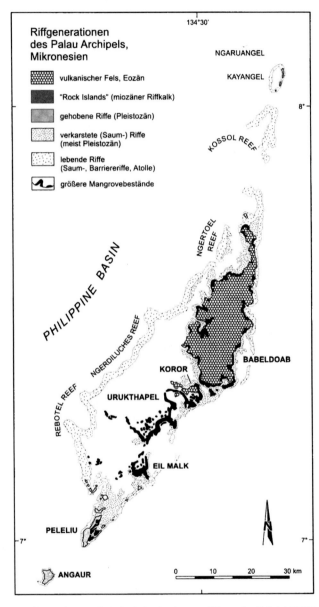

Abb. 172   Saumriffe und Barriereriffe in der Palau-Inselgruppe, Mikronesien (Kelletat 1991b).

3.4 Die natürlichen Küstenformen 195

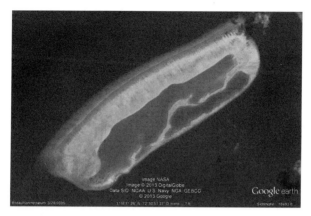

Abb. 173 Atollähnliches Riff (Pseudoatoll) mit Graben- und Rippenstrukturen an der windzugewandten Seite (Malediven, Google Earth).

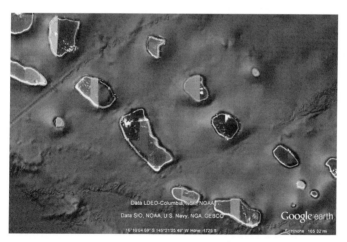

Abb. 174 Im südöstlichen Pazifik befinden sich die meisten und größten Atolle, meist aufgewachsen auf früheren vulkanischen Inseln, die später zu „Guyots" wurden (Google Earth).

3 Küsten und Küstenformung

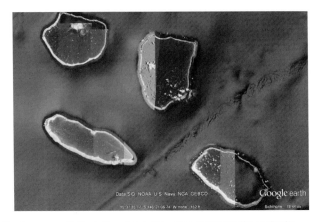

Abb. 175   Eine Gruppe von Atollen in Französisch-Polynesien, SW Pazifik (Google Earth).

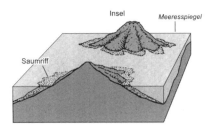

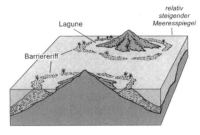

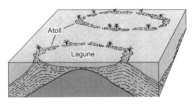

Abb. 176   Entwicklung vom Saumriff über das Barriereriff zum Atoll i. S. von Darwin.

3.4 Die natürlichen Küstenformen 197

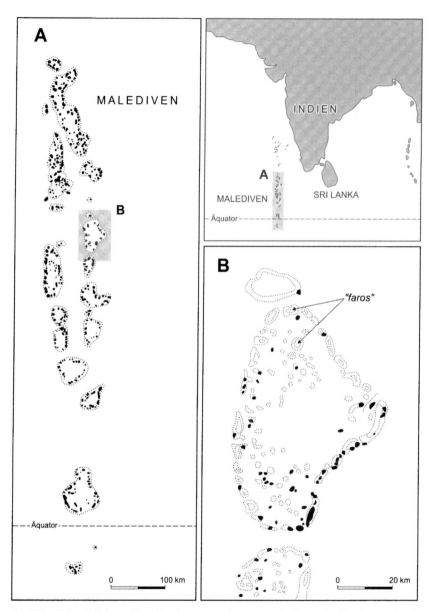

Abb. 177 Atolle mit kleineren Ringriffen, den sogenannten Faros in der Gruppe der Malediven (n. Engelbrecht & Preu 1991).

198 3 Küsten und Küstenformung

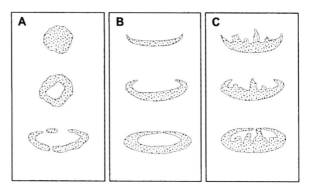

Abb. 178 Rifftypen im Schelfbereich von Ostaustralien: A – in geschützter Lage, B – mäßig exponiert, Wind- und Brandungseinfluss aus S, C – stark exponiert, Wind- und Brandungseinfluss aus S. (in Anlehnung an Maxwell 1968).

Isolierte Riffkörper von massiver Gestalt und begrenzter Ausdehnung sind gelegentlich auch als Plattformriffe entwickelt, wenn zunächst noch auf der gesamten Riffkrone ein Aufwachsen stattfinden kann. Mit zunehmender Ausdehnung wird sich aber dort der brandungserzeugte Riffschutt sammeln und die lebenden Korallen begraben. Nachfolgend kann dann eine erosive Vertiefung und Lagunenbildung erfolgen, so dass ein „Pseudoatoll" entsteht (Abb. 173, 178). Deutlich sichtbar ist bei diesem Beispiel u. a. das bevorzugte einseitige Wachstum gegen den Bereich der stärksten Brandung, weil dort die Versorgung der Korallen mit Sauerstoff und Nährstoffen am besten gewährleistet ist. Streifenartig angeordnete Rinnen und Riffschuttablagerungen zeugen von der Brandungswirkung und ihrer dominanten Richtung.

Die morphologische Gliederung der Korallenriffe selbst ist in allen Dimensionen außerordentlich vielfältig und kompliziert. Riffkanäle und -lagunen als Bereiche fehlenden Korallenwachstums, zusammengebrochene instabile Strukturen an den Außenbereichen, stabilisierende Kalkalgenbänke auf der äußeren Riffkrone und biogene Zerstörung durch bohrende und ätzende Organismen am Riffkörper selbst führen zu einem dichten Neben- und Übereinander von Aufwuchs und Abbau. Zahlreiche Quellen geben über die Einzelheiten Auskunft, eine leichtverständliche Übersicht liefert insbesondere Schuhmacher (1976).

4 Relikte quartärer Meeresspiegelstände

4.1 Pleistozäne Meeresterrassen und -ablagerungen

Während des quartären Eiszeitalters, in welchem wir heute noch leben, veränderte sich im Zyklus von Kaltzeiten und Warmzeiten der Füllungsgrad der Ozeane in relativ kurzer Zeit und vielfach sehr erheblich. Beim Aufbau der Inlandeise wurde den Ozeanen Wasser entzogen, mit Einsetzen einer Warmzeit füllten die Schmelzwässer die Meeresbecken wieder auf. Diese „glazial-eustatischen" Meeresspiegelschwankungen hängen daher unmittelbar mit Anzahl, Intensität und Dauer der Eiszeiten zusammen. Den ständig ablaufenden, tektonisch und isostatisch bedingten, meist regional begrenzten relativen Niveauveränderungen wurden in den letzten 2 Mio. Jahren damit noch solche weltweiter Verbreitung hinzugefügt. Mit 100 m und mehr vertikaler Veränderung in etlichen 1000 Jahren sind sie normalerweise größer gewesen als die anderen Niveauveränderungen, ihr Alter von einigen 10 000 Jahren ist geologisch so gering, dass noch vielfältige Zeugnisse geomorphologischer und stratigraphischer Art geblieben sind.

Dem Geheimnis der pleistozänen Meeresspiegelstände, ihrer Datierung und dem Versuch überregionaler Vergleiche widmen sich besonders zahlreiche Disziplinen (Geomorphologie, Geologie, Paläontologie, Ozeanographie, Geophysik etc.), so dass eine große Fülle von Publikationen gerade zu diesem Fragenkomplex vorliegt (vgl. z. B. Fairbridge 1962, Shackleton 1969, Mörner 1971, Mercer 1979, Brückner 1980, 1983, 1986, Radtke 1985c, d, 1998, Cronin 1980, Kelletat 1993a oder Kayan, Kelletat & Venzke 1985, oder Schellmann et al. 2004a). Der Differenzierung von eustatischen, isostatischen und tektonischen Bewegungsanteilen des Meeresspiegels widmeten sich unter anderem Chappell 1974, Kelletat & Gassert 1975, Pirazzoli et al. 1982, Mörner 1996, Kelletat 1996a, oder Kelletat & Psuty 1996, den Fragen untergetaucht liegender Terrassen z. B. Hoyt et al. 1965, Problemen der absoluten Datierung Stearns & Thurber 1966, Radtke et al. 1982, Brückner & Radtke 1990, Dumas et al. 1988, solchen höherer Meeresspiegelstände innerhalb eines Glazials z. B. Kelletat 1974, 1979, oder Giresse & Davies 1980.

Gewöhnlich fallen küstenbegleitende höhere Terrassenflächen und Steilwände als alte Schorren und Kliffe am meisten ins Auge (Abb. 179 bis 182). Die höheren Terrassen sind normalerweise auch die älteren, doch kommen durch tektonische Bewegungen auch andere Altersabfolgen vor. Manchmal ist an der Erhaltung bzw. zunehmenden Verwitterung und Verschüttung der alten Kliffe auch das relative Alter abzulesen.

Hoch hinaufreichende Terrassentreppen sind zumeist Kennzeichen für Hebungsgebiete. So liegen z. B. die altquartären Meeresedimente in Kalabrien (südliches Italien) bis über 1000 m ü. M. In den meisten Erdregionen sind dagegen die Spuren früherer quartärer Küstenlinien auf den Bereich unter 200 m Meereshöhe beschränkt.

Abb. 179 Pleistozäne, leicht herausgehobene Korallenriff-Terrassen im Nordosten der Insel Bonaire, Niederländische Antillen. Die helle tiefste Plattform entspricht dem Hochstand des letzten Interglazials (um 125 000 Jahre vor heute), der Tafelberg besteht wahrscheinlich aus 2 älteren Riffgenerationen; und der Rest eines noch höheren und noch älteren Riffniveaus, hier bei ca. +45 m ü. M., ist ebenfalls noch erhalten.

Abb. 180 Drei tektonisch herausgehobene Abrasionsterrassen auf Fels im Trockengebiet Mittel-Chiles (Google Earth).

Abb. 181 Anhaltende Hebung hat diese Treppe aus mindestens 10 Korallenriff-Niveaus an der Nordküste von Haiti geschaffen (Google Earth).

Auch diese Lage muss auf tektonische Hebung zurückgehen, da in den Interglazialen der Meeresspiegel niemals solche Werte erreicht haben kann.

Die Ausdehnung der alten Schorrenflächen ist abhängig von der Intensität der marinen Abrasionswirkung und damit vom Expositionsgrad, der Gesteinsresistenz und der Dauer eines Meeresspiegelstandes. In harten Gesteinen kommen rein destruktiv angelegte Terrassenflächen von mehr als 100 m Breite nur ausnahmsweise vor. Besonders breite Schnittflächen resultieren wahrscheinlich aus einer länger andauernden Kongruenz von relativer Meeresspiegelbewegung und tektonischer Bewegung des Festlandes, so dass die abrasive Einwirkung im gleichen Niveau länger andauern konnte. Strukturelle Gegebenheiten können die Anlage ausgedehnter Terrassentreppen natürlich ebenfalls begünstigen.

Der sicherste Nachweis pleistozäner Meereswirkung sind jedoch nicht die reinen Destruktionsformen, sondern korrelate Litoralsedimente, insbesondere deren Fossilinhalt. Damit lässt sich auch eine nähere Zeitbestimmung vornehmen. So gilt für das Mittelmeergebiet z. B. als gesichert, dass die älterquartären Terrassen des „Calabrien" und „Sicilien" gekennzeichnet sind durch den Gehalt an kälteanzeigender Fauna wie der Foraminifere *Hyalinea balthica* oder der Muschel *Cyprina islandica*. Beide „nordischen Gäste" belegen das Eindringen kälterer Ozeanwässer ins Mittelmeer. Im Mittelquartär ist eine Einordnung schwieriger, weil im sogenannten „Milazzo" eine „banale" Fauna vertreten war, welche sich von der gegenwärtig dort lebenden nicht unterscheidet. Anders dagegen im Jung-Quartär mit den „Tyrrhen"-Stufen,

4 Relikte quartärer Meeresspiegelstände

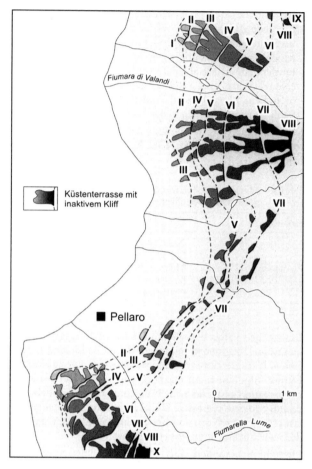

Abb. 182 Hoch hinauf reichende Treppe pleistozäner Abrasionsterrassen im Westen Kalabriens (n. Dumas et al. 1988).

welche eine Reihe von wärmeanzeigenden Organismen aufweisen können, unter denen die aus dem Senegal zugewanderte *Strombus bubonius* Lmk. besonderen Zeigerwert hat.

Es ist erstaunlich, wie sich dieses Bild, einmal etabliert, über viele Jahrzehnte gehalten hat und sogar auf Regionen außerhalb des Mittelmeergebietes übertragen wurde, obwohl einige Kardinalfragen bis heute ohne Antwort, ja sogar ohne vertiefte Untersuchung blieben, z. B.

4.1 Pleistozäne Meeresterrassen und -ablagerungen

- 5 Stufen zwischen Calabrien und Neotyrrhen sollen nahezu das gesamte Pleistozän repräsentieren (vgl. auch Tab. 18). Durch die Sauerstoffisotopen-Kurven sowie aus Seesedimenten, Eisbohrkernen etc. wissen wir aber, dass weit über 20 Meeresspiegelschwankungen größerer Amplitude vorgekommen sind.
- alle genannten Strände sollen Transgressionsmaxima anzeigen. Warum enthalten dabei die älteren, welche dem warmen Tertiär zeitlich näher stehen, „kalte" Fauna, und die jüngeren „warme" ? Man sollte erwarten, dass die „kalte" Fauna Regressionsstände und nur die „warme" Transgressionsstände repräsentiert.
- bis heute ist offen, ob es wirklich 2 oder 3 Tyrrhenstände (und 2 oder 3 Strombusführende Ablagerungen) mit zeitlich großen Abständen gegeben hat, also über 2 bis 3 Interglaziale hinweg, oder ob es sich nur um ein ehemaliges Strombus-Niveau handelt, welches tektonisch treppenartig gestaffelt wurde.
- mittlerweile haben absolute Datierungen widerlegt, dass es sich bei den 5 Stufen (Neo-Tyrrhen bis Calabrien) um 5 rückwärts aufeinanderfolgende Interglaziale (d. h. Eem, Holstein, etc.) handelt. Auch die Typenlokalität „Milazzo" im Norden Siziliens ist inzwischen in das Eem datiert worden.

Man mag dieses als ein Beispiel dafür ansehen, wie sehr eine von führenden Autoritäten häufig genug vertretene Auffassung die Weiterentwicklung der Forschung behindern kann.

In manchen Fällen enthalten die marinen Terrassen noch einen vollständigen Sedimentstapel, beginnend mit einem Basiskonglomerat meist gröberer Fazies aus dem ersten Transgressionsvorgang, welches auf einer abrasiven Schnittfläche auflagert. Darauf folgt eine meist mächtige Schicht feiner Flachwassersedimente mit durch Bioturbation gestörter Schichtung und Fossilien in Lebendstellung. Den oberen Abschluss bildet als regressive Deckschicht eine Strandablagerung mit guter Schichtung, etwas gröberem Korn und Bruchschill. Sie zeigt an, dass sich der Meeresspiegel wieder seewärts und abwärts verlagert hat.

Obwohl insbesondere über die Tiefstände des pleistozänen Meeresspiegels wegen der heutigen Position unter dem Meer und unter Sedimenten erst sehr geringe Er-

Tab. 18 Mittlere Höhenlage quartärer interglazialer Meeresspiegelstände im Mittelmeergebiet (nach verschiedenen älteren Quellen).

Holozän	Versilien	0–0,5 m
	Neotyrrhen (Monastir, Ouljien)	0–8 m
	(Eu-)Tyrrhen	3–25 m
Pleistozän	Milazzo (Paläotyrrhen)	20–60 m
	Sicilien	35–120 m
	Calabrien	50–190 m

4 Relikte quartärer Meeresspiegelstände

kenntnisse vorliegen und auch die Altersstellung der meisten Terrassenrelikte offen ist, lässt sich aus den vorliegenden Quellen doch ersehen, dass im Verlaufe des Quartärs meist die Höhenlagen der Transgressionsstände der Warmzeiten wie auch der Regressionsstände der Kaltzeiten kontinuierlich abgenommen haben. Diese sogenannte „pleistozäne Regression" wird erklärt durch eine isostatische Aufwärtsbewegung des Festlandes mit dem Küstenstreifen durch Abtragung und eine durch Sedimentbelastung ausgelöste isostatische Abwärtsbewegung der Schelfe und Ozeanböden.

Von der früher oft angewandten rein altimetrischen Alterszuordnung von Terrassenrelikten ist man heute weitgehend abgekommen, zumal sich die Höhenintervalle überschneiden können (vgl. Tab. 18). Außerdem können in relativ begrenzten Regionen Terrassen gleichen Alters auch ohne tektonische Dislozierung in unterschiedlicher Höhenlage auftreten. Das gilt insbesondere für Meeresspiegelmarken am Festland und vorgelagerten, auf dem tiefen Ozeanboden gründenden Inseln. Letztere werden bei ansteigendem Meeresspiegel nämlich infolge der zunehmenden Wasserbelastung der dünnen Ozeankruste isostatisch abwärts bewegt, während das Festland von diesem Vorgang nicht betroffen ist.

Seit etlichen Jahren wird versucht, Ablagerungen früherer Meeresspiegelstände in die von Shackleton & Opdyke (1973, S. 48, Fig. 9) und Shackleton & Opdyke (1976) erarbeiteten Kurven der Meeresspiegelschwankungen und deren Zeitstellung einzuordnen (vgl. auch Abb. 183), welche sie aus den Sauerstoffisotopenverhältnissen in Tiefseebohrkernen des Pazifik erarbeitet haben. Dabei konnten Aussagen zur Paläotemperatur und zum ehemaligen Eisvolumen getroffen werden und damit auch über Hoch- und Tiefstände des Meeresspiegels, wobei paläomagnetische Daten mit berücksichtigt werden. Mit Hilfe der Uran/Thorium und Elektronen-Spin-Resonanz-

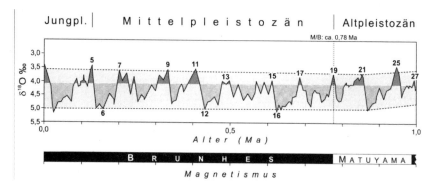

Abb. 183 Klima- und Meeresspiegelschwankungen, ausgedrückt durch die Sauerstoffisotopen-Konzentration für die letzte Million Jahre, ermittelt an der Foraminiferenart *Globigerinoides sacculifera* aus dem tropischen Pazifik (Shackleton 1995). Die ungeraden Zahlen kennzeichnen Warmphasen bzw. Meeresspiegelhochstände (z. B. 5 = Eem), die geraden Zahlen Kaltphasen bzw. Tiefstände.

(ESR-)Methode können heute auch an jung- und mittelpleistozänen Kalkschalen litoraler Lebewesen oder Korallen absolute Daten gewonnen werden (vgl. z. B. Brückner & Radtke 1990, Ota & Omura 1992, Schellmann & Radtke 2004b u. v. a.). Dadurch haben sich vertiefte Einsichten in neotektonische Vorgänge und Bewegungsraten sowie junge geodynamische Prozesse im Bereich kleiner Platten ergeben. Als generelle Ergebnisse können weiterhin genannt werden, dass allein eustatisch bedingte wesentlich höhere Meeresspiegelstände im Mittel- und Altpleistozän nicht vorkamen und dass der Meeresspiegel des letzten Interglazials (Eem) – wahrscheinlich mit drei Transgressionsmaxima – nur bei 2 bis 5 m über dem heutigen lag. Die Höhenlage und Zeitmarken interstadialer Stände sind dagegen noch weitgehend ungeklärt ebenso wie die exakte Tiefenlage während der Regressionsminima.

4.2 Holozäne Meeresspiegelschwankungen

Menschen haben schon immer bevorzugt an den Küsten der Erde gelebt, um dort vom Land und vom Meer notwendige Lebensgüter zu gewinnen. Weil der Meeresspiegel aber im späten Paläolithikum und noch im Mesolithikum niedriger als heute lag, sind diese Siedlungsplätze längst untergegangen. Vielleicht versteckt sich hinter diesem weltweiten Phänomen die in über 200 Kulturen der Erde verbreitete Vorstellung einer „Sintflut" in grauer Vorzeit.

Mit dem Anwachsen der Erdbevölkerung und vor allem dessen Beschleunigung im letzten Jahrhundert bzw. einer Verdoppelung in den letzten 50 Jahren wuchs auch die Küstenbevölkerung, und hinzu kam der Trend, dort bevorzugt seinen Urlaub zu verbringen, was allein dem Mittelmeer für einige Monate des Jahres zusätzlich 150–200 Mio Bewohner bringt. Allein daraus wird verständlich, dass Veränderungen des Meeresniveaus – neben anderen Gefahren, die das Meer bieten kann – auf starkes Interesse der Bewohner, der Öffentlichkeit und der Wissenschaft gestoßen sind. Daher wird auch dieses Kapitel zu den holozänen (genauer: den jung-holozänen) Meeresspiegelbewegungen als besonders wichtig angesehen und entsprechend mit Abbildungen dokumentiert.

Zum Höhepunkt der letzten Kaltzeit (um 20 000 bis 18 000 Jahren vor heute) lag der Meeresspiegel in ca. 120 m Tiefe und entsprechend weit von der jetzigen Küste entfernt (vgl. Abb. 184 und 185). Im Spätglazial, besonders aber beim Übergang zum Postglazial stieg er wegen des raschen Abschmelzens der Eismassen schnell an und erreichte ungefähr vor 7000 Jahren einen dem heutigen Niveau gleichen oder ähnlichen Stand. Sowohl die Geschwindigkeit dieser „Flandrischen Transgression" als auch Zeitstellung und Ausmaß der seitherigen Schwankungen sind Gegenstand zahlreicher Untersuchungen gewesen und heute noch Aufgabe etlicher geowissenschaftlicher Kommissionen. Vermehrt werden auch geo-archäologische Methoden mit einbezogen. Zum vertieften Studium seien genannt Fairbridge 1961, Shepard 1961, Kolp 1976, Pirazzoli 1977, 1986, 1991, oder Klug 1980. Die eustatischen

4 Relikte quartärer Meeresspiegelstände

Abb. 184 Meeresspiegelstände vor 15 000 und 11 000 Jahren vor der Ostküste der USA (n. Emery 1969 in Moore 1973, S. 150)

Meeresspiegelbewegungen der jüngsten Zeit behandeln u. a. Mörner 1973, 1996, Rull 2000, Clark et al. 2002, Shennan & Horton 2002, Shennan et al. 2002, Scheffers 2006a, Vött & Brückner 2006, Vött 2007, oder Brückner et al. 2010.

Da die jünger-holozänen Meeresspiegelschwankungen zeitgleich mit der Vorgeschichte und Geschichte des Menschen abliefen, gibt es fallweise die Möglichkeit der absoluten Datierung mit historischen oder archäologischen Methoden (vgl. Haarnagel 1960, Kelletat 1975a, 1994b, 1996a, 1998b, Pirazzoli 1976, 1980, Pirazzoli et al. 1996, Behre 1993, Paskoff & Oueslati 1991, Paskoff 1980, Paskoff et al. 1981 oder Brückner 1998). Selbst für die letzten Jahrtausende ist oft strittig, ob vom gegenwärtigen Meeresspiegel abweichende junge Niveaumarken (vgl. auch Abb. 187–189) glazial-eustatisch, isostatisch oder tektonisch bedingt sind, weshalb Versuche zur Quantifizierung „neotektonischer" Bewegungen besonders wichtig sind (Hafemann 1965, Kelletat 1979, 1991a, 1998b, Pirazzoli 1979, Pirazzoli et al. 1982, 1996, Ota 1991, Thommeret et al. 1981a, 1981b, oder Pirazzoli et al. 1982).

4.2 Holozäne Meeresspiegelschwankungen

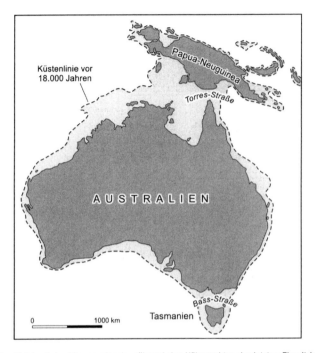

Abb. 185   Der Tiefstand des Meeresspiegels während des Höhepunktes der letzten Eiszeit im Raum um Australien (n. Bird 1993, Fig. 81).

Eine besonders gute Erhaltung auch akkumulativer Zeugnisse früherer Meeresniveaus ist in solchen Gegenden gegeben, die sich kontinuierlich glazial-isostatisch, d. h. infolge Entlastung von mächtigen Eismassen, herausgehoben haben, wie Skandinavien oder der kanadische Schild (Ase 1980, Donner & Eronen 1981, Martini 1981 oder Kelletat 1985b, d, 1994a und Abb. 186 bis 189).

Voraussetzung für alle diese Überlegungen ist jedoch zunächst die eindeutige Festlegung zuverlässiger Meeresspiegelindikatoren (z. B. Kelletat 1975a, b, 1979, 1982, 1988b, 1994b, c, 1996a, 1997, Nivmer 1978, v. d. Plassche 1986). Dazu gehören insbesondere: bioerosive Hohlkehlen als direkte Meeresspiegelmarken, während durch andere Genese entstandene Hohlkehlen (vgl. Kelletat 1982) sich ebenso wenig für eine präzise Angabe eignen wie der Fußpunkt ehemaliger Kliffe. Die relative Abfolge der Kammhöhen von Strandwällen gibt gewöhnlich einen länger andauernden Trend der Meeresspiegelbewegung an, wenn nicht Kompaktion von Lockersedimenten zu Veränderungen geführt haben.

Abb. 190 sowie Tab. 19 geben einen Überblick über die sich vielfach widersprechenden Ergebnisse, welche in unterschiedlichen Erdregionen gewonnen wurden.

208 4 Relikte quartärer Meeresspiegelstände

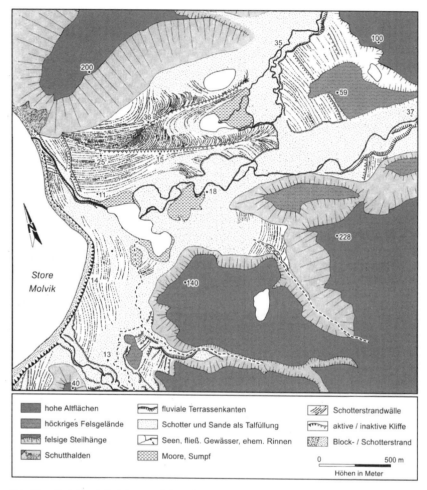

Abb. 186 Glazial-isostatisch herausgehobene Gebiete weisen oft ausgesprochen zahlreiche und gut erhaltene Strandwallsysteme auf, wie am Beispiel der Varanger-Halbinsel (Nord-Norwegen, Kelletat 1985d).

Neuerdings rechnet man daher kaum noch damit, eine für die ganze Erde gültige Kurve der eustatischen Niveauschwankungen des jüngeren Holozäns aufstellen zu können, sondern – wegen der Verformung des Geoids – sucht eher großräumig zutreffende, aber durchaus nach Ablauf und Amplitude verschiedene Kurven zu erstellen. Insgesamt zeigen die andauernden Bemühungen um Klärung dieser Frage – mit der ja auch das Phänomen steigender Sturmflutspitzen der deutschen Nordseeküste

4.2 Holozäne Meeresspiegelschwankungen

Abb. 187   Abfolge von isostatisch gehobenen Schotterstrandwällen in Nord-Norwegen.

Abb. 188   Durch die glazial-isostatische Hebung nach dem Rückgang des Eises haben sich an den Küsten der Hudson Bay (Kanada) Abfolgen von Strandwällen bis mind. 100 m ü. M ausgebildet, die sogar aus dem Weltraum zu sehen sind (Google Earth).

4 Relikte quartärer Meeresspiegelstände

Abb. 189   Dichte Abfolge von Strandwällen – wahrscheinlich zumindest teilweise durch Eispressung im Winter angelegt – an der Südküste der Hudson Bay Kanadas (Google Earth).

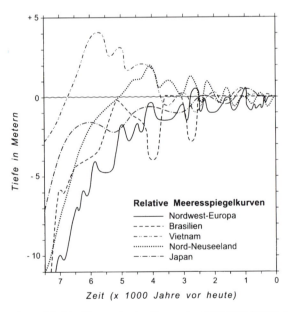

Abb. 190   Kurven des postglazialen Meeresspiegelanstiegs nach verschiedenen Autoren, gewonnen in verschiedenen Erdregionen (n. Tooley 1978)

4.2 Holozäne Meeresspiegelschwankungen

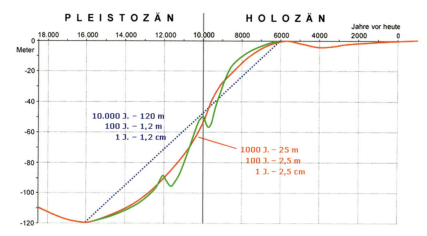

Abb. 191 Modellvorstellungen zur Geschwindigkeit des postglazialen Meeresspiegel-Anstieges: blau: bei Annahme eines gleichmäßigen Anstieges seit dem letzten Tiefstand, rot: bei Annahme eines sich beschleunigenden und dann wieder verlangsamenden Anstiegs, und grün: unter Annahme, dass es zwischenzeitlich auch Oszillationen gegeben hat. Hier würden sich die höchsten Anstiegswerte von mehreren cm/Jahr ergeben, was etwa dem 20-fachen der gegenwärtig gemessenen Rate mit höherer CO_2-Konzentration entspricht.

zusammenhängen kann – die große Schwierigkeit der Erkenntnisfindung bei einem Komplex, bei dem mit zahlreichen sedimentologischen, physikalischen, geochemischen, archäologischen und anderen Methoden, Pegelmessungen oder Feinnivellements gearbeitet werden kann.

Da seit wenigen Jahrhunderten Meeresspiegelbewegungen an Pegeln abgelesen und seit Jahrzehnten auch mit Hilfe von Satelliten gemessen werden können und sich daraus und wegen des gegenwärtigen und für riskant gehaltenen Meeresspiegelanstieges infolge Klimaerwärmung vielfach Diskussionen ergeben ist es wichtig festzustellen, in welchem Ausmaß natürliche Oszillationen vorkommen und nachgewiesen werden können. Dazu gibt die Abb. 191 einige quantitative Hinweise. Abb. 192 belegt darüber hinaus, dass es an den Küsten der Erde noch eine ungeheure Menge an Küstenarchiven gibt, wobei hier lediglich diejenigen verzeichnet sind, die innerhalb von Strandwallfolgen ausgewertet werden könnten. Über moderne Methoden an diesen Ablagerungen unterrichtet u. a. die Studie von Schellmann & Radtle (2010, s. a. Abb. 193). Sie fußt allein auf Daten aus dem Gelände, während für lange besiedelte Regionen (s. Abb. 194) auch gute historische Aufzeichnungen zur Verfügung stehen können.

4 Relikte quartärer Meeresspiegelstände

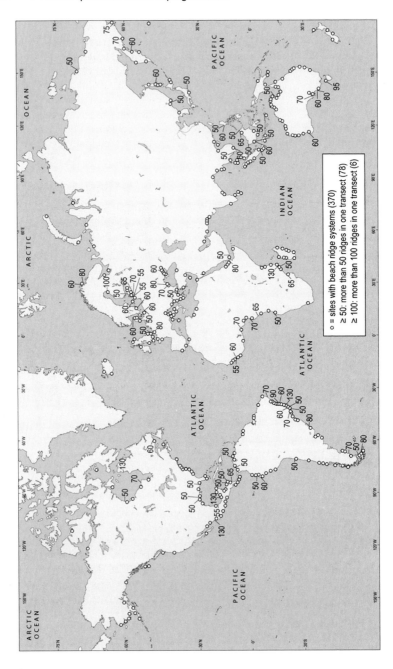

4.2 Holozäne Meeresspiegelschwankungen

Immer noch werden weltweit frühere Meeresspiegel nicht nach einheitlichen Indikatoren bestimmt, und mit den heute weit entwickelten Methoden der Modellierung werden gelegentlich Indizien aus der Natur selbst vernachlässigt. Die Abb. 195 bis 199 zeigen einige davon, die im Vergleich lebender/aktiver und ehemaliger und jetzt dislozierter Merkmale wenigstens auf 1–2 Dezimeter genaue Höhenwerte ergeben, allerdings meistens für Hoch- oder Niedrigwasserstände (damit aber auch den ehemaligen Tidenhub), weniger für den ehemaligen mittleren Meeresspiegel. Als am genauesten gelten dabei Analysen an Miniaturatollen aus *Porites lutea*, welche die mittlere Niedrigwasserlinie auf Zentimeter genau angeben und außerdem auf 1 bis

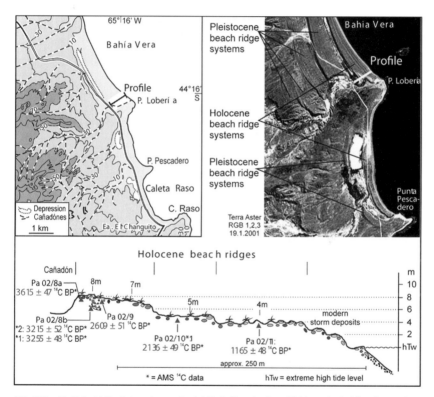

Abb. 193 Ein Beispiel für die komplexe und gut datierte Strandwallgeschichte an der Ostküste Patagoniens (Argentinien), aus Schellmann & Radtke (2010).

◄ Abb. 192 Diese Weltkarte zeigt die Lage besonders gut ausgebildeter Strandwallfolgen, die gleichzeitig Archive für die Küstenentwicklung, Meeresspiegelschwankungen und sogar Klimaschwankungen (und Sturmgeschichte) der betreffenden Regionen liefern (aus Scheffers et al. 2011).

214   4 Relikte quartärer Meeresspiegelstände

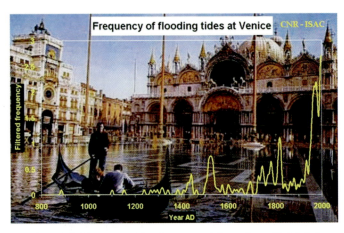

Abb. 194 Historische Aufzeichnungen und Pegelmessungen belegen die an Häufigkeit, Dauer und Höhe zunehmende Überflutung Venedigs (Credit: Camuffo et al. 2000)

Abb. 195 Im Südwesten Brasiliens belegen diese Bohrlöcher von Seeigeln im Schiefer bis zu etwa 2 m über dem heutigen Mittelwasser einen früheren höheren Meerespiegelstand im Holozän.

4.2 Holozäne Meeresspiegelschwankungen

Abb. 196 Eine scharf eingeschnittene biogene Hohlkehle (2,80 m ü.M.), wahrscheinlich im Jahre 365 AD herausgehoben, an der Ostküste von Rhodos.

Abb. 197 Resistente litorale oder marine Organismen können als zuverlässige Anzeiger für (frühere oder heutige) Meeresspiegel- oder Tidestände herangezogen werden. Die Abbildung zeigt die scharfe Obergrenze lebender Felsaustern (*Crassostrea amasa*) an der Insel Magnetic Island vor Ostaustralien bei Niedrigwasser. Sie repräsentiert den mittleren Hochwasserstand.

Abb. 198 Wurmschnecken, z. B. *Galeolaria caespitosa*, wachsen sehr rasch auf festem Untergrund und markieren den Mittelwasserstand mit ihrem breitesten Wachstum, hier an einem jungen Pier an der SEW-Küste von Brasilien.

4.2 Holozäne Meeresspiegelschwankungen

Abb. 199 Miniatur-„Atolle" der Korallenart *Porites lutea* in den Tropen reagieren innerhalb von 1–2 Jahren durch die Anpassung der Wuchsform auf relative Veränderungen des Meeresspiegels und die einzelnen Wachstumsringe und -phasen sind außerdem sehr genau mittels Uran-Thorium altersmäßig zu bestimmen. Dieses Beispiel zeigt einen in kleinen Schritten abgelaufenen Meerespiegelanstieg, jeweils nur von wenigen Zentimetern, über sicher viele Jahrzehnte (Insel Phi Phi im Südwesten von Thailand).

2 Jahre genau datiert werden können. Zudem geben ihre Wachstumsformen bereits erste Hinweise auf die Richtung, das Ausmaß und die Dauer selbst kleiner Oszillationen (vgl. auch entsprechende Arbeiten von Yu et al. 2009, oder Zhao et al. 2009). Diesen Methoden gleichwertig zur Seite stehen Analysen der Schichtenfolgen in Geo-Archiven an der Küste, wie sie z. B. Lagunen darstellen. Sie erleuben nicht nur die Identifizierung von Meeresspiegelschwankungen, sondern auch von Extremereignissen wie besonders starken Sturmfluten durch deren „overwash" Sedimente, oder gar von Paläo-Tsunamis (vgl. Kapitel 6).

Eine gute Hilfestellung bei der Abschätzung früherer lokaler Meeresniveaus bilden archäologische Zeugnisse (Hafenanlagen, Tempel, Hausfundamente, Gräber etc., s. a. Abb. 200 und 201). Oft wird aus ihnen aber lediglich die Differenz der jetzigen Lage zum jetzigen Meeresspiegel ermittelt und nicht berücksichtigt, in welchem Milieu bezüglich der Wellenreichweite bei Stürmen sie liegen. So könnte man aus der wenig ertrunkenen Lage des 3500 Jahre alten Felsgrabes in Abb. 200 schließen, dass es nur 30–40 cm höher auf dem Trockenen liegen würde (also eine Meeresspie-

218 4 Relikte quartärer Meeresspiegelstände

Abb. 200 In Regionen mit alten Kulturen (z. b. im Mittelmeergebiet) finden sich häufig mehr oder weniger ertrunkene Relikte (hier Felsgräber im Brandungsbereich auf dem Süd-Peloponnes, Griechenland) im Brandungsniveau und zeigen damit einen (relativen) Anstieg des Meeresspiegels seit ihrer Anlage an, der hier mehr als 2 m seit 3500 Jahren vor heute beträgt.

gelveränderung von 40 cm innerhalb der letzten 3500 Jahre errechnen). Bei Berücksichtigung der Küstenlandschaft insgesamt kann man aber ein Grab in dieser Position erst mindestens 2 m über dem Hochwasserspiegel anlegen, damit es einigermaßen vor Winterstürmen geschützt ist. Aus diesen Interpretationsspielräumen ergeben sich vielfach ganz unterschiedliche Meeresspiegelkurven aus den gleichen Indizien der gleichen Lokalität, aber von verschiedenen Autoren.

Insbesondere die EPA (Environmental Protection Agency) des amerikanischen Innenministeriums (vgl. Titus 1988, aber auch Bird 1993, Ellison & Stoddart 1991, Kelletat 1990, Paskoff 1993, Pirazzoli 1991, 1993, oder Schellnhuber & Sterr 1993) u. v. a. haben sich den Fragen der Küstengefährdung durch Meeresspiegelanstieg gewidmet. Nach anfänglich oft pessimistischen Szenarien (Meeresspiegelanstieg bis zum Jahre 2100 um 3 m) geht man heute von eher geringeren Werten aus (0,5 bis 1 m Anstieg im nächsten Jahrhundert), doch reicht auch dieser, um zahlreiche Küstengebiete der Erde, vor allem diejenigen mit tiefliegenden Schwemmländern, eigener Senkungstendenz infolge Sedimentbelastung (wie Bangladesh) oder niedrige Koralleninseln im Indischen und Pazifischen Ozean akut zu gefährden oder gar zu überfluten. Die mit einem Treibhauseffekt verbundene (mögliche) Zunahme von Sturmfluten und Wirbelstürmen (Häufigkeit und/oder Intensität) stellt eine weitere Gefahr dar.

4.2 Holozäne Meeresspiegelschwankungen

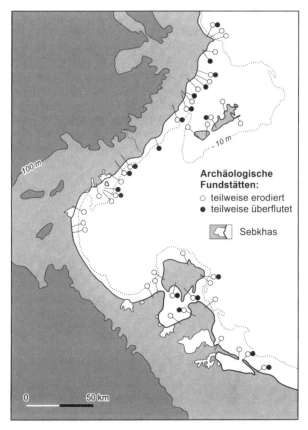

Abb. 201 Belege für historische Tiefstände des Meeresspiegels bieten u. a. ertrunkene oder abradierte Ruinenstätten wie an der tunesischen Küste (n. Paskoff & Oueslati 1991).

In der Wissenschaft herrscht Übereinstimmung darin, dass der weltweite Meeresspiegel seit mind. 100 Jahren global ansteigt (mit Ausnahme von tektonischen Hebungsgebieten oder solchen mit noch andauerndem glazial-isostatischen Aufstieg). Ob dieses allein eine Folge des durch Industrialisierung gesteigerten Ausstoßes von Treibhausgasen ist, oder ob sich dazwischen auch natürliche Prozesse verbergen, ist umstritten, ebenso – wie die verschiedenen Prognosewerte bis zum Jahr 2100 zeigen – ob wir mit einer ständigen Beschleunigung des Anstiegs zu rechnen haben und welches Ausmaß zu erwarten ist (Abb. 202–205). Abschätzungen, wie weit tiefliegende Küstenländer oder niedrige Inselstaaten überflutet werden, wurden ebenfalls angestellt, und in der Steigerung der Küstenerosion in nahezu allen Weltregionen ist die Gefahr mittlerweile für jedermann sichtbar geworden.

4 Relikte quartärer Meeresspiegelstände

Tab. 19 Angaben über die Höhenlage des glazial-eustatischen Meeresspiegels (in m) während der letzten 10 000 Jahre (vor heute) nach verschiedenen Autoren zusammen gestellt.

Quelle	Jahre vor heute									
	10 000	9000	8000	7000	6000	5000	4000	3000	2000	1000
Fairbridge 1961	−32	−14	−16	−6	0	+3	+2	−3	−2	+1
Jelgersma 1961		−35	−19	−10	−7	−5	−4	−3	−2	−1
Shepard 1963	−31	−22	−16	−10	−7	−4	−3	−2	−1	−0,5
Schofield 1964	−36	−33	−19	−4	−0,5	−2	+5	+3	+2	+1
Tooley 1974			−21	−14	−5	−3	−1	−1,5	0	+0	+1

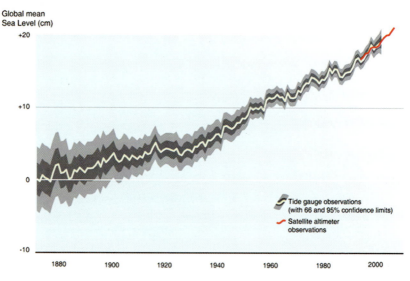

Abb. 202 Anstieg des globalen Meeresspiegels seit 1880 (Church et al. 2008, und IPCC 2007, 2011).

4.2 Holozäne Meeresspiegelschwankungen   221

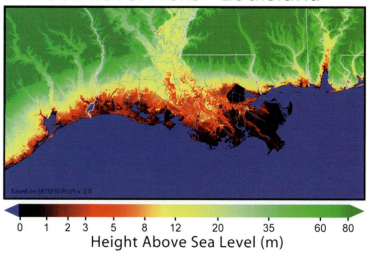

Abb. 203 Ein Meeresspiegelanstieg von nur 1 m, wie er vielfach bereits für das Jahr 2100 prognostiziert wird, würde weite Teile der Golfküste der USA ohne Schutzmaßnahmen überfluten (Credit: Image created by Robert A. Rohde / Global Warming Art; http://ete.cet.edu/gcc/?/resourcecenter/slideshow/6/77).

Abb. 204 An der deutschen Nordseeküste (hier: Sylt) werden die Dünen durch künstliche Bepflanzung und „Bestickung" mit Reisigzäunen vor Abtragung durch Winterstürme geschützt.

Abb. 205 Der steigende Meeresspiegel führt an vielen Küsten der Erde zur verstärkten Erosion, so dass selbst junge Gebäude bereits wieder den Wellen zum Opfer fallen (nördlich von Camboriu, SW Brasilien).

5 Anthropogene Eingriffe in den Formenschatz und das Prozessgefüge und Gefährdungspotentiale der Küsten

In den vergangenen Jahrtausenden, praktisch zeitgleich mit der Ausbildung der holozänen Küstenformen beim postglazialen Meeresspiegelhochstand, hat der Mensch vielfältige Einflüsse auf Prozessgefüge und Formen der Küsten genommen, bis heute in immer steigenden qualitativen und quantitativen Ausmaßen. Es ist hier nicht der Raum, alle diese Erscheinungen ausgewogen darzustellen, weil dieser Band der Physischen Geographie der Meere und Küsten gewidmet ist, doch sollen wenigstens einige Streiflichter die Vielfalt der Phänomene aufzeigen. Wir unterscheiden am besten zwischen direkten und indirekten Eingriffen in das morphologische Gefüge der Küstenbildungen.

Allein von der Nordseeküste her ist uns davon eine ganze Reihe gut bekannt. Waren die Wurten, vor ca. 2000 Jahren zuerst im niedrigen Marschland angelegt, nur winzige morphologische Veränderungen in der Sedimentverteilung der Überflutungsgebiete bei Hochwasser, so setzte mit dem Deichbau vor ca. 1000 Jahren ein durchgreifender Einfluss auf die Marschgebiete ein, der flächenhaft und langfristig morphologisch wirksam wurde: Die landwärtigen Partien der Marsch hinter dem Deich wurden vor Überflutungen und damit einer Aufsedimentierung geschützt, ihre Ablagerungen konnten sich setzen und sacken, die Oberflächen wurden zudem durch Entwässerung und Materialentnahme bei Baumaßnahmen (z. B. für die Deiche selbst) oder infolge Materialverlust bei landwirtschaftlicher Nutzung erniedrigt, während vor dem Deich die Sedimentierung mit jedem höheren Hochwasser und bei jeder Sturmflut weiterging. Daher liegen diese äußeren sog. jungen Marschen heute 1 m und mehr über den älteren jenseits der alten Deiche, und ihr größerer Grundwasserabstand und geringere Sackung erlaubt eine ackerbauliche Intensivnutzung (im Gegensatz zur Grünlandnutzung der alten Marschen). In den vergangenen Jahrhunderten wurden auch ganze Landstriche auf einmal mit Deichen umfasst als sogenannte Groden, Polder oder Köge, in neuerer Zeit wurden diese künstlich aufgefüllt, so dass sie in wenigen Jahren als Neuland zur Verfügung standen (vgl. auch Behre 1993).

Vor den Deichen wird durch Lahnungsfelder, die von Buschzäunen, Holzpfählen oder Plastikschläuchen umgeben sind und in denen durch Baggerung sog. Grüppen (in Form kleiner aufgehöhter Beete und begleitender Gräben) noch eine Mikrotopographie geschaffen wurde, der Sedimentabsatz stark beschleunigt und so vor bedeichten und unbedeichten Küsten die Gewinnung hochliegender und flacher Gezeitenareale begünstigt. Diese bilden dann einen sehr wirksamen „passiven" Küstenschutz (im Gegensatz zum „aktiven" durch Deiche), weil sich die Brandungsenergie auf dem flachen Vorgelände stark reduziert und damit auch bei Sturmfluten die Zerstörungsgefahr auf der Marsch gemindert ist.

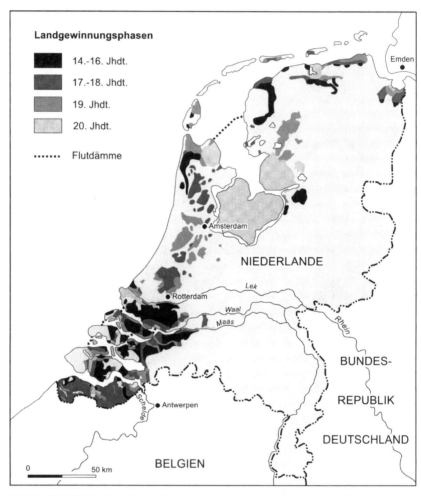

Abb. 206 Die Küstenkonfiguration der Niederlande wurde durch Deichbauten, Polder, Dämme und andere künstliche Schutzmaßnahmen über Jahrhunderte nachhaltig verändert (Kelletat 1989e).

Die Anbindung von Inseln durch geschlossene Dämme, wie sie in Nordfriesland in den letzten Jahrzehnten üblich geworden ist, verhindert hier den freien Austausch der Gezeitenströmungen und damit auch der darin befindlichen Schwebmaterialien, und Abschlussdämme wie jene des Deltaplanes in den Niederlanden schneiden plötzlich und hochwirksam große Landareale definitiv vom Meereseinfluss ab (Abb. 206).

5 Anthropogene Eingriffe in den Formenschatz und das Prozessgefüge 225

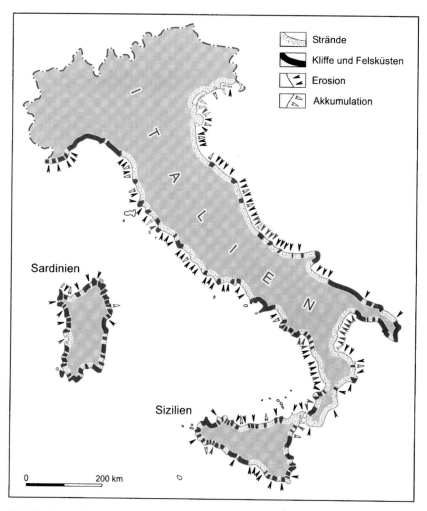

Abb. 207 Die Strände Italiens weisen über die letzten Jahrzehnte ganz überwiegend Abrasionstendenzen auf.

Mit dem Drang touristischer Einrichtungen gegen die Küste und in direktem Kontakt zu den Badestränden entstanden in den äußerst gefährdeten und exponierten Küsten- und Inselbereichen hochinvestive Schutzgüter, welche schon sehr bald mit großem technischem und finanziellem Aufwand gegen das Meer geschützt werden mussten, zumal Stranderosion ein fast weltweit zu beobachtendes Phänomen der letzten Jahrzehnte ist (Abb. 207). Betonmauern, Steinpflaster und -abdeckungen,

Abb. 208 Anstelle früher breiter Strände findet man heute oft künstliche Schutzmaßnahmen aus Beton (hier: Tetrapodenwall entlang der Promenade von Westerland auf Sylt).

Tetrapodenwälle (Abb. 208), Steinschüttungen und andere Verfelsungen traten damit an die Stelle ehemals sandiger Küstenlinien. Dieses hatte nicht nur nachteilige Folgen für den Landschaftsaspekt und die Nutzung durch Badegäste, sondern unterband auch den Wellenangriff auf die sandigen Sedimentpakete der Strände und Dünen. Dadurch waren nun die Brandungswellen nicht mehr hinreichend mit Sedimenten beladen, ihre Energie wird weniger gebremst, und eine Unterminierung der festen Küstenschutzbauwerke ist meist die Folge. Das wiederum erfordert weitere bauliche und finanzielle Investitionen, die mittlerweile zu einer Dauerbelastung vieler dicht besiedelter Küsten der Erde geworden sind (vgl. Abb. 209 und Kelletat 1989a, 1992, 1993a, Klug & Klug 1998).

Aber immer noch fallen bei Sturmereignissen Bauwerke und andere Infrastruktur-Einrichtungen mit hohem Investitionswert der See zum Opfer, bei manchen Hurricanes allein in den USA im Werte von einige Mrd. Dollar (z. B. Hurrikan „Sandy" Anfang November 2012 bis auf den Breitengrad von New York mit Schäden in einer Größenordnung von ca. 50 Mrd. €). Zahlreiche Hafenanlagen, oft mit zugehörigen ausgebaggerten Zufahrtsrinnen, haben die Morphologie der Küste und des Küstenvorfeldes verändert, und die Strände wurden seit über 100 Jahren mittels Buhnen in einzelne Abschnitte aufgeteilt, um so einen zu raschen unerwünschten seitlichen Abtransport des Materials zu verhindern. Allerdings hat sich herausgestellt, dass leewärts solcher festen Bauwerke die Erosion der Strände oft verstärkt einsetzte.

Zu den direkten Einflussnahmen auf die Küstengestalt gehört in vielen Ländern der Erde auch die Entnahme von Materialien, meist zu Bauzwecken. Dabei handelt es

5 Anthropogene Eingriffe in den Formenschatz und das Prozessgefüge 227

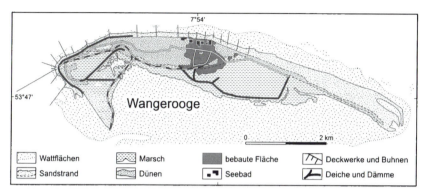

Abb. 209 Die Nehrungsinseln der ostfriesischen Küste weisen zahlreiche Schutzbauwerke gegen Zerstörung auf, wie hier am Beispiel von Wangerooge (n. Kelletat 1993a)

Abb. 210 Völlige Umgestaltung der Küstenzone im Süden Namibias durch den Diamantenabbau aus Sanden und Kiesen.

sich um Strandsande und Kiese sowie Schotter (Abb. 210), stellenweise auch um Abbau von Lagerstätten (z. B. eisenhaltige Limonitsande), an vielen tropisch-subtropischen Küsten auch um das gewaltsame Zerstören (sogar mit Sprengstoff) der Korallenriffe, die somit als regelrechte Steinbrüche für Festlandbauten dienen und auf diese Weise ihre natürliche Schutzfunktion verlieren. Landgewinnung, vor allem für industrielle Zwecke und zugehörige Infrastruktur (Abb. 211) ist ein weiterer wesentlicher Eingriff.

5 Anthropogene Eingriffe in den Formenschatz und das Prozessgefüge

Abb. 211 In dicht besiedelten Küstenregionen ist es vor allem die Landgewinnung, welche die Küstenregionen völlig umgestaltet (hier der neue Flughafen von Tokio auf einer frisch aufgeschütteten künstlichen Insel; Google Earth).

Man sollte annehmen, dass die Meeresnutzung, z. B. das Aquafarming für eine große Fülle verschiedener Organismen relativ geringen Einfluss auf die Küsten-Physio- und Ökosysteme habe, aber das ist nicht der Fall. Vor allem werden dazu in den Tropen die Mangrovewälder abgeholzt, Becken ausgebaggert, dadurch das Meer getrübt, ein viel höherer Besatz von Organismen als die Natur dieses tolerieren kann erzeugt, womit Futterreste, Medikamente und Exkremente weite Küstenzonen aufs Äußerste belasten können (Abb. 212 bis 214).

In entwickelteren Ländern werden Beachrocks am Strand mit Baggern aufgebrochen, um die unerwünschten Felsplatten zu beseitigen, und so wird eine an sich felsige Flachküste zu einem Lockermaterialstrand umgewandelt. An anderen Stellen wird – um unerwünschte Versandungen von Hafenzufahrten und dergleichen zu verhindern – der Sand durch Baggerung künstlich vorbei- oder übergeleitet.

Auch die Bestickung oder Bepflanzung der Küstendünen ist ein direkter Eingriff in das morphologische Geschehen, weil nun die eigentlich treibenden Sande nicht mehr als Zusatzmaterial an den leewärtigen Inselseiten zur Verfügung stehen.

Das Abholzen der Mangroven – oft zur Anlage von Fisch- und Garnelenzuchtbecken – beraubt diese Küsten eines wichtigen natürlichen Brandungsschutzes sowie der Fähigkeit, Sedimente mit Landaufhöhung aktiv einzufangen (Uthoff 1996a, b, Jordan 1988, Preu & Engelbrecht 1998, Schwamborn & Saint Paul 1996, Marstaller 1996, Uibrig 1996), und das künstliche Öffnen oder Verschließen von Lagunen

5 Anthropogene Eingriffe in den Formenschatz und das Prozessgefüge 229

Abb. 212 Aquafarming in Buchten von Süd-China (Google Earth).

Abb. 213 Im Westen Frankreichs wird Aquafarming mit Muscheln und Austern bereits seit Jahrhunderten betrieben (Google Earth).

230 5 Anthropogene Eingriffe in den Formenschatz und das Prozessgefüge

Abb. 214 Im südlichen Indonesien (Bali und Nachbarinseln) finden sich kleinparzellige „Beete" mit regelrecht eingepflanzten Riesenmuscheln (*Tridacna*) auf dem flachen Meeresboden (Google Earth).

beeinflusst mit der Wasserbewegung den Sedimenttransport ebenso wie die Ökologie der Wasserflächen und damit deren Lebewelt und Sedimentationsrate.

Eine modernere Maßnahme, erstmals vor ca. 80 Jahren eingeführt, ist der künstliche Auftrag von Stränden entweder dort, wo bisher keine Strände existierten, oder um deren allmähliches Verschwinden zu verhindern bzw. Substanzverlust nach Sturmfluten auszugleichen. Hierbei werden nicht nur große Sedimentmengen (meist Mio m^3) in kurzer Zeit umgelagert, sondern die flachen natürlichen Strandprofile werden zumeist in getreppte Sanddeponien mit zwischengelegenen steilen Terrassenkanten verwandelt.

Neben der großen, oben nur kurz angedeuteten Fülle direkter morphologischer Eingriffe in die Küstenformung gibt es eine Reihe nicht weniger tiefgreifender indirekter. Dazu gehören Maßnahmen in einiger Küstenferne auf dem Lande, welche zunächst und oft fälschlicherweise mit der Küste gar nicht im Zusammenhang gesehen werden. Hier sind in erster Linie zu nennen Sedimentfallen in Staudämmen entlang der Flüsse, die damit kaum noch Material an weit entfernte Strände liefern können. Gleichen Effekt haben Ausbaggerungen und Materialentnahme aus den im Mittelmeergebiet und den Subtropen zeitweise trockenen und damit leicht zugänglichen Flussbetten. Natürlich führt auch eine künstliche Verbauung und Verfelsung ehemals natürlicher Kliffe zu einer Verarmung benachbarter Strände, weil Stürme jetzt durch Abrasion kein Lockermaterial mehr gewinnen können (vgl. auch Preu 1989).

5 Anthropogene Eingriffe in den Formenschatz und das Prozessgefüge

Erkenntnisse über das rasche Deltawachstum mediterraner Buchten haben uns gezeigt, dass bereits seit Jahrtausenden durch Abholzung und später auch immer intensivere Landwirtschaft große Sedimentmengen flächenhaft vom Festland gegen die Küste abgespült werden, weil die Oberflächen vor Abtragung durch Starkregen nicht mehr geschützt sind (Brückner 1998).

Weitere unerwünschte Folgen für die Küstenformung haben gewöhnlich starke lokale Entnahmen von Grundwasser (oder anderen Untergrundsubstanzen wie Erdgas und Erdöl mit entsprechender Absenkung der Oberflächen). Zunehmende Gefährdung durch Absenkung dicht besiedelter Oberflächen (z. B. Venedig oder Bangkok) sind die Folge (vgl. Abb. 215 und Pirazzoli 1991, 1993).

Zu den intensivsten anthropogen ausgelösten Einflüssen auf die Küstenformung aber dürfte der gegenwärtige Meeresspiegelanstieg durch den verstärkten Treibhauseffekt gehören. Wenn auch bisher nur einige Dezimeter Meeresspiegelanstieg diesem Ursachenbereich zuzuordnen sind, so ist der Effekt doch durchgreifend gerade in sehr flachen Küstengebieten, weil hier über jetzt tieferem Wasser der Küstenvorfelder auch die Tide- und Brandungsenergie gesteigert wird und damit nicht nur eine weitere Überflutung des Inlandes vorkommt, sondern auch größere Brandungsenergie auf die Küstenstrecken einwirkt. Wo keine Mittel zu einer wirksamen Bekämpfung dieser Gefahren vorhanden sind, wie in vielen Entwicklungsländern oder den kleinen Atoll-Inselstaaten des Indischen und Pazifischen Ozeans, rechnet die

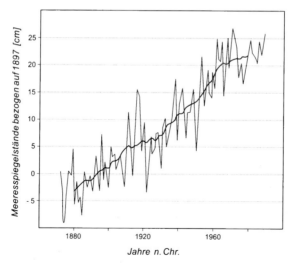

Abb. 215 Relativer Meeresspiegelanstieg nach Pegelmessungen in Venedig, hier verstärkt durch Sedimentkompaktion und Entnahme von Grundwasser und anderen Substanzen (n. Pirazzoli 1991)

232 5 Anthropogene Eingriffe in den Formenschatz und das Prozessgefüge

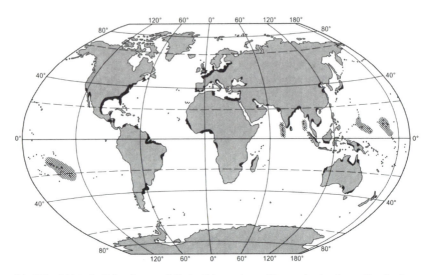

Abb. 216 Gebiete der Erde mit gegenwärtig deutlich messbarem Meeresspiegelanstieg und Landsenkung (Kelletat 1995b).

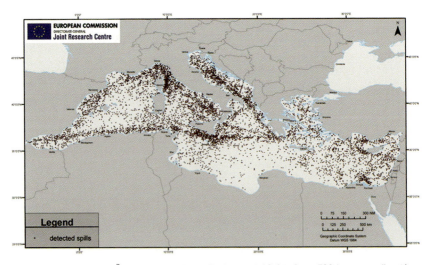

Abb. 217 Kartierung von Öleintrag im Mittelmeer (Environmental Safety Group ESG (www.esg-gib.net/)

Bevölkerung mit einer notwendigen Aufgabe der Küstenländer, ja ganzer Kleinstaaten in den nächsten Generationen (Pirazzoli 1993, Viles & Spencer 1995 und Abb. 216).

Inwieweit aus der zunehmenden Verschmutzung von Meeren und Küsten (Abb. 217) und damit der Gefährdung litoraler Ökosysteme (insbesondere der Mangroven und Korallenriffe) auch sichtbare morphologische Folgen resultieren, ist am Einzelfall praktisch kaum zu quantifizieren, bildet aber eine stete Gefahr. Vor allem die Versauerung der Ozeane mit ihrer Verbindung zur Korallenbleiche und zum Korallensterben ist in ihrem Ausmaß und ihrer Bedeutung für die Ökologie der Meere und Küsten noch gar nicht abzuschätzen.

6 Natürliches Gefährdungspotential der Küsten

In Anlehnung an Klug (1986a) sollen hier vor allem die Wellen- und Sturmeinflüsse behandelt werden. Das sind zum einen die regelmäßigen winterliche Sturmfluten in den hohen und Mittelbreiten, soweit dort nicht gleichzeitig Eisverschluss die Brandung behindert, oder eher singuläre, aber oft extrem wirksame Hurricanes („tropical cyclones") der niederen Breiten, deren Windgeschwindigkeiten meist die unserer Sturmfluten noch deutlich übersteigen. Die Starkwinde selbst richten an Festlandsbauten erhebliche Schäden an, auch wenn die Wellenwirkung in solche Bereiche nicht vordringt, vor allem aber sind es die hohen mit den Stürmen verbundenen Fluten („storm surges"), die z. B. beim Hurricane Katrina 2005 in der Nähe von New Orleans 8,5 m über dem mittleren Hochwasserstand erreichten, sowie die gewöhnlich aus den Wirbelstürmen fallenden Extrem-Niederschläge, so dass sich dabei Überflutungen vom Meer und vom Land in ihrer Schadenswirkung gegenseitig verstärken.

Vor allem über die Wellenwirkungen und „storm surges" von tropischen Wirbelstürmen gibt es eine umfangreiche neuere Literatur, die hier deshalb angeführt werden soll, weil darin auch die Auseinandersetzung mit den Vertretern der Tsunamiforschung über die Möglichkeit des Materialtransportes (z. B. großer Blöcke) enthalten ist (siehe z. B. Donnelly & Woodruff 2007, Elsner et al. 2008, Engel et al. 2011, Etienne 2007, Etienne & Paris 2010, Hall et al. 2010, Hansom & Hall 2009, Lamb & Frydendahl 2005, Landsea 2007, Landsea et al. 2006, Liu 2004, Liu & Fern 2000, Liu et al. 2009, Noormets et al. 2004, Nott & Hayne 2001, Scheffers & Scheffers 2006, Webster et al. 2005, Yu et al. 2004, 2006, 2009, Zentner 2009, oder Zhao et al. 2009). Zwar sind viele dieser Arbeiten nicht mit geomorphologischen Methoden erstellt worden sondern bedienen sich Modellrechnungen, Sedimentanalysen, Datenreihen und sogar der Analyse von Baumringen und Speleothems (Stalagmiten), um daraus auf Niederschlagsintensitäten und -zeiträume zu schließen, und das zurück über das gesamte jüngere Holozän. Gerade die Vielfalt der eingesetzten Methoden und die Ergebnisse aus sehr vielen Erdregionen haben aber hier bedeutende Fortschritte gebracht.

Zum besseren Verständnis sollen einige wichtige Fakten über die Entstehung, Verbreitung und Wirkungsweise zunächst von tropischen Wirbelstürmen, anschließend auch von Tsunamis vorgestellt werden, vor allem unter Benutzung von Abbildungen als sprechende Dokumente.

Tropische Wirbelstürme entwickeln sich über mindestens 26° warmem Ozeanwasser im Bereich der Passatwinde der Rand- und Subtropen, weil diese Winde gewöhnlich Luftmassen über weite Meeresstrecken treiben und diese dabei viel Energie aufnehmen können. Das geschieht infolge Verdunstung durch Aufnahme von Wasserdampf, der mit steigender Höhe kondensiert und dabei ständig neue Wärme frei setzt. Auf diese Weise und unter Einfluss der Corioliswirkung entwickeln sich rotierende Gebilde (auf der Nordhalbkugel entgegen dem Uhrzeigersinn, auf der Südhalbkugel im Uhrzeigersinn, doch heißen beide „Zyklone"), die letztlich Durchmes-

6 Natürliches Gefährdungspotential der Küsten

Abb. 218 Hurricane Katrina (Kategorie 4–5, 2005) nähert sich der Region New Orleans (NASA/NOAA).

ser von über 500 und sogar über 1000 km erreichen können und ungeheure Mengen an Wasserdampf und damit potentiell Niederschläge enthalten. Die Rotationsgeschwindigkeit um ein windstilles „Auge" (Abb. 218) reicht bei tropischen Stürmen bis zu Orkanstärke, aber erst darüber beginnen die Kategorien der Hurricanes oder tropischen Wirbelstürme, wie es die Saffir-Simpson Skala ausweist (Tab. 20).

Tab. 20 Kategorien von tropischen Wirbelstürmen und zugehörige Windgeschwindigkeiten (Saffir-Simpson-Hurricane-Scale). Bei der Windgeschwindigkeit handelt es sich um die sog. „sustained winds", das sind solche, die mind. 1 Minute mit dieser Geschwindigkeit anhalten, während Böen noch erheblich stärker (bis über 350 km/h) sein können. Die niedrigsten bisher gemessenen Luftdrucke lagen bei unter 880 hPa. Die „storm surge" ist der Wasseranstieg an der Küste, der sich zusammensetzt aus niedrigem Luftdruck und Windanstau. Die „surge" muss auf den jeweiligen Tidestand noch drauf gerechnet werden. Sie betrug beim Hurricane Katrina um New Orleans im Jahre 2005 bis zu 8,5 m!

	Wind in km/h	Luftdruck in hPa	Storm surge
1	119–153	>980	1,2–1,6 m
2	154–177	965–979	1,7–2,5 m
3	178–209	945–964	2,6–3,8 m
4	210–249	920–944	3,9–5,5 m
5	>250	<920	>5,5 m

236   6 Natürliches Gefährdungspotential der Küsten

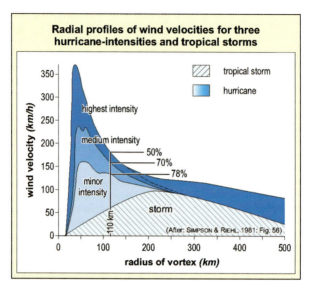

Abb. 219 Je größer die Hurricane-Stärke, umso konzentrierter sind die hohen Windgeschwindigkeiten um das zentrale „Auge" des Sturms.

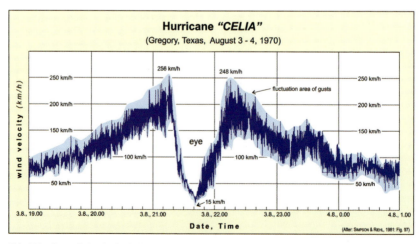

Abb. 220 Querschnitt durch die Windgeschwindigkeiten in einem Hurricane der Kategorie 3 (Scheffers 2002).

Die folgenden Abbildungen (Abb. 219 bis 223) geben weiteren Aufschluss über den Charakter von tropischen Wirbelstürmen (Hurricanes, Taifune, Tropical Cyclones).

Die Wellenenergie und Wellenhöhe von Wirbelstürmen hinterlässt an den Küsten gewöhnlich deutliche Spuren, entweder in Form von frischen Ablagerungen, vor allem, wenn lokal hinreichend Material vorhanden ist wie bei Saumriffen (Abb. 224), oder durch Zerstörungen an Lockermaterial und Infrastruktur (z. B. Abb. 225).

Eine weitere oft katastrophale, aber als eher selten geltende Erscheinung an den Küsten der Erde sind Tsunamis (d. h. Seebebenwellen, vgl. Dawson 1996). Dabei handelt es sich um sog. Flachwasserwellen, weil die gesamte Wassersäule bei einem plötzlichen Impuls in Bewegung gesetzt wird. Dieses kann ein (See-)Beben an einer Plattengrenze sein (Lissabon 1755, Sumatra 2004, Japan 2011), durch einen Vulkanausbruch oder Vulkan-Kollaps entstehen (Krakatau 1883), große Rutschungen unter Wasser (vielfach um die Hawaii-Inseln, aber auch vor Südnorwegen), Fels- und Eisstürze ins Meer (z. B. Lituya Bay in Alaska 1958), oder auch Meteoriten- oder Ko-

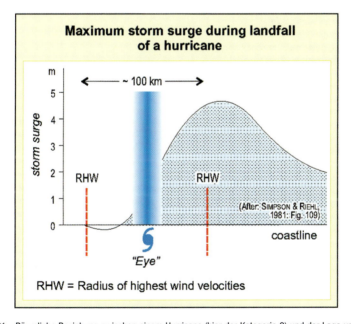

Abb. 221   Räumliche Beziehung zwischen einem Hurricane (hier der Kategorie 3) und der Lage und Höhe der „storm surge" (Sturmflutlevel) beim Überschreiten der Küstenlinie (Scheffers 2002). Die Situation gilt nur für die Nordhalbkugel: wegen der Drehung des Wirbels gegen den Uhrzeigersinn und der Vorwärtsbewegung des Sturm auf einer parabelförmigen Bahn vorwärts und rechts abgelenkt treten die höchsten Windgeschwindigkeiten und damit höchsten „storm surges" deutlich rechts vom Sturmzentrum auf.

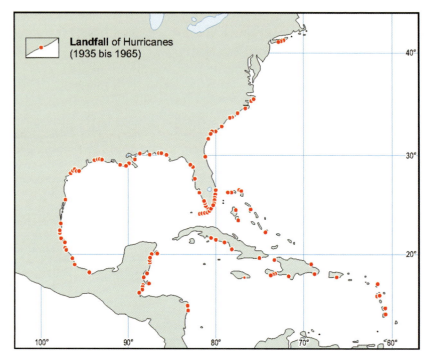

Abb. 222 Die Karte zeigt alle Regionen mit „landfalls" (insgesamt 106 Ereignisse) von Hurricanes in der Karibik und den USA innerhalb der 30 Jahre von 1935 bis 1965 (Scheffers 2002, nach Landsea 1993).

meten-Einschläge. Dabei entstehen gewöhnlich äußerst breite Aufwölbungen des Ozeans, die zwar von geringer Höhe (meist um 0,5 bis 1,5 m) sind, jedoch eine Ausdehnung von mehreren 100 km haben können. Dies entspricht einer riesigen in Bewegung gesetzten Wassermasse, welche sich mit direkt von der Wassertiefe abhängiger Geschwindigkeit (bis über 1000 km/h in den tiefsten Ozeanabschnitten) nach allen Seiten als Impuls fortpflanzt (Abb. 226). Obwohl die Fortpflanzungsgeschwindigkeit bei geringerer Wassertiefe und damit bei Annäherung an eine Küste erheblich nachlässt, schiebt aus dem tiefen Wasser die große Wassermenge rasch nach. Die Welle steilt sich immer mehr auf und kann auch brechen, jedenfalls überströmt sie die Küsten gewöhnlich mit Geschwindigkeiten zwischen 20 und über 70 km/h und einer Überströmungstiefe („flow depth") von bis zu 20 m, wobei noch hinzu kommt, dass diese enorme Strömung viele Minuten und bis zu einer halben Stunde andauern kann, mehrere solcher Wellen aufeinander folgen und infolge der langen Einwirkungszeit bei hoher Geschwindigkeit und großer Wassertiefe die Veränderungen in der Natur und Zerstörungen an Infrastruktur außergewöhnlich bis

6 Natürliches Gefährdungspotential der Küsten

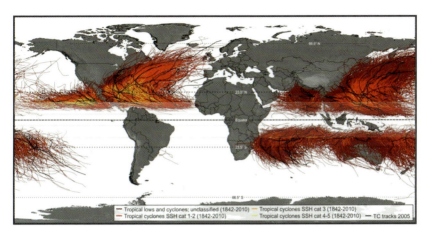

Abb. 223 Tropische Wirbelstürme und ihre räumliche Verteilung auf der Erde seit 1842 (Based on tropical cyclone best track data [IBTrACS]; NOAA, Knapp et al. 2010; Graphik: S. M. May 2013). Je heller die Farbe, umso höher die Kategorie. Schwarze Linien zeigen die ungewöhnliche Häufung von tropischen Wirbelstürmen im Jahre 2005. Auffällig ist der Wirbelsturm-freie Gürtel um den Äquator (über 2000 km breit zwischen etwa 10° N und 10° S), wo infolge der Richtungsumkehr der Corioliswirkung keine ausgeprägten Wirbel entstehen und selbst die Meeresströmungen (z. B. Äquatorialer Gegenstrom) geradeaus fließen können.

Abb. 224 Hurricane Lenny (cat. 4, 1999) hat an der Westküste von Bonaire (Niederländische Antillen) mit einem 1 m hohen und bis 30 m breiten Wall aus Korallenschutt innerhalb weniger Stunden ein neues Formelement geschaffen, das wahrscheinlich mehrere 100 Jahre lang erhalten bleiben wird.

240   6 Natürliches Gefährdungspotential der Küsten

Abb. 225   Die Folge eines Hurricanes auf Küstensiedlungen (Ferienhäuser) auf einer Nehrungsinsel von Georgia, östliche USA.

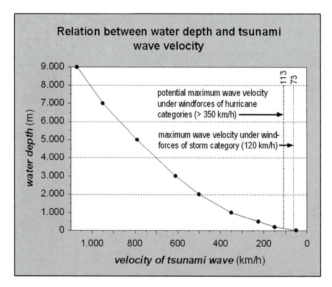

Abb. 226   Die Beziehung zwischen Wassertiefe und Fortpflanzungsgeschwindigkeit einer Tsunamiwelle (mit Vergleichen zur Bewegungsgeschwindigkeit der größten Sturmwellen; Scheffers 2002).

6 Natürliches Gefährdungspotential der Küsten

Tab. 21 Liste außergewöhnlich starker Tsunamis der letzen 250 Jahre.

Datum	Ereignis	Opfer
Nov. 1, 1755	Lissabon	60 000
Feb. 20, 1835	Conception, Chile	unbekannt
Aug. 8, 1868	Peru/Chile	15 000
Aug. 27, 1883	Krakatau	36 000
Juni 15, 1896	Japan	27 122
Dez. 28, 1908	Sizilien	58 000
März 3, 1993	Japan	3000
April 1, 1946	Alaska, Hawaii	159
Mai 22, 1960	Chile/Hawaii	1500
März 27, 1964	Anchorage	115
Aug. 23, 1976	Philippinen	8000
Juli 17, 1998	Papua Neu Guinea	2200
Dez. 26, 2004	Sumatra-Thailand u. a.	225 000
Febr. 10, 2010	Chile	570
März 11, 2011	Japan	ca. 30 000

Abb. 227 Der größte von einem Tsunami vor ca. 4500 Jahren verlagerte Block auf der Karibikinsel Bonaire (>100 t).

katastrophal sein können. Da auf dem freien Ozean eine extrem lange und nur wenig hohe Welle selbst bei hoher Geschwindigkeit von Booten und Schiffen kaum wahrgenommen werden kann, bekam dieses Phänomen den japanischen Ausdruck „Tsunami", was soviel wie „Hafenwelle" bedeutet, denn zurückkehrende Fischer bemerkten erst an der Küste, was sich ereignet hatte. Die hohe Geschwindigkeit erlaubt der Tsunamiwelle einen Weg gelegentlich um den halben Erdball, und trotz Abschwächung der Höhe und Geschwindigkeit können möglicherweise im zeitlichen Abstand von Stunden in mehrere 1000 km entfernten Küstenregionen Schäden angerichtet und Menschenleben gefordert werden (mehrere 100 000 Opfer allein in den letzten 200 Jahren, vgl. Klug 1986a und Tab. 21). Ein Warndienst, der mittels Bojen im freien Ozean Ausmaß (Höhe und Geschwindigkeit eines Tsunami) ermitteln und über Satellit weitermelden kann hat in den letzten Jahrzehnten allerdings wirkungsvoll auch Opfer verhindern können. Allerdings ist es von größter Wichtigkeit, dass die Küstenbevölkerung diese Warnungen ernst nimmt und auch erste Anzeichen eines kommenden Tsunami richtig deuten kann. Aufgrund der Erfahrungen und Messwerte der letzten beiden Jahrzehnte geht man heute davon aus, dass Seebeben mit einer Stärke von mehr als 7 auf der Richterskala und einer flachen Herdtiefe (30 km oder weniger) mit großer Wahrscheinlichkeit einen Tsunami verursachen, und selbst solche, die nur mit 1–2 m Höhe die Küste überspülen können Menschenopfer fordern, wenn sie überraschend kommen. Die größten Tsunamis der letzten Jahrzehnte wie Chile 1960 und 2010, Andaman-Sumatra 2004, oder Japan 2011 haben Wellen-Auflaufhöhen am Küstenrelief (sog. „run up") bis zu mehr als 50 m erreicht (der höchste je gemessene liegt bei 525 m ü. M. nach einem Felssturz in die Lituya Bay im SW Alaskas, vgl. Miller 1960) und Überflutungsweiten („inundation") in Küstentiefländern bis zu mehr als 5 km.

Noch wissen wir nicht, in welchem Ausmaß Seebebenwellen mit gelegentlicher Höhe von 20 bis 30 m die allgemeine Küstenmorphologie bestimmter Landstriche (z. B. in Japan oder auf Hawaii) im Verlaufe des jüngeren Holozäns beeinflusst haben, im Vergleich zu den stetigen Veränderungen unter Normalbedingungen des Wellenschlages. Hier liegt noch ein junges unbeackertes Forschungsfeld, auf dem in der Entschlüsselung einiger historischer Ereignisse erste Schritte unternommen werden, aber seit ca. 20 Jahren auch die Feldforschung erhebliche Fortschritte gemacht hat, wie Studien der hier genannten Quellen leicht belegen können (vgl. u. a. Barbano et al. 2010, Engel & May 2012, Engel et al. 2010, Etienne et al. 2011, Goto et al. 2010a, b, Haslett & Bryant 2007, 2008, Jankaew et al. 2008, Kelletat 2006b, Kelletat & Scheffers 2005b, Kelletat & Schellmann 2002, Lander et al. 2002, Lavigne et al. 2006, Mastronuzzi & Sanso 2004, Mastronuzzi et al. 2007, McMurty et al. 2004, Minoura et al. 2001, Monecke et al. 2008, Morhange et al. 2006, Nott 2004, Paris et al. 2010, Pignatelli et al. 2009, Rhodes et al. 2006, Richmond et al. 2010a, b, Scheffers & Kelletat 2006a, Scheffers & Scheffers 2007, Scheffers et al. 2008, 2009, 2010, 2011, Tinti & Armigliato 2003, Tinti et al. 2005, Titov & Synolakis 1997, Tsuji et al. 2006, Uchida et al. 2010, Vött et al. 2009, oder Zong et al. 2003).

6 Natürliches Gefährdungspotential der Küsten

Abb. 228 Großblöcke auf der Leeseite der Aran-Insel Inishmore im Westen von Irland, hier in schöner dachziegelartiger Anordnung („imbrication").

Abb. 229 Zerstörungsspuren des Tsunamis von 2004 auf Sumatra (Pressefoto).

Die Transportkraft von Tsunamiwellen ist enorm und kann selbst Blöcke von mehreren 100 t aus einem Kliff herausreißen und über 100 m weit und über 10 m hoch ins Inland verfrachten, wie die vielen Beispiele der genannten Quellen und Abb. 227 und 228 belegen.

Obwohl Beobachtungen über die (begrenzte) Transportfähigkeit stärkster Wirbelstürme vorliegen und sich daraus ergibt, dass ein Grenzwert für solche Wellen bei einer Blockgröße um 20 m^3 oder unter 40 t liegt und beschränkt ist auf wenige Meter Höhe und ganz wenige Dekameter landein lebt in der Wissenschaft, vor allem zwischen Anhängern der Sturmhypothesen und der Paläotempestologie (Erforschung früherer Stürme) und der von Paläotsunamis immer wieder der Streit auf, ob bestimmte sehr große Blockansammlungen wirklich auf frühere Tsunamis zurückgehen können. Dahinter verbirgt sich die alte Auffassung, dass starke Tsunamis von großer Seltenheit sind und viele Küsten der Erde niemals davon betroffen waren. Wie das letzte Jahrzehnt bewiesen hat, ist diese Auffassung nicht länger aufrechtzuerhalten.

Über die Auseinandersetzungen zwischen den Anhängern eines Sturm- und eines Tsunamitransportes großer Blöcke bzw. eine sorgfältige Abwägung zwischen beiden Möglichkeiten unterrichten u. a. Kelletat 2006b, Kortekaas & Dawson 2007, Morton et al. 2007, Nanayama et al. 2000, Nott 2003b, Nott & Bryant 2003, Richmond et al. 2008, Scheffers 2006c, Scheffers et al. 2009, 2010, Spiske et al. 2008, Switzer & Burston 2010, Switzer et al. 2005, Tuttle et al. 2004, Williams & Hall 2004, oder Yu et al. 2009.

Da bei den größten Tsunamis keine Möglichkeit der Gefahrabwendung mittels technischer Maßnahmen, sondern nur eine Warnung der Bevölkerung möglich ist (sofern die Zeit bis zum Eintreffen der Tsunamiwelle ausreicht und Warnsysteme existieren) sind die Folgen in der Landschaft und vor allem für die Wirtschaft in den Küstenregionen der betroffenen Länder außerordentlich und erreichen im Einzelfalle Größenordnung von 50 Milliarden € oder mehr (Abb. 229 und 230 a–f), wobei langfristige Folgekosten der Umweltbelastung (z. B. Abb. 231) noch gar nicht mit berücksichtigt sind, vor allem, wenn Atomkraftwerke betroffen sind, wie dies 2011 in Japan der Fall war.

Im Angesicht der Häufung extremer Tsunami-Ereignisse der jüngeren Vergangenheit mit vielen Todesopfern (siehe Tab. 21) erhebt sich natürlich die Frage nach dem allgemeinen Tsunamirisiko der Küsten in weltweiter Sicht, auch als Grundlage für die Etablierung von Warnsystemen. Hier hat die Küstenforschung, vor allem auch mit Hilfe sedimentologischer Analysen in natürlichen Archiven mittels Bohrungen (Abb. 232) erhebliche Arbeit geleistet, aber Paläotsunami-Forschung wie auch Forschungen zur Paläo-Tempestologie stehen doch erst in ihren Anfängen.

6 Natürliches Gefährdungspotential der Küsten

Abb. 230 a–f: Bildfolge der Tsunami-Überflutung vom März 2011 im Norden Japans (Credit: http://www.guardian.co.uk/world/2011/mar/11/japan-tsunami-earthquake-live-coverage, und: http://www.macrobusiness.com.au/2011/03/japan-tsunami/). a – bei Annäherung an die Küste; b – die erste Welle überströmt die Küste; c und d – wenige Sekunden später sind die ersten Häuserreihen

vernichtet, aber die Bäume in Strandnähe stehen noch; e – der Flughafen von Sendai (>2 km von der Küste entfernt) wird überflutet; f – chaotische Trümmerlandschaft mit Bränden als Ergebnis mehrerer Tsunamiwellen.

6 Natürliches Gefährdungspotential der Küsten

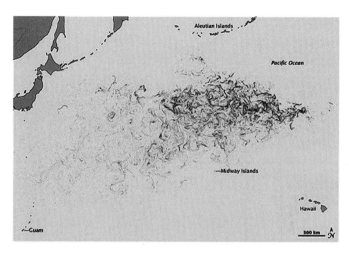

Abb. 231 Mehrere Monate nach dem Japan-Tsunami vom März 2011 konnte man diese Ansammlung schwimmender Trümmer im Nord-Pazifik aus dem Weltraum erkennen. Der Durchmesser dieser schwimmenden Müllinsel beträgt mehr als 1000 km! (Credit: Debris field model of the Japanese tsunami; http://sociable.co/science/researchers-create-animated-model-of-japanese-tsunami-debris-field/).

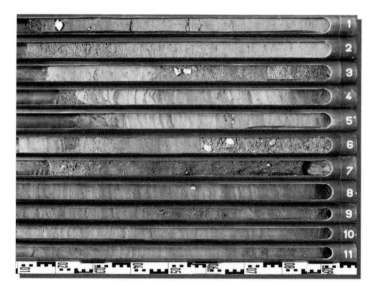

Abb. 232 Bohrungen aus Feinsedimenten in Küstenarchiven (Lagunen etc.) können die Ablagerungsgeschichte aufhellen, hier mit den Groblagen in Meter 3 und 6 wahrscheinlich von 2 holozänen Tsunamis (Arbeitsgruppe A. Vött, Univ. Mainz).

7 Systematik und Klassifikation der natürlichen Küstenformen

Obwohl die Küsten der Erde längst noch nicht alle bekannt waren, wurde bereits im vorigen Jahrhundert der Versuch unternommen, ihre Erscheinungsformen in bestimmte Systeme und Klassifikationen zu bringen. Die beschreibende Unterscheidung in einen pazifischen Küstentyp – buchtenarm, steil und von geschlossenen Gebirgszügen begleitet als sogenannte Längsküste – und einen atlantischen mit zahlreichen Buchten verschiedener Dimensionen und stark gegliederten Konturen, der sog. Querküsten, stammt aus dieser Zeit. Eine bis dahin vollständige Zusammenstellung aller verwendeten Gliederungskriterien hat bereits Valentin (1972) gegeben, wobei auch die Elemente des Klimas, der pflanzen- und tiergeographischen oder komplexen biozönotischen Betrachtung oder die Eignung für den wirtschaftenden Menschen Erwähnung finden.

In unserem Zusammenhang interessieren eher die genetischen Küstenklassifikationen auf geomorphologischer oder morphodynamischer Grundlage. Dabei wird einmal mehr der Aufriss, ein anderes Mal mehr der Grundriss betont, auch die unterschiedlichen Wassertiefen vor der Küstenlinie werden mit einbezogen. Selten aber wird die physisch-geographische Substanz des Küstenmilieus vollständig erfasst (Valentin 1952, Cotton 1954, McGill 1958, Putnam 1960, Davies 1964, Hayden et al. 1972/73, Louis & Fischer 1979, oder Finkl 2004).

International hat wohl die weiteste Anerkennung die vollgenetische Klassifikation von Valentin (1952) gefunden, welche in verschiedene ausländische Lehrbücher eingegangen ist (vgl. auch Tab. 22). Um eine Form einzuordnen, wird zunächst eine Unterteilung nach „vorgerückten" (d. h. seewärts verschobenen) und „zurückgewichenen" Küsten vorgenommen. Alle Küstenformen lassen sich in diesen beiden Kategorien unterbringen. Bei den vorgerückten Küsten wird sodann unterschieden zwischen den „aufgetauchten" und den „aufgebauten", letztere nach anorganisch oder organisch gestalteten bzw. nach näherer Milieubezeichnung, z. B. ob durch Meeres- oder Flusswirkung, bei hohem oder geringem Tidenhub etc.. Die „zurückgewichenen" Küsten lassen sich in „untergetauchte" und „zerstörte" gliedern, diese wiederum in glazial, fluvial, äolisch, denudativ, tektonisch etc. sowie anorganisch oder organisch angelegte (vgl. Tab. 22). Vorteil dieser Klassifikation ist die klare hierarchische Ordnung sowie die Möglichkeit der Einstufung sowohl ausgedehnter Küstenstriche wie auch von Kleinformen und Singularitäten. Ebenso lässt sich die gewachsene Form von den gegenwärtig wirksamen Kräften trennen bzw. eine Klassifikation für verschiedene, wenn nötig viele Zeitschnitte vornehmen. Den Vergleich und die Abwägung gegenüber anderen Arten der Klassifikationen hat Valentin (1972) noch selbst vorgenommen. Dort finden sich auch die entsprechenden Literaturhinweise (125, inkl. zahlreicher sowjetischer Arbeiten).

Tab. 22 Systematik der Küstengestaltstypen n. Valentin 1952, stark erweitert.

vorgerückte Küsten

aufgetauchte Küsten
- **organisch gestaltet**
  - phytogen: Mangroveküsten, Seetangküsten, Seegrasanschwemmungen etc., Kalkalgenbiostromata, Kalkalgenbiohermata etc.
  - zoogen: Korallenriffe, Vermetiden-Biostromata und -Biohermata, Bryozoen- und Serpulidenriffe, Muschelbänke etc.
- **anorganisch gestaltet**: Meeresbodenküsten, aufgetauchtes submarin angelegtes Glazialrelief (aufgetauchte Barren), aufgetauchte Küstenterrassen incl. aller inaktiven Küstenformen

aufgebaute Küsten
- **anorganisch gestaltet**
  - thalassogen
    - schwache Gezeitenwirkung: Haff-,Nehrungsküsten, Dünenwalküsten, Limane
    - starke Gezeitenwirkung: Wetten und Priele, Nehrungsinseln, (Gezeitendeltas)
    - Strandhaken, Strandwälle, Tomboli
    - sekundär verfestigt: Äolianit- und Beachrockküsten, sublitorale Dolomitkrusten bei Mitwirkung von Eis: Kaimoo, Eis-Schubwälle und -furchen
  - potamogen: Deltas, Schwemmlandküsten
  - vulkanische Küsten: (Lavazungen, Kraterinseln und Vulkankegelküsten)

zurückgewichene Küsten

untergetauchte Küsten
- **tektonisch gestaltet**: Bruch- und Verwerfungsküsten (Calderaküsten)
- **glazial u. fluvio-glazial gestaltet**
  - dirigierte Glazialerosion: Fjord-Schären-Küsten
  - freie Glazialerosion: Förden, Bodden, Fjärd-Schären-Küsten, (Strandflate), (Drumlinküsten)
- **fluvial gestaltet**
  - akkumulativ: Oserküsten, (Drumlin- und Kamesküsten), Moränenküsten
  - Canale-, Vallone-, Calanque-, Calaküsten, Riaküsten
- **äolisch gestaltet**: Deflationswannen-, Dünentalküsten
- **denudativ gestaltet**: Dolinen- und Kegelkarstküsten, Glacis- und Pedimentküsten, Rumpfflächen- und Inselbergküsten etc.
- **litoral (thalassogen) gestaltet**: Untergetauchte Küstenterrassen incl. aller jetzt submarinen ehemaligen Küstenformen

zerstörte Küsten
- **anorganisch**: Kliffe, Kliffreihen, Kliffbuchten: Brandungspfeiler, Brandungstore, -tunnel und -höhlen; Schorren: Plattformen und Hohlkehlen, water layer platform; Thermoabrasionsküsten (Eistußküsten), Eiskliffküsten
- **organisch**: Bioerosionsküsten: Kliffe, Hohlkehlen, rockpools etc. durch Biokorrasion und Bioabrasion bzw. Biokorrasion

8 Das Problem der Zonalität von Küstenformen und Küstenformungsprozessen

Während für das Relief und die Morphodynamik des Festlandes eine ganze Reihe von Modellen und Systemen eines zonalen – d. h. nach der geographischen Breite geordneten – Musters erarbeitet wurden (vgl. Hagedorn & Poser 1974), werden die Küstenräume bis heute meist als azonal geprägte Regionen aufgefasst. Schließlich herrschen an ihnen Sonderbedingungen wie Brandung und Salzwasserbenetzung über alle Breitenkreise hinweg. Lediglich solchen sinnfällig begrenzten Phänomenen wie Fjorden, Mangroven oder Korallen wurde zonaler Charakter zuerkannt.

Nach einigen frühen Ansätzen (Panzer 1952, Valentin 1952) wurde in den letzten Jahren verstärkt der Versuch unternommen, für Teile der Erde oder alle Küstenräume die Kriterien einer Zonalität oder Azonalität schärfer zu fassen (vgl. John & Sudgen 1975, Valentin 1979, Kelletat 1979, 1984, 1985e, 1987a, 1988b, 1989d, 1995 b, Kelletat & Seehof 1986, Ellenberg 1980, 1983a). Dabei sind sowohl deduktive Wege beschritten worden, etwa in einer Gliederung der Küsten der Erde nach der Dauer der ariden oder humiden Jahreszeiten, als auch induktive, die sich allein nach der Verbreitung und Relevanz bestimmter morphologischer Gegebenheiten richteten. Manche Überlegungen aber leiden noch an dem Mangel, dass äußerst unterschiedliche Kriterien in einem System zur Abgrenzung von Küstenzonen herangezogen werden: „Treibeisküsten" etwa beschreiben einen bestimmten gegenwärtigen hydrologischen Zustand der Ozeanoberfläche, „Fjordküsten" sind vorzeitlich glazial angelegte und seitdem partiell ertränkte Abtragungslandschaften, „Beachrock" ist ein zwar holozänes, aber zeitlich noch unscharf fixiertes Diagenesephänomen, „Mangroven" und „Korallen" schließlich additive Formenelemente an ganz unterschiedlichen Küstentypen. Vielleicht sollte man nur die hervorstechendsten Merkmale eines Küstenabschnittes zu seiner Klassifizierung heranziehen. Bezüglich der sehr wichtigen Elemente wie Tidenhub und Gezeitentyp ist bereits jetzt festzustellen, dass eine zonale Ordnung derselben fehlt. Dagegen ist – wenn auch noch unscharf – bei der Verteilung der Wellenhöhe und damit dem Brandungsregime eine gewisse breitenkreisabhängige Ordnung festzustellen.

Am klarsten hat den Problemstand bisher wohl Valentin (1979) gefasst, wenn auch seine Darstellung nicht frei von Deduktionen ist. Er trennt scharf zwischen solchen zonalen Formen, die ihre Anordnung einer klimatisch gesteuerten festländischen Morphogenese der Vorzeit (hier: des Würm) verdanken und die beim postglazialen Meeresspiegelanstieg zu Küsten wurden, und den echten, gegenwärtig wirksamen litoralen Prozessen mit breitenkreisabhängigem Gefügemuster. Im ersteren Fall ist jedoch problematisch, dass während der relativ kurzen Dauer des würmzeitlichen Meeresspiegeltiefstandes ein den klimatischen Bedingungen voll angepasster Formenschatz außerhalb der Eisüberdeckung kaum irgendwo angelegt worden ist, während im Gegensatz dazu im Tropengürtel zwischen den Kalt- und Warmzeiten auf dem Festland nicht unbedingt eine unterschiedliche Formgebung aufgetreten sein muss. Daher besteht die Gefahr, dass hier nicht Vergleichbares miteinander verglichen wird. Allerdings erlaubt es die gute und flächendeckende Kenntnis von den festländischen Reliefformen, eine solche Systematik auch wirklich anzuwenden.

Will man aber die Kriterien jetztzeitlicher breitenkreisabhängiger litoraler Prozesse für eine Systematik der zonalen Küstenformung verwenden, so ist diesem Ziel schon aus Mangel an Kenntnissen über die Verbreitung und die Dominanz etlicher küstenmorphologischer Prozesse oder Prozessanteile eine Grenze gesetzt. Zwar kennt man die Verbreitung etwa der riffbildenden Korallen oder der Mangroven ausreichend genug, doch lassen sich gerade mit ihnen bestimmte (etwa tropische oder subtropische) Küstenräume nicht abgrenzen (vgl. etwa die Mangrovevorkommen in Südostaustralien). Die Verbreitung anderer Phänomene wie Beachrock, bestimmter Formen der Bioerosion oder der Biokonstruktion außerhalb des Korallengürtels oder ihre Wertigkeit für die jeweilige Küstenformung sind dagegen bisher noch nicht hinreichend bekannt. So kann bis heute noch nicht abschließend entschieden werden, welche Abgrenzungskriterien für die gegenwärtigen Küstenzonen und Unterzonen geeignet sind, noch wo sich die Grenzen solcher Küstenzonen im Einzelnen befinden. Selbst wenn jedoch diese Kenntnisse vorlägen, bleibt ein Kardinalproblem bestehen: es gilt ja, die Übereinstimmung von Formen und Formungsprozessen mit breitenkreisabhängigen Einflussgrößen des Klimas, der Hydrologie oder Biologie/Ökologie zur Deckung zu bringen. Da jedoch alle gegenwärtigen Küstenformen der Erde wegen des jungen postglazialen Meeresspiegelanstiegs kaum älter als 6000 Jahre sind, erhebt sich die Frage, ob diese geologisch extrem kurze Zeitspanne zur Ausbildung von Klimaxzuständen der Morphologie und Ökologie der Küsten in allen Breitenkreisen ausgereicht hat, d. h., ob sich bereits ein reifes und endgültiges Form- und Prozessgefüge räumlich etabliert hat, einschließlich seiner biogenen Bestandteile. Nach unseren Kenntnissen von der Dauer terrestrischer Formentwicklung muss das als höchst zweifelhaft gelten. Hinzu kommt noch, dass die Küstenregionen zu den Erdräumen mit extremen geomorphologischen und geoökologischen Veränderungen gehören, und hier vor allem auch singuläre Ereignisse große Prägekraft haben können. Schließlich verändern sich – bei Treibhauseffekt mit Temperaturerhöhung und Meeresspiegelanstieg – die Rahmenbedingungen für die Formung im Küstenmilieu ständig. Es gibt damit hier eigentlich kein stabiles Ordnungsmuster, sondern nur eine ständige Verschiebung der Grenzen. Wieweit und in welcher Art sich ein voll zonentypisches Gefüge an den Küsten der Erde entwickeln würde, wenn die Bildungszustände über viele weitere Jahrtausende konstant blieben, ist kaum zu sagen, und noch während diese Frage wissenschaftlich diskutiert wird, verändert der Mensch aktiv und oft endgültig Milieubedingungen mit besonders nachhaltigen Folgen, z. B. für die Verbreitung von Stränden, Mangroven oder Korallenriffen.

Die Karten in Abb. 233 und 234 zeigen zwei verschiedene Ansätze der Zonen-Erfassung: die ältere (Kelletat 1995) beruht vor allem auf der Verbreitung von Einzel-Phänomenen, die jüngere (Kelletat et al. 2013) benutzt als Rahmen für die Grenzziehung klimatisch definierte Zonen.

252 8 Das Problem der Zonalität von Küstenformen

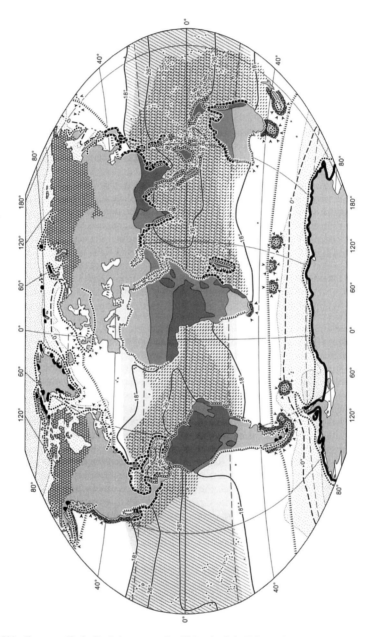

Abb. 233 Zonenspezifische Erscheinungen an den Küsten der Erde (Kelletat 1995a und b).

8 Das Problem der Zonalität von Küstenformen 253

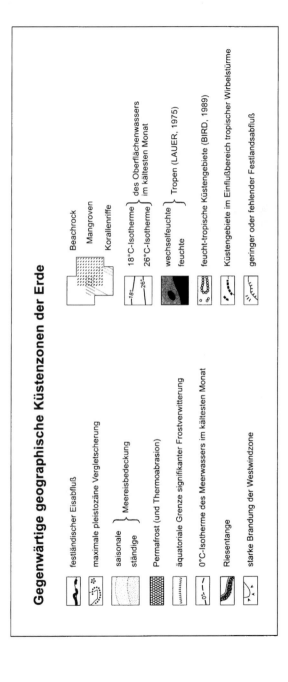

254   8 Das Problem der Zonalität von Küstenformen

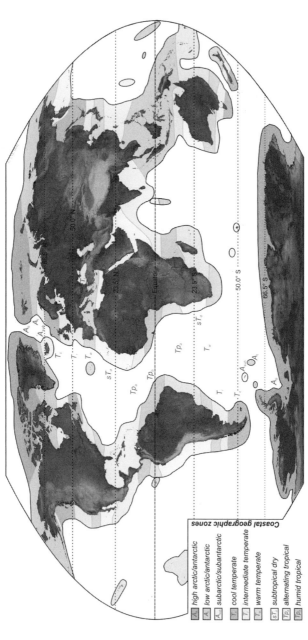

Abb. 234 Die natürlichen Küstenzonen der Erde (Graphik S.M. May, Quelle: Kelletat, D.H., Scheffers, A.M. & May, S.M. (2013): Coastal environments from Polar Regions to the Tropics – A geographer's zonality perspective. In: Martini, I.P.(ed.), Sedimentary Coastal Zones from High to Low Latitudes: Similarities and Differences. Geological Society London Special Publication (accepted).

9 Einige offene Fragen der physischen Meeres- und Küstenforschung

Wie für andere Zweige der Geowissenschaften, so ist auch für die Bereiche der Meere und Küsten festzustellen, dass die bisherigen Erkenntnisse räumlich noch sehr ungleichmäßig verteilt sind. Formenschatz, Prozessgefüge, Sedimente etc. sind für die Küsten der Mittelbreiten und dichter besiedelten Subtropen und Tropen recht gut bekannt, für die Gebiete der hohen Breitenlagen schon wegen des langen Eisverschlusses, aber auch für große Regionen Südamerikas, Afrikas und Südasiens dagegen eher dürftig. Ähnliches gilt für die offenen Meere, deren entlegene Teile (d. h. auch deren Tiefenregionen) noch wenig erforscht sind. Die Erkundung des Meeresbodens selbst hat gerade begonnen, die Bereiche unter ihm sind noch kaum durch Bohrungen erschlossen. Selbst die Unterwassertopographie muss aus einem unzureichend dichten Lotungsnetz interpretiert werden.

Die Prozessabläufe im Meerwasser sind zwar in Ansätzen bekannt, was die Wellen und Gezeiten angeht, sogar gut erforscht. Großräumige Austauschvorgänge wie Meeresströmungen und Tiefenzirkulation sowie ihre Ursachen und ihre Energiebilanzen harren jedoch noch einer endgültigen Klärung. Ähnliches gilt für die Lebenszyklen und manche biochemischen Vorgänge, die z. B. mit der Ozeanversauerung zusammen hängen, obwohl der Mensch schon in zunehmendem Maße durch künstliche Einleitung von Schadsubstanzen dort eingreift, wo Stoffumsatz und Einfluss auf das Leben im Meer erst zu erforschen wären.

Erstaunlicherweise lassen sich auch für die Küsten der Erde eine Reihe von ungeklärten Fragenkomplexen nennen, die sich sogar auf Prozessabläufe beziehen, welche an dicht besiedelten Küsten vorherrschen. Dazu gehört die Leistungsfähigkeit der Abrasion mit und ohne Brandungswaffen an Festgesteinsküsten und die potentielle Ausdehnung von Felsschorren, die biologischen und biochemischen Prozesse der Gesteinszerstörung in den Tropen und Außertropen, Probleme der Diagenese junger Strand- und Dünenablagerungen sowie der jeweilige Anteil isostatischer, glazial-eustatischer oder tektonischer Niveauveränderungen. Allerdings hat bei diesen Fragen die satelliten- und lasergestützte Höhenmessung mit dem digitalen „Global Positioning System" (DGPS) erhebliche Fortschritte gebracht.

Über solche die gegenwärtigen Prozesse betreffenden Fragen hinaus ließe sich der Problemkatalog noch stark erweitern, wenn das Augenmerk auf Vorzeitformen und -ablagerungen gerichtet wird. Hier widmen sich eine Reihe von internationalen geowissenschaftlichen Organisationen Kernproblemen wie: Klärung der Frage, warum in den älteren Interglazialen kältezeigende, in den jüngeren wärmezeigende Organismen typisch sind; Anzahl und vertikale Reichweite glazial-eustatischer Meeresspiegelschwankungen, dabei Anzahl und Zeitpunkt der Tyrrhenstände oder neue

Techniken der absoluten Altersbestimmung (Uran/Thorium, Elektronen-Spin-Resonanz, Thermolumineszenz und OSL, Bestimmung von kosmogenen Nukliden etc.).

Mit steigendem Interesse wird auch der Frage nachgegangen, welche aktuellen Erscheinungen an den Küsten der Erde als Meeresspiegelindikatoren (bzw. Indikatoren für verschiedene Gezeitenniveaus) verlässlich heranzuziehen sind, bzw. ob und inwieweit sie im „geological record", d. h. für vergangene Zeiten, Aussagekraft haben. Verbunden damit ist der Versuch zur Aufhellung der Paläotiden (bzw. der Veränderung des Tidenhubs in Raum und Zeit und seiner Ursachen).

Viele Küsten der Erde, insbesondere die aus Eis aufgebauten oder solche mit festländischem Eisabfluss sind nach Lage und Veränderung äußerst unstet. Die im Kontakt mit Gletschern oder durch submarinen Schmelzwasseraustritt hervorgerufenen oder beeinflussten glazimarinen Gebilde und Ablagerungen befinden sich ebenfalls erst im Stadium der Erforschung. Ähnliches gilt für die Umgestaltung des flachen Meeresbodens durch treibendes Eis (insbesondere driftende Eisberge). Viele ökologische Gegebenheiten des Felslitorals, welche direkte Aussagen über die gegenwärtigen Formungstendenzen erlauben (z. B. jene der Bioerosion oder Biokonstruktion) werden von geomorphologischer Seite noch unzureichend oder gar nicht gewürdigt. Schließlich steht selbst eine Beantwortung der Frage noch weitgehend aus, ob und in welcher Weise die Küsten der Erde durch zonale Formungsprozesse gestaltet werden oder ob azonale Vorgänge überwiegen. Eine feinere Analyse der gegenwärtigen Meeresspiegelschwankungen (und ihrer Ursachen), möglichst mit Hilfe eines stark erweiterten Pegelnetzes gewonnen, würde schließlich erst zur sicheren Grundlage der Entwicklung von Szenarien für die Zukunft der Küstentiefländer der Erde führen. Auch ist zu bedenken, welche physisch-geographischen Kenntnisse zunächst noch erarbeitet werden müssen, um z. B. ein wirklich fundiertes „Integriertes Küstenzonen-Management" auch in weniger entwickelten Ländern der Erde durchzuführen.

Mit der zunehmend dichteren Besiedlung aller Küstenräume der Erde und der stetig steigenden Investitionen in diesem Festlandstreifen schiebt sich immer mehr die Frage in den Vordergrund, mit welchen Risiken für Leben und Investitionen zu rechnen ist. Dabei hat sich rasch heraus gestellt, dass der Zeitraum exakter Messungen (etwa von Sturmflutständen und Wellenenergie oder der Häufigkeit und Intensitätsstufe von Tsunamis) mit oft wenigen Jahrzehnten und nur im günstigsten Fall auch etlichen Jahrhunderten viel zu kurz ist, um daraus belastbare statistische Aussagen über die Frequenz bestimmter Ereignisse zu prognostizieren. Also muss man den Betrachtungszeitraum rückwärts erweitern, wofür aber an den Küsten der Erde nur morphologische und sedimentologische Hinterlassenschaften zur Verfügung stehen, die kaum älter als 7000 Jahre sind. Immerhin kann das den Analyse-Zeitraum bereits bis zum Hundertfachen verlängern. Vor allem in den Wissenschaftsbereichen der Paläotempestologie (Erforschung der Geschichte von Stürmen) und der Paläotsunami-Forschung sind hier bereits gute Fortschritte erzielt worden, wenn auch beide Bereiche noch einer starken Weiterentwicklung bedürfen. Als offene Fragen aus die-

9 Einige offene Fragen der physischen Meeres- und Küstenforschung

sen Wissenschaftszweigen ließen sich z. B. erwähnen, ob die Erkenntnis, dass Tsunamis vom Ausmaß des Mega-Ereignisses um Sumatra 2004 wahrscheinlich im Abstand von ca. 500 Jahren aufgetreten sind, auch in Zukunft in solchen Frequenzen auftreten könnten (man also für viele Generationen zunächst verschont bliebe). Diese Aussage stützt sich auf bisher 3–4 Datencluster, was statistisch noch unbefriedigend ist, und außerdem ist äußerst fraglich, ob sich Naturvorgänge an solche Statistiken halten werden.

Ein weiteres Beispiel kann die Paläotempestologie liefern: Seit mehr als 100 Jahren wissen wir aus den Regionen mit tropischen Zyklonen etwas über die Häufigkeit der verschiedenen Intensitäts-Kategorien und ihre Schwankungen, die vorsichtig mit denen von ENSO und anderen Zyklen in Zusammenhang gebracht werden. Die hier gezeigten Abbildungen zu diesem Thema weisen ganz klar darauf hin, dass die Küstengebiete der niederen Breiten in den letzten 100–150 Jahren nahezu an jeder Stelle im Abstand von höchstens wenigen Jahren von Stürmen betroffen wurden, deren Energie, Wellenhöhe und Flutstände weit über jenen von Orkanfluten lagen. Die Frequenz liegt demnach bei nur wenigen Jahren, selbst für die Kategorie 5 der Hurricanes z. B. an der Golfküste der USA bei weniger als 20 Jahren. Bisher haben aber Untersuchungen in küstennahen Archiven (ohne Abtragungsmöglichkeit) in vielen Küstenregionen relativ übereinstimmend erbracht, dass in den Sedimenten nur Signale im Zeitabstand von 150–250 Jahren zu finden sind, und manchmal 1500 Jahre ganz ohne Nachweise bleiben. Daraus wurde sogar von mehreren Autoren geschlossen, dass so ein Hiatus in der Datenreihe eine sturmarme oder gar sturmfreie Zeit abbildet, also eine kräftige Klimaschwankung belegen muss. Da aber kaum anzunehmen ist, dass sich im klimatisch relativ gleichartigen jüngeren Holozän Abläufe wie tropische Wirbelstürme über lange Zeiträume um etwa das Zehnfache vermindert oder verstärkt haben, wird ersichtlich, dass es sich bei diesen Aussagen noch um solche sehr vorläufiger Art handelt. Daraus Zukunfts-Szenarien zu entwickeln, wäre zumindest sehr gewagt.

Selbstverständlich ließen sich noch eine ganze Reihe von Fragenkreisen benennen, die in der Diskussion stehen, und es werden mit weiterer Verdichtung der Beobachtungsnetze und der Auswertungs- und Verknüpfungsmöglichkeit sehr großer Datenmengen noch andere hinzu kommen, an die wir bisher noch gar nicht denken.

Literaturverzeichnis

Abarbanel, H.D.I. & Young, W.R. (ed.) (1987): General Circulation of the Ocean. – New York, Berlin (Springer).

Anthony, E. (2005): Beach Erosion. – In: Schwartz, M. (Ed.), Encyclopedia of Coastal Science. Springer, Dordrecht, 319–324.

Anthony, E.J. (1991): Beach-ridge plain development: Sherbro Island, Sierra Leone. – Z. Geomorph. N.F., Suppl. **81**: 85–98.

Anthony, E.J. (2009): Shore processes and their palaeoenvironmental applications. – Marine Geol. **4**: 264–288.

Apel, J.R. (1987): Principles of Ocean Physics. – Internat. Geophysics Series, 38, London (Academic Press).

Are, F.E. (1968): Development of the relief of thermoabrasive coasts. – Izv. Akad. Nauk SSSR, ser. geogr. geofiz. **1**: 92–100.

Arx, W.S. (1962): An introduction to physical oceanography. – Addison (Wesley Publ. Company).

Åse, L.A. (1980): Shore displacement at Stockholm during the last 1000 years. – Geogr. Annaler **62** A (1–2): 83–91.

Atkinson, M.J. & Cuet, P. (2008): Possible effects of ocean acidification on coral reef biogeochemistry: topics for research. – Marine Ecology Progress Series **373**: 249–256.

Axelrod, D.I. (1960): Coastal Vegetation of the world. – In: Putnam, W.C. (ed.), Natural coastal environments of the world. Los Angeles: 43–58.

Baker, R.G.V. & Haworth, R.J. (2000): Smooth or oscillating late Holocene sea-level curve? Evidence from cross-regional statistical regressions of fixed biological indicators. – Marine Geol. **163**: 353–365.

Baker, R.G.V., Haworth, R.J. & Flood, P.G. (2001): Inter-tidal fixed indicators of former Holocene sea levels in Australia: a summary of sites and a review of methods and models. – Quatern. Internat. **83–85**: 257–273.

Ballard, R.D. & Moore, J.C. (1977): Photographic Atlas of the Mid-Atlantic Ridge Rift Valley. – Berlin, Heidelberg, New York (Springer), 130 S.

Barbano, M.S.; Pirrotta, C. & Gerardi, F. (2010): Large boulders along the south-eastern Ionian coast of Sicily: storm or tsunami deposits? – Marine Geol. **275**: 140–154.

Barr, S.M. (1974): Seamont chains formed near the crest of Juan de Fuca Ridge, North-East Pacific Ocean. – Marine Geol. 49, Suppl. **102**: 1–19; 71–9.

Bartrum, J.A. (1961): High-water rock platforms: a phase of shoreline erosion. – Trans. New Zealand Inst. **48**: 132–134.

Bascom, W. (1960): Beaches. – Scient. Americ. **203**: 81–94.

Behre, K.-E. (1993): Die nacheiszeitlichen Meeresspiegelbewegungen und ihre Auswirkungen auf die Küstenlandschaft und deren Besiedlung. – In: Schellnhuber, H.J. & Sterr, H. (Hrsg.), Klimaänderung und Küste. Einblick ins Treibhaus. Berlin, Heidelberg (Springer), 57–76.

Bigelow, H.B. & Edmondson, W.T. (1947): Wind Waves of Sea, Brakers and Surf. – U.S. Oceangr. Office H.O. Publ. 602, Washington D.C.

Bijma, J. & Burhog, D. (2010): Ozeanversauerung – das weniger bekannte CO_2-Problem. – Geogr. Rundsch. **5**: 16–20.

Bird, E.C.F. (1967): Coastal lagoons of Southeastern Australia. – In: Jennings, J.N. & Mabbutt, J.A. (eds.), Landform Studies from Australia and New Guinea. Canberra (Austr. Nat. Univ. Press), 365–385.
Bird, E.C.F. (1972): Mangroves and coastal morphology in Cairns Bay, north Queensland. – J. Tropical Geogr. **35**: 11–16.
Bird, E.C.F. (1993): Submerging Coasts. The Effects of a Rising Sea Level on Coastal Environments. – New York (Wiley), 184 p.
Bird, E.C.F. (Ed.) (2008): Encyclopedia of the World's Coastal Landforms. – Dordrecht (Springer).
Blanc, J. & Molinier, R. (1955): Les formations organogènes construites superficielles en Mediteranée occidentale. – Bull. Inst. Oceanogr. Monaco **1067**, 26 S.
Böhnecke, G. & Dietrich, G. (1951): Monatskarten der Oberflächentemperaturen für die Nord- und Ostsee. – DHI Hamburg, 13 Ktn., 3 Tab.
Bretz, J.H. (1960): Bermuda, a partially drowned late mature Pleistocene karst. – Bull. Geol. Soc. America **71**: 1729–1754.
Brosin, H.J. (1984): Das Weltmeer. – Thun, Frankfurt/Main (Verlag Harri Deutsch), 239 S.
Broussard, M.L. (1975): Deltas – Models for explorations. – Houston Fed. Soc.
Brückner, H. & Radtke, U. (1990): Küstenlinien. Indikatoren für Neotektonik und Eustasie. – Geogr. Rundsch. **12**: 654–661.
Brückner, H. (1980): Marine Terrassen in Süditalien. Eine quartär-morphologische Studie über das Küstentiefland von Metapont. – Düsseldorfer Geogr. Schr. **14**, 235 S.
Brückner, H. (1983): Ein Modell zur Genese mariner Akkumulationsterrassen. – Essener Geogr. Arb. **6**: 161–186.
Brückner, H. (1986): Stratigraphy, Evolution and Age of Quaternary Marine Terraces in Morocco and Spain. – Z. Geomorph. N.F. Suppl. **62**: 83–101.
Brückner, H. (1998): Coastal Research and Geoarchaeology in the Mediterranean Region. – In: Kelletat, D. (ed.), German Geographical Coastal Research – The Last Decade. Tübingen, 235–258.
Brückner, H. (2003): Delta evolution and culture – aspects of geoarchaeological research in Miletos and Priene. – In: Wagner, G.A., Pernicka, E. & Uerpmann, H.P. (eds.), Troia and the Troad. Scientific Approaches, 121–144.
Brückner, H., Kelterbaum, D., Marunchak, O., Porotov, A. & Vött, A. (2010): The Holocene sea level story since 7500 BP – Lessons from the Eastern Mediterranean, the Black and the Azov Seas. – Quatern. Internat. **225**: 160–179.
Bryant, E.A. & Haslett, S.K. (2007): Catastrophic wave erosion, Bristol Channel, United Kingdom: impact of tsunami? – J. of Geol. **115**: 253–269.
Burk, C.A. & Drake, C.L. (1974): The geology of continental margins. – Berlin, Heidelberg, New York (Springer), 1089 p.
Burke, L., Selig, E. & Spalding, M. (2002): Reefs at risk in Southeast Asia. – World Resources Institute, www.wri.org, Washington D.C., 72 p.
Camuffo, D., Secco, C., Brimblecombe, P. & Martin-Vide, J. (2000): Sea Storms in the Adriatic Sea and the Western Mediterranean during the Last Millennium. – Climatic Change **46**: 209–223.
Canadian Hydrographic Service (1972): Canadian Tide and Current Tables. Gulf of St. Lawrence. – Ottawa, 59 p.
Carter, R.W.G. & Orford, J.D. (1981): Overwash processes along a gravel beach in southeast Ireland. – Earth Surf. Proc. Landf. **6**: 413–426.

Literatur

Carter, R.W.G. & Orford, J.D. (1984): Coarse clastic barrier beaches: A discussion of the distinctive dynamic and morphosedimentary characteristics. – Marine Geol. **60**: 377–389.
Carter, R.W.G. & Woodroffe, C.D. (1994): Coastal Evolution. Late Quaternary shoreline morphodynamics. – Cambridge (Univ. Press), 517 p.
Carter, R.W.G. (1988): Coastal Environments. – London (Academic Press), 617 S.
Carter, R.W.G. (1990): The geomorphology of coastal dunes in Ireland. – In: Bakker, Th.W.M., Jungerius, P.D. & Klijn, J.A. (eds.), Dunes of the European Coasts: geomorphology – hydrology – soils. – Catena Suppl. **18**: 31–40.
Chapman, V.J. & Chapman, D.J. (1980): Seaweeds and their use. – London, New York.
Chapman, V.J. (1960): Salt marshes and salt deserts of the world. – New York (Interscience), 392 p.
Chapman, V.J. (1976): Mangrove biogeography. – Proc. Symp. Mangrove, Honolulu (Univ. Florida), 3–22.
Chapman, V.J. (1978): Coastal Vegetation. – 2nd Ed., Oxford (Pergamon Press), 262 p.
Chappell, J.M.A. (1974): Geology of coral terraces, Huon Peninsula, New Guinea: A study of Quaternary tectonic movements and sea level changes. – Geol. Soc. America Bull. **85**: 553–570.
Church, J.A., White, N.J., Aarup, T., Wilson, W.S., Woodworth, P.L., Domingues, C.M., Hunter, J.R. & Lambeck, K. (2008): Understanding global sea levels: past, present and future. – Sustain. Sci. **3**: 9–22.
Clark, P.U., Mitrovica, J.X., Milne, G.A. & Tamisiea, M.E. (2002): Sea-level fingerprinting as a direct test for the source of global meltwater pulse IA. – Science **295**: 2438–2441.
Clauss, G.F. & Sprenger, F. (2010): Fraek Waves: Entstehung, Vorkommen, Warnungen. – Geogr. Rundsch. **5**: 30–34.
Coaldrake, J.E. (1962): The coastal sand dunes of Southern Queensland. – Proc. Roy. Soc. Queensland, LXXII: 101–116.
Cochran, R.J. (1981): The Gulf of Aden: Structure and evolution of a Young Ocean Basin and Continental Margin. – J. Geophys. Res. **86**: 263–287.
Cohen, A. & Holcomb, M. (2009): Why Corals Care About Ocean Acidification: Uncovering the Mechanism. – Oceanography **24**: 118–127.
Coleman, J.M. (1968): Deltaic evolution. – In: Fairbridge, R.W. (ed.), The Encyclopedia of Geomorphology. New York (Reinhold), 155–260.
Conkright, M.E., Locarnini, R.A., Garcia, H.E., O´Brien, T.D., Boyer, T.P., Stephens, C. & Antonov, J.I. (2002): World Ocean Atlas 2001: Objective analyses, data statistics, and figures. CD-ROM documentation. – NOAA, Silver Spring, USA.
Cotton, C.A. (1954): Deductive Morphology and Genetic Classification of Coasts. – Scient. Month. **18**: 163–181.
Cotton, C.A. (1963): Levels of planation of marine benches. – Z. Geomorph. N.F. **7**: 97–111.
Credner, G.R. (1878): Die Deltas – Ihre Morphologie, geographische Verbreitung und Entstehungsbedingungen. – Peterm. Geogr. Mitt., Erg., **56**.
Cronin, T.M. (1980): Biostratigraphic correlation of pleistocene marine deposits and sea levels, Atlantic coastal plain of the southeastern United States. – Quatern. Res. **13**: 213–229.
Dally, W.R. (2005): Surf zone processes. – In: Schwartz, M.L. (ed.), Encyclopedia of Coastal Science. Dordrecht, 929–935.
Dalrymple, D.W. (1965): Calcium carbonate deposition associated with blue-green algal mats, Baffin Bay, Texas. – Publ. Inst. of Marine Sci. Texas **10**: 187–200.

Daly, R.A. (1934): The Changing World of the Ice Age. – New Haven (Yale Univ. Press), 271 p. (reprinted 1963 New York).
Davidson-Arnott, R. (2010): Introduction to Coastal Processes and Geomorphology. – Cambridge University Press, Cambridge.
Davies, J.L. (1964): A morphogenic approach to world shore-lines. – Z. Geomorph. N.F. **8**: 127–142.
Davies, J.L. (1972): Geographical Variation in Coastal Development. – Geomorphology Texts, 4, (2nd Ed. 1977) Edinburgh, London (Longman), 204 p.
Dawson, A. (1996): The Geological Significance of Tsunamis. – In: Kelletat, D. & Psuty, N. (eds.), Field Methods and Models To Quantify Rapid Coastal Changes. Proc. Crete Symp., April 9–15, 1994, Z. Geomorph. N.F. Suppl. **102**: 199–210.
Dean, R.G. (2002): Beach Nourishment. Theory and Practice. – World Scientific Publisher.
Defant, A. (1936): Das Kaltwasserauftriebsgebiet vor der Küste Südafrikas. – Länderkdl. Forsch., Festschrift N. Krebs, Stuttgart.
Defant, A. (1953): Ebbe und Flut des Meeres, der Atmosphäre und der Erdfeste. – Verständl. Wiss. **49**, Berlin, Heidelberg (Springer) (Neuaufl. 1973), 119 S.
Defant, A. (1961): Physical Oceanography. Vols. 1 and 2 – Oxford (Pergamon Press).
Didenkulova, I. & Anderson, C. (2006): Freak waves in 2005. – Nat. Hazards Earth Syst. Sci. **6**: 1007–1015.
Diester-Haas, L. (1976): Quaternary accumulation rates of biogenous and terrigenous components on the east Atlantic continental slope off NW Africa. – Marine Geol. **21**: 1–24.
Dietrich, G. & Kalle, K. (1965): Allgemeine Meereskunde. Eine Einführung in die Ozeanographie. – Berlin.
Dietrich, G. & Ulrich, J. (1961): Zur Topographie der Anton-Dohrn-Kuppe. – Kieler Meeresforsch. **17**(1): 3–7, Kiel.
Dietrich, G. & Ulrich, J. (eds.) (1968): Atlas zur Ozeanographie. Meyers Großer Physischer Weltatlas. – BI-Hochschulatlanten, 7, Bibliographisches Institut, Mannheim, 79 S.
Dietrich, G. (1959): Ozeanographie. Physische Geographie der Weltmeere. – Braunschweig (Geogr. Seminar Westermann), (2. Aufl. 1964).
Dietrich, G., Kalle, K., Krauss, W. & Siedler, G. (1975): Allgemeine Meereskunde. Eine Einführung in die Ozeanographie. – Berlin, Stuttgart.
Dillenberg, S.R. & Hesp, P. (2007): Geology and Geomorphology of Holocene Coastal Barriers of Brazil. – Kindle Edition.
Dionne, J.C. & Brodeur, A. (1988): Erosion des plates-formes rocheuses littorales par affouillement glaciel. – Z. Geomorph. N.F. **32**(1): 101–115.
Dionne, J.C. (1968a): Schorre morphology on the south shore of the St. Lawrence estuary. – Amer. J. Sci. **267**: 380–388.
Dionne, J.C. (1968b): Morphologie et sédimentologie glacielles, littoral sud du Saint-Laurent. – Z. Geomorph. N.F. Suppl. **7**: 56–84.
Dionne, J.C. (1980): The role of ice and frost in tidal marsh development, a review with particular reference to Québec, Canada. – Essener Geogr. Arb. **18**: 171–210.
Disney, L.P. (1955): Tide heights along the coasts of the United States. – Amer. Soc. Civil Engin., Proc. **81**, No. 666, 9 p.
Donnelly, J.P. & Woodruff, J.D. (2007): Intense hurricane activity over the past 5000 years controlled by El Nino and the West African monsoon. – Nature **447**: 465–468.
Donnelly, J.P., Butler, J., Roll, S., Wengren, M. & Webb III, T. (2004): A backbarrier overwash record of intense storms from Brigantine, New Jersey. – Marine Geol. **210**: 107–121

Donner, J. & Eronen, M. (1981): Stages of the Baltic Sea and late Quaternary shoreline displacement in Finland. Excursion Guide. – Univ. Helsinki, Dept. Geol., Stencil **5**, 53 p.

Donovan, D.T. (ed.) (1968): Geology of shelf seas. – Proc. 14th Inter-University Geol. Congress.

DTV-Perthes (1980): Weltmeere und Polargebiete. – Weltatlas, Band 14, Darmstadt.

Duke, N.C. (2006): Australia's mangroves. – University of Queensland, Brisbane.

Dumas, B., Gueremy, P., Hwarty, P.J., Lhenait, R. & Raiey, J. (1988): Morphometric analysis and amino acid geochronology of uplifted shorelines in a tectonic region near Reggio Calabria, South Italy. – Palaeogeol., Palaeoclimatol., Palaeoecol. **68** (2–4): 273–289.

Ehlers, J. (1988): The Morphodynamics of the Wadden Sea. – Rotterdam-Brookfield (Balkema), 397 p.

Ehlers, J. (1998): Morphodynamics of the Wadden Sea: Recent Advances. – In: Kelletat, D. (ed.), German Geographical Coastal Research – The Last Decade. Tübingen, 41–62.

Ekman, V.W. (1906): Beiträge zur Theorie der Meeresströmungen. – Ann. Hydrogr. u. marit. Met. **34**: 472–484, 527–540, 566–583, Hamburg.

Ellenberg, L. & Hirakawa, A.K. (1982): Die Packeisküste Japans. – Eiszeitalter u. Gegenwart **32**: 1–12.

Ellenberg, L. (1980): Zur Klimamorphologie tropischer Küsten. – Berliner Geogr. Studien **7**: 177–192.

Ellenberg, L. (1983): Entwicklung der Küstenmorphodynamik in den letzten 20.000 Jahren. – Geogr. Rundsch. **35** (1): 9–16.

Ellenberg, L. (1986): Kliffs – Geomorphologie aktiver Steilküsten. – Braunschweig (Peter Fieber Verlag „Hercynia"), 149 S.

Ellenberg, L. (1988): Treibholz an den Stränden Costa Ricas. – In: Schipull, K. & Thannheiser, D. (Hrsg.), Neue Ergebnisse der Küstenforschung. Hamburger Geogr. Stud. **44**: 161–173.

Ellison, J.C. & Stoddart, D.R. (1991): Mangrove ecosystem collapse during predicted sea-level rise: Holocene analogues and implications. – J. Coast. Res. **7**(1): 151–165.

Elsner, J.B., Jagger, T.H. & Liu, K.-B. (2008): Comparison of hurricane return levels using historical and geological records. – J. Appl. Meteorol. Clim. **47**: 368–374.

Emery, K.O. (1969): The continental shelves. – Scient. Americ. **221**(3): 106–122.

Emery, K.O. (1970): Continental margins of the world. The Geology of the East Atlantic Continental Margin. – 1. General and Economic Papers ICSU/SCOR Working Party, Symp. Rep. Nr. 70/13, 31: 7–29, Cambridge.

Engel, M. & May, S.M. (2012): Bonaire's boulder fields revisited: Evidence for Holocene tsunami impact on the Leeward Antilles. – Quatern. Sci. Rev. doi:10.1016/j.quascirev.2011.12.011

Engel, M., Brückner, H., Scheffers, A., Messenzehl, K., Frenzel, P., May, S.M., Scheffers, S., Wennreich, V. & Kelletat, D. (2012): Shoreline changes and high-energy wave impacts at the leeward coast of Bonaire (Netherlands Antilles). – Earth, Planets and Space (in press 10/10/2012).

Engel, M., Brückner, H., Wennrich, V., Scheffers, A., Kelletat, D., Vött, A., Schäbitz, F., Daut, G., Willershäuser, T. & May, S.M. (2010): Coastal stratigraphies of eastern Bonaire (Netherlands Antilles): new insights into the palaeo-tsunami history of the southern Caribbean. – Sediment. Geol. **231**: 14–30.

Engelbrecht, C. & Preu, Ch. (1991): Multispectral SPOT images and the applicability for surveys on coastal and marine environments of coral reef islands – Case study from the

North-Male Atoll, Maledives. – In: Brückner, H. & Radtke, U. (eds.): Von der Nordsee bis zum Indischen Ozean. Erdkundliches Wissen **105**: 199–208, Stuttgart (Steiner-Verlag).

Escher, B.G. (1937): Experiments on the formation of beach cusps. – Leid. geol. Meded. **9**: 79–104.

Etienne, S. & Paris, R. (2010): Boulder accumulations related to storms on the Reykjanes Peninsula, Iceland. – Geomorphology **114**: 55–70.

Etienne, S. (2007): Les plates-formes rocheuses des littoraux volcaniques. – In: Etienne S. & Paris, R. (Eds.), Les littoraux volcaniques: une approche environnementale. Presses Universitaires Blaise-Pascal, Clermont-Ferrand, pp. 37–55.

Etienne, S., Buckley, M., Paris, R., Nadesna, A.K., Clark, K., Strotz, L., Chagué-Gogg, C., Goff, J. & Richmond, B.M. (2011): The use of boulders for characterising past tsunamis: lessons from the 2004 Indian Ocean and 2009 South Pacific tsunamis. – Earth Sci. Rev. **107**: 76–90.

Ewing, M. & Heezen, B. (1955): Puerto Rico trench topographic and geophysical data. – Crust of the Earth, a Symposium, Geol. Soc. Am., Spec. Pap., 62, New York.

Fairbridge, R.W. (1952): Marine erosion. – Proc. 7th Pacific Science Congr. New Zealand **2**: 347–359.

Fairbridge, R.W. (1961): Eustatic changes in sea-level. – In: Ahrens, L.H. et al. (eds.), Physics and chemistry of the earth. Vol. 4. London (Pergamon Press), 99–185.

Fairbridge, R.W. (1962): World sea level and climate changes. – Quaternaria **6**: 111–134, Rome.

Fairbridge, R.W. (1966): The Encyclopedia of Oceanography. – Encyclopedia of earth sciences series, 1, Dowden (Hutchinson & Ross), 1021 p.

Felton, E.A. (2002): Sedimentology of rocky shorelines: 1. A review of the problem, with analytical methods, and insights gained from the Hulopoe Gravel and the modern rocky shoreline of Lanai, Hawaii. – Sediment. Geol. **152**: 221–245.

Finkl, C. & Walker, J. (2005): Beach nourishment. – In: Schwartz, M. (Ed.), Encyclopedia of Coastal Science. Dordrecht (Springer).

Finkl, C.W. (2004): Coastal classification: Systematic approaches to consider in the development of a comprehensive system. – J. Coast. Res. **20**(1): 166–213.

Fisher, J.J. (1968): Barrier island formation: Discussion. – Geol. Soc. America Bull. **79**: 1421–1426.

Fisher, R.L. & Hess, H.H. (1963): Trenches. – In: Hill, M.N. (ed.): The Sea. Vol. 3, 3rd Ed., New York, London (Interscience Publishers), 419 p.

Fleming, K., Johnston, P., Zwartz, D., Yokoyama, Y., Lambeck, K. & Chappell, J. (1998): Refining the eustatic sea-level curve since the Last Glacial Maximum using far- and intermediate-field sites. – Earth and Planetary Science Letters **163**: 327–342.

Forschungsstelle Norderney (1961, 1962): Niedersächsische Küste. – Topographische Wattkarte 1:25.000, 15 Blätter.

Frassetto, R. (2005): The facts of relative sea-level rise in Venice. – New York (Cambridge University Press).

Fretwell, P.T., Hodgson, D.A., Watcham, E.P., Bentley, M.J. & Roberts, S.J. (2010): Holocene isostatic uplift of the South Shetland Islands, Antarctic Peninsula, modelled from raised beaches. – Quatern. Science Reviews **29** (15–16): 1880–1893.

Frydl, P. & Stearn, W.C. (1978): Rate of bioerosion by parrotfish in Barbados reef environments. – J. Sed. Petrol. **48**(4): 1149–1158.

Fuglister, F.C. (1960): Atlantic ocean atlas of temperature and salinity profiles and data from the I.B.Y. 1957–1958. – Oceanogr. Inst. Atlas Ser., 1, Woods Hole.

Garrett, C.J.R. (1972): Tidal resonance in the Bay of Fundy and Gulf of Maine. – Nature **238**: 441–443.

Garrison, T. (2005): Oceanography: An Invitation to Marine Science. – 5th ed., Thomson.

Gierloff-Emden, H.G. (1961): Nehrungen und Lagunen. – Peterm. Geogr. Mitt. **105**: 81–92, 161–176.

Gierloff-Emden, H.G. (1976): Manual of Interpretation of orbital remote sensing satellite photography and imagery for coastal and off-shore environmental features (including lagoons, estuaries and bays). – Münchner Geogr. Arb.. **20**.

Gierloff-Emden, H.G.(1980): Geographie der Meere, Ozeane und Küsten. – Lehrbuch d. allg. Geographie, 5, Teil I und II, Berlin-New York

Gierloff-Emden, H.G.(1982): Interest of remote sensing in coastal lagoon research. – Proc. Int. Symp. on Coastal Lagoons, SCOR/IABO/UNESCO, Bordeaux 1982, Oceanol. Acta no sp.,139–149

Giresse, P. & Davies, O. (1980): High sea levels during the last glaciation. One of the most puzzling problems of sea-level studies. – Quaternaria **22**: 211–236.

Goff, J., Chagué-Goff, C. & Nichol, S. (2001): Paleotsunami deposits: a New Zealand perspective. – Sediment. Geol. **143**: 1–6.

Goff, J.R., Lane, E. & Arnold, J. (2009): The tsunami geomorphology of coastal dunes. – Nat. Hazards Earth Syst. Sci. **9**: 847–854.

Gorsline, D.S. (ed.) (1970): Submarine canyons. – Marine Geol., Spec. Issue **8**(3/4), Amsterdam (Elsevier).

Goto, K., Kawana, T. & Imamura, F. (2010a): Historical and geological evidence of boulders deposited by tsunamis, southern Ryukyu Islands, Japan. – Earth Sci. Rev. **102**: 77–99.

Goto, K., Miyagi, K., Kawamata, H. & Imamura, F. (2010b): Discrimination of boulders deposited by tsunamis and storm waves at Ishigaki Island, Japan. – Marine Geol. **269**: 34–45.

Green, E.P. & Short, F.T. (2003): World Atlas of Seagrasses. – UNEP-WCMC, Cambridge.

Gripp, K. (1956): Das Watt. Begriff, Begrenzung und fossile Vorkommen. – Senckenbergiana Lethaea, **37**(3/4): 149–181.

Guilcher, A. (1952): Formes de décomposition chimique dans la zone des marées et des embruns sur les côtes britanniques et bretonnes. – Vol. Jubil. Cinquant. Anniv. Labo. Géogr., 167–181, Rennes.

Guilcher, A. (1963): Continental shelf and slope, Continental margin. – In: Hill, M.N. (ed.): The Sea. – New York, London (Interscience Publ.), 963 p.

Guilcher, A. (1988): Coral Reef Geomorphology. – Chichester (Wiley), 228 p.

Guilcher, A. et al. (1962): Formes de corrosion littorale dans les roches volcaniques, particulièrement à Madagascar. – Cah. Océan, XIV, 4.

Haarnagel, W. (1960): Meeresspiegelschwankungen an der deutschen Nordseeküste in historischer und prähistorischer Zeit. – 32. dt. Geographentag Berlin 1959, Tagungsber. Wiss. Abh., 243–251, Wiesbaden.

Hafemann, D. (1965): Die Niveauveränderungen an den Küsten Kretas seit dem Altertum nebst einigen Bemerkungen über ältere Strandbildungen auf Westkreta. – Akad. Wiss. Lit., Mainz, Abh. math.-naturwiss. Klasse **12**: 605–688.

Hagedorn, J. & Poser, H. (1974): Räumliche Ordnung der rezenten geomorphologischen Prozesse und Prozesskombination auf der Erde. – Abh. Akad. Wiss. Göttingen, Math. Phys. Klasse, III., **29**: 426–439.

Hall, A.M., Hansom, J.D. & Williams, D.M. (2010): Wave-emplaced coarse debris and megaclasts in Ireland and Scotland: boulder transport in high-energy littoral environment: a discussion. – J. of Geol. **118**: 699–704.

Haner, B.E. & Gorsline, D.S. (1978): Processes and morphology of continental slope between Santa Monica and Dune Submarine Canyons, southern California. – Marine Geol. **28**: 77–87.

Hansom, D. & Kirk, R.M. (1989): Ice in the Intertidal Zone: Examples from Antarctica. – In: Bird, E.C. F. & Kelletat, D. (eds.), Zonality of Coastal Geomorphology and Ecology. Proceedings of the Sylt Symposium, Aug. 30–Sept. 3, 1989, Essener Geogr. Arb. **18**: 211–236.

Hansom, J.D. & Hall, A.M. (2009): Magnitude and frequency of extra-tropical North-Atlantic cyclones: a chronology from cliff-top storm deposits. – Quatern. Internat. **195**: 42–52.

Hansom, J.D. (1988): Coasts. – Cambridge Press.

Hansom, J.D., Barltrop, N. & Hall, A. (2008): Modelling the processes of cliff-top erosion and deposition under extreme storm waves. – Marine Geol. **253**: 36–50.

Hardie, L.A. (1977): Sedimentation on the Modern Tidal Flats of Northwest Andros Island, Bahamas. – Sedim. Geol., 235–236.

Haslett, S.K. & Bryant, E.A. (2007): Evidence for historic coastal high-energy wave impact (tsunami?) in North Wales, United Kingdom. – Atlantic Geol. **43**: 137–147.

Haslett, S.K. & Bryant, E.A. (2008): Historic tsunami in Britain since AD 1000: a review. – Natural Hazards and Earth System Sciences **8**: 587–601.

Hastenrath, S. & Lamb, P. (1977): Climatic atlas of the Atlantic and eastern Pacific. – Berlin, 112 p.

Hayden, B. et al. (1972/73): Classification of the coastal environments of the world. The Americas (Part 1), Africa (Part 2). – Univ. Nargura Techn. Rep., Charlottesville, **3**: 1–46.

Hayes, M.O.(1967): Relationship between coastal climate and bottom sediment types on the inner continental shelf. – Marine Geol., 5: 111-132

Hayes, M.O., Michel, J. & Betenbaugh, D.V. (2010): The Intermittently Exposed, Coarse-Grained Gravel Beaches of Prince William Sound, Alaska: Comparison with Open-Ocean Gravel Beaches. – J. Coast. Res. **26**: 4–30.

Healy, T.R. (1968): Bioerosion on shore platforms developed in the Waitemata Formation, Auckland. – Earth Sci. J. **2**: 26–37.

Heezen, B.C. & Wilson, L. (1968): Submarine geomorphology. – In: Fairbridge, R.W. (ed.), The Encyclopedia of Geomorphology. – New York (Reinhold), 1079–1097.

Heezen, B.C. et al. (1969): The northwest Atlantic mid ocean canyon. – Canadian J. Ser. **6**: 1441–1493, Ottawa.

Hempel, L. (1980): Zur Genese von Dünengenerationen an Flachküsten. Beobachtungen auf den Nordseeinseln Wangerooge und Spiekeroog. – Z. Geomorph. N.F. **24**: 428–447.

Henningsen, D., Kelletat, D. & Hagn, H. (1981): Die quartären Äolianite auf Ibiza und Formentera (Balearen, Mittelmeer) und ihre Bedeutung für die Entwicklungsgeschichte der Inseln. – Eiszeitalter und Gegenwart **31**: 109–133.

Hodgkin, E.P. (1970): Geomorphology and biological erosion of limestone coasts in Malaysia. – Geol. Soc. Malaysia Bull. **3**: 27–51.

Hönisch, B., Ridgwell, A. & Schmidt, D.N. (2012): The Geological Record of Ocean Acidification. – Science **335**: 1058–1063.

Hoyt, J.H. (1967): Barrier island formation. – Geol. Soc. America Bull. **78**: 1125–1136.

Hoyt, J.H., Smith, D.D. & Oostdam, B.L. (1965): Pleistocene low sea level stands on the southwest African continental shelf. – Int. Assoc. for Quaternary Res., VII Int. Congr., 227 p.

Hughes, T.P., Baird, A.H., Bellwood, D.R., Card, M., Connolly, S.R., Folke, C., Grosberg, R., Hoegh-Guldberg, O., Jackson, J.B.C., Kleypas, J., Lough, J.M., Marshall, P., Nyström, M., Palumbi, S.R., Pandolfi, J.M., Rosen, B. & Roughgarden, J. (2003): Climate change, human impacts, and the resilience of coral reefs. – Science **301**: 929–933.

Hyvernaud, O. (2009): Dislocations des barrières récifales occasionnées par un cyclone de forte énergie. – 11th Pacific Science Inter-Congress, Tahiti.

Inman, D.L. & Bagnold, R.A. (1963): Beach and nearshore processes, Part 2: Littoral processes. – Hill, M.N. (ed.), The Sea. New York (Interscience), 529–553.

IPCC (2007): Zusammenfassung für politische Entscheidungsträger. In: Klimaänderung 2007: Wissenschaftliche Grundlagen. Beitrag der Arbeitsgruppe I zum Vierten Sachstandsbericht des Zwischenstaatlichen Ausschusses für Klimaänderung (IPCC), Solomon, S., D. Qin, M. Manning, Z. Chen, M. Marquis, K.B. Averyt, M. Tignor und H.L. Miller, Eds., Cambridge University Press, Cambridge, United Kingdom und New York, NY, USA. Deutsche Übersetzung durch ProClim-, österreichisches Umweltbundesamt, deutsche IPCC-Koordinationsstelle, Bern/Wien/Berlin, 2007.

IPCC (2011): Edenhofer, O., Pichs-Madruga, R., Sokona, Y., Seyboth, K., Matschoss, P., Kadner, S., Zwickel, T., Eickemeier, P., Hansen, G., Schloemer, St., von Stechow, Ch. (Eds.): Renewable Energy Sources and Climate Change Mitigation. – Cambridge University Press, Cambridge, United Kingdom and New York, NY, USA, 1075 pp.

Jacobi, R.D. (1976): Sediment slides on the northwestern continental margin of Africa. – Marine Geol. **22**: 157–173.

Jankaew, K., Atwater, B.F., Sawai, Y., Choowong, M., Charoentitirat, T., Martin, M.E. & Prendergast, A. (2008): Medieval forewarning of the 2004 Indian Ocean tsunami in Thailand. – Nature **455**: 1228–1231.

Jelgersma, S. (1971): Sea level changing during the last 10.000 years. – In: Steers, J.A. (ed.), Introduction to Coastline Development. London (Macmillan), 25–48.

John, B.S. & Sudgen, D.E. (1975): Coastal geomorphology of high latitudes. – Congress in Geogr., London, **7**: 53–132.

Johnson, D.W. (1925): The New England–Acadian Shoreline. – New York (Wiley), 608 p.

Jordan, E. (1988): Die Mangrovenwälder Ecuadors im Spannungsfeld zwischen Ökologie und Ökonomie. – In: Buchholz, J. & Gerold, G. (Hrsg.), Lateinamerikaforschung. Jb. Geogr. Ges. Hannover.

Kalle, K. (1945): Der Stoffhaushalt des Meeres. – Leipzig, 263 S.

Kayan, I., Kelletat, D. & Venzke, J.-F. (1985): Küstenmorphologie der Region zwischen Karaburun und Figlaburnu, westlich Alanya, Türkei. – In: Barth, H.K. (Hrsg.), Beiträge zur Geomorphologie des Vorderen Orients. Erläuterungen zur TAVO-Karte A-III 6.1-6.3, Geomorphologische Beispiele, 19–70, Wiesbaden.

Kelletat, D. & Gassert, D. (1975): Quartärmorphologische Untersuchungen im Küstenraum der Mani-Halbinsel, Peloponnes. – Z. Geomorph. N.F. Suppl. **22**: 8–56.

Kelletat, D. & Psuty, N. (eds.) (1996): Field Methods and Models To Quantify Rapid Coastal Changes. – Proceedings Crete Symposium, April 9–15, 1994. Z. Geomorph. N.F. Suppl. **102**, 232 S.

Kelletat, D. & Schellmann, G. (2002): Tsunamis on Cyprus – Field Evidences and ^{14}C Dating Results. – Z. Geomorph. N.F. **46** (1): 19–34; Berlin.

Kelletat, D. & Seehof, G. (1986): Über die zonale Anordnung der gegenwärtigen Küstenformungsprozesse im Osten Australiens. – Berliner Geogr. Stud. **18**: 41–77.

Kelletat, D. & Zimmermann, L. (1991): Verbreitung und Formtypen rezenter und subrezenter organischer Gesteinsbildungen an den Küsten Kretas. – Essener Geogr. Arb. **23**, 168 S.

Kelletat, D. (1974): Beiträge zur regionalen Küstenmorphologie des Mittelmeerraumes, Gargano/Italien und Peloponnes/Griechenland. – Z. Geomorph. N.F. Suppl. **19**, 161 S.

Kelletat, D. (1975a): Eine eustatische Kurve für das jüngere Holozän, konstruiert nach Zeugnissen früherer Meeresspiegelstände im östlichen Mittelmeergebiet. – N. Jb. Geol. Paläont. Mh. **6**: 360–374.

Kelletat, D. (1975b): Beobachtungen an holozänen Beachrock-Vorkommen des Peloponnes, Griechenland. – Würzburger Geogr. Arb. **43**: 44–54.

Kelletat, D. (1979): Geomorphologische Studien an den Küsten Kretas. Beiträge zur regionalen Küstenmorphologie. – Abh. Akad. Wiss. in Göttingen, Math.-Phys. Klasse, Dritte Folge, **32**: 105 S.

Kelletat, D. (1980): Formenschatz und Prozessgefüge des „Biokarstes" an der Küste von Nordwestmallorca (Cala Guya). – Beiträge zur regionalen Küstenmorphologie des Mittelmeerraumes, Berliner Geogr. Stud. **7**: 99–111.

Kelletat, D. (1982): Hohlkehlen sowie rezente organische Gesteinsbildungen an der Küste und ihre Beziehung zum Meeresniveau. – Essener Geogr. Arb. **1**: 1–27.

Kelletat, D. (1984): Deltaforschung. Verbreitung, Morphologie, Entstehung und Ökologie von Deltas. – Erträge der Forschung, 214, Darmstadt (Wiss. Buchges.), 158 S.

Kelletat, D. (1985b): Geomorphologische Beobachtungen im subarktischen Küstenmilieu am Beispiel Nord-Norwegens (Varanger-Halbinsel und Umgebung). – Kieler Geogr. Schriften **62**: 19–47.

Kelletat, D. (1985c): Bio-destruktive und bio-konstruktive Formelemente an den spanischen Mittelmeerküsten. – Geoökodynamik **6**(1/2): 1–20.

Kelletat, D. (1985d): Studien zur spät- und postglazialen Küstenentwicklung der Varanger-Halbinsel, Nord-Norwegen. – In: Kelletat, D. (Hrsg.), Beiträge zu Geomorphologie der Varanger-Halbinsel, Nord-Norwegen. Essener Geogr. Arb. **10**: 1–110.

Kelletat, D. (1985e): Zonalität von Küstenformen und Küstenformungsprozessen im Mittelmeergebiet. – Ergebnisse eines Forschungsprogramms. – Berliner Geogr. Studien **16**: 169–189.

Kelletat, D. (1986a): Die Bedeutung biogener Formung im Felslitoral Nord-Schottlands. – Essener Geogr. Arb. **14**: 1–83.

Kelletat, D. (1986b): Beobachtungen an Landschaftsmustern der Mangrovewatten im Norden und Osten Australiens. – Geoökodynamik **7**: 405–424.

Kelletat, D. (1987a): Probleme der Zonalität von Küstenformungsprozessen im Osten der USA. – In: Eckart, K., Eichenhauer, H. & Oltersdorf, B. (Hrsg.), Lebensräume Land und Meer. Festschrift f. Heinrich Kellersohn zum 65. Geburtstag, 2. Juli 1987, Berlin (Vilseck): 137–157.

Kelletat, D. (1987b): Küstenforschung. – Geogr. Rundsch. **39**: 4–12.

Kelletat, D. (1987d): Das Spektrum biogener Formungsprozesse an den Küsten Neuseelands. – Berliner Geogr. Studien **25**: 421–454.

Kelletat, D. (1988b): Zonality of Modern Coastal Processes and Sea-Level Indicators. – Palaeogeol., Palaeoclimatol., Palaeoecol. **68**: 219–230, Amsterdam.

Kelletat, D. (1988c): Quantitative Investigations on Coastal Bioerosion in higher Latitudes: an example from Northern Scotland. – Geoökodynamik **9**(1): 41–51.

Kelletat, D. (1989a): Main Aspects of the Coastal Evolution of Sylt (FRG). – In: Bird, E.C.F. & Kelletat, D. (Hrsg.), Zonality of Coastal Geomorphology and Ecology. Program, Abstracts and Field Guide of the Preconference Symp., 2nd Int. Conf. on Geomorphology 1989: 25–53, Essen.

Kelletat, D. (1989c): Küstenformung und Sedimentationsbedingungen in der Shark Bay, West-Australien. – Essener Geogr. Arb. **17**: 217–245.

Kelletat, D. (1989d): Zonality of Rocky Shores. – Essener Geogr. Arb. **18**: 1–29.

Kelletat, D. (1989e): Biosphere and Man as Agents in Coastal Geomorphology and Ecology. – Geoökodynamik **10**: 215–252.

Kelletat, D. (1989f): Biogene Küstenformung. Abriß eines lange vernachlässigten Forschungsfeldes. – Die Geowissenschaften **7**(4): 91–97.

Kelletat, D. (1989g): The question of "Zonality" in Coastal Geomorphology – with tentative application along the East Coast of the USA. – J. Coast. Res. **5**(2): 329–344.

Kelletat, D. (1990): Meeresspiegelanstieg und Küstengefährdung. – Geogr. Rundsch. **42**(12): 648–652.

Kelletat, D. (1991a): The 1550 BP tectonic event in the Eastern Mediterranean, as a basis for assuring the intensity of shore processes. – Z. Geomorph. N.F., Suppl. **81**: 181–194.

Kelletat, D. (1991b): Main Trends of Palau Islands' Coastal Evolution, Identified by Air and Ground Truthing. – Geojournal **24**(1): 77–84.

Kelletat, D. (1991c): Küstenmorphologische Wirkungen von Treibeis unter besonderer Berücksichtigung von Ost-Kanada. – In: Brückner, H. & Radtke, U. (Hrsg.): Von der Nordsee bis zum Indischen Ozean. – Erdkundliches Wissen **105**: 151–180, Stuttgart (Steiner Verlag).

Kelletat, D. (1991d): Geomorphological Aspects of Eolianites in Western Australia. – In: Brückner, H. & Radtke, U. (Hrsg.): Von der Nordsee bis zum Indischen Ozean. Erdkundliches Wissen **105**: 181–198, Stuttgart (Steiner Verlag).

Kelletat, D. (1991e): Anmerkungen zur Küstenmorphologie des Wood- und Liefdefjorden. – In: Stäblein, G. (Hrsg.): Beiträge zur Geowissenschaftlichen Spitzbergen-Expedition 1990 (SPE 90): „Stofftransporte Land-Meer in polaren Geosystemen" **19**: 43–46.

Kelletat, D. (1992): Coastal Erosion and Protection Measures at the German North Sea Coast. – J. Coast. Res. **8**(3): 699–711.

Kelletat, D. (1993a): Coastal Geomorphology and Tourism on the German North Sea Coast. – In: Wong, P.P. (ed.): Tourism vs. Environment: The Case for Coastal Areas. The Geo Journal Library **26**: 139–165, Dordrecht, Boston, London (Kluwer).

Kelletat, D. (1993b): Niveauveränderung und Küstenentwicklung der Palau-Inseln, Mikronesien. – In: Wieneke, F. (Hrsg.), Beiträge zur Geographie der Meere und Küsten. Münchener Geogr. Abh. B, **13**: 63–84.

Kelletat, D. (1994a): Main Trends of the Late- and Postglacial Coastal Evolution in Northernmost Norway. – In: Venzke, J.F. (Hrsg.), Zur Ökologie und Gefährdung der borealen Landschaftszone. Essener Geogr. Arbeiten **25**: 111–124.

Kelletat, D. (1994b): Holocene Neotectonics and Coastal Features in Western Crete, Greece, Field Guide. – In: Field Methods and Models To Quantify Rapid Coastal Changes. Crete Field Symposium, April 9–15, 1994. Selbstverlag des Instituts für Geographie, Universität GH Essen, 40–78.

Kelletat, D. (1994c): Field Methods and Models to Quantify Rapid Coastal Changes. – Crete Field Symposium, April 9–15, 1994. Program, abstracts and field guide. Selbstverlag des Instituts für Geographie, Universität GH Essen, 80 p.

Kelletat, D. (1994d): Der Einfluß von Riesentangen auf die Küstenformung in Tasmanien und Neuseeland. – Geoökodynamik **15**: 1–28.

Kelletat, D. (1995b): Atlas of Coastal Geomorphology and Zonality. – J. Coast. Res., Spec. Issue **13**: 286 p.

Kelletat, D. (1996a): Perspectives in Coastal Geomorphology of Western Crete, Greece. – Z. Geomorph. N.F. Suppl. **102**: 1–19.

Kelletat, D. (1997): Mediterranean Coastal Biogeomorphology: Processes, Forms, and Sea-Level Indicators. – In: Briand, F. & Maldonado, A. (eds.), Transformations and evolution of the Mediterranean coastline. CIESM Science Series no 3, Bulletin de l'institut océanographique, numéro spécial, **18** 209–226.

Kelletat, D. (1998a): Beachrock (sensu stricto). Anmerkungen aus geomorphologischer Sicht – In: Higelke, B. (ed.), Beiträge zur Küsten- und Meeresgeographie. – Festschrift H. Klug, Kieler Geographische Schriften **97**: 205–224.

Kelletat, D. (1998b): Geologische Belege katastrophaler Erdkrustenbewegungen 365AD im Raum von Kreta. – In: ‚Geographica Historica' zum 6. Internationalen Kolloquium für Historische Geographie der Alten Welt, Stuttgart.

Kelletat, D. (2001): Küstenformen und Küstenformungsprozesse. – In: Lexikon der Geographie **2**: 291–294; Heidelberg, Berlin (Spektrum Akademischer Verlag).

Kelletat, D. (2001): Meeresspiegelschwankungen. – In: Lexikon der Geographie **2**: 365–367; Heidelberg, Berlin (Spektrum Akademischer Verlag).

Kelletat, D. (2003): Tsunami durch Impacts von Meteoriten im Quartär? – In: Kelletat, D. (Hrsg.), Neue Ergebnisse der Küsten- und Meeresforschung. Essener Geographische Arbeiten **35**: 27–38.

Kelletat, D. (2005a): A Holocene Sea Level Curve for the Eastern Mediterranean from Multiple Indicators. – Z. Geomorph. N.F., Suppl. **137**: 1–9.

Kelletat, D. (2005b): Geographical Coastal Zonality. – In: Schwartz, M. (ed.), Encyclopedia of Coastal Science. – Dordrecht (Kluwer).

Kelletat, D. (2005c): Notches. – In: Schwartz, M. (ed.), Encyclopedia of Coastal Science. Dordrecht (Kluwer).

Kelletat, D. (2005d): Die Küsten der Erde. – Schulgeographie 2005, Sonderheft, 34–45 (Westermann).

Kelletat, D. (2005e): Neue Beobachtungen zu Paläo-Tsunami im Mittelmeergebiet: Mallorca und Bucht von Alanya, türkische Südküste. – AMK 05, Schriften des Arbeitskreises Landes- und Volkskunde (ALV), Koblenz: 1–14.

Kelletat, D. (2006a): Meere und Küsten. – In: Bartels, G., Kelletat, D., Schäbitz, F., Selbach, V. & Thieme, G. (2006): Grundwissen Geografie bis zur 10. Klasse. München (Mentor Verlag), 43–56.

Kelletat, D. (2006b): Naturgefahren, Naturkatastrophen. – In: Bartels, G., Kelletat, D., Schäbitz, F., Selbach, V. & Thieme, G. (2006): Grundwissen Geografie bis zur 10. Klasse. München (Mentor Verlag), 238–247.

Kelletat, D. (2006c): Beachrock as sea-level indicator? – Remarks from a geomorphological point of view. – J. Coastal Res. **22** (2): 1558–1564.

Kelletat, D. (2006d): Formbildung durch Meteoriteneinschläge. – In: Gebhard, H., Glaser, R., Radtke, U. & Reuber. P. (Hrsg.): Geographie – Physische Geographie und Humangeographie. München (Spektrum Akademischer Verlag), 315–316.

Kelletat, D. et al. (1976): A synoptic view on the neotectonic development of Peloponnesian coastal regions. – Z. Dt. Geol. Ges. **127**: 447–465.

Kelletat, D., Scheffers, A. & May, S.M. (2013): Coastal Environments from Polar Regions to the Tropics – A Geographer's Zonality Perspective. – In: Martini, I.P. (ed.), Sedimentary Coastal Zones from High to Low Latitudes: Similarities and Differences. Geological Society London Special Publication. J. Geol. Soc. of London, Spec. Issue, submitted.

Kelletat, D., Scheffers, A. & Scheffers, S. (2004): Holocene tsunami deposits on the Bahaman Islands of Long Island and Eleuthera. – Ann. of Geomorph. N.F. **48** (4): 519–540.

Kelletat, D., Scheffers, A. & Scheffers, S. (2005): Tsunami – eine unterschätzte Naturgefahr? – Geowissensch. Mitt., 5–13.

Kelletat, D., Scheffers, A. & Scheffers, S. (2007): Field Signatures of the SE-Asian Mega-Tsunami along the West Coast of Thailand compared to Holocene Paleo-Tsunami from the Atlantic Region. – Pure and Applied Geophysics **164** (2/3): 413–431.

Kelletat, D., Whelan, F., Bartel, P. & Scheffers, A. (2005): New Tsunami Evidences in Southern Spain – Cabo de Trafalgar and Mallorca Island. – In: Sanjaume, E. & Matheu, J.F. (eds.): Geomorfologia Litoral I Quarternari, Homenatge al professor Vincenç M. Rosselló I Verger. – Universitat de València, Spain, 215–222.

Kharif, C. & Pelinovsky, E. (2003): Physical mechanisms of the rogue wave phenomenon. – Eur. J. Mech. B **22**: 603–634.

King, C.A.M. (1972): Beaches and Coasts. – 2nd Ed., London (Arnold), 570 p. (1959/1972).

King, C.A.M. (1974): Introduction to physical and biological oceanography. – London (Arnold), 336 p.

Kinsman, B. (1965): Wind waves, their generation and propagation on the ocean surface. – New York (Prentice Hall), 675 p.

Kleemann, K.H. (1973): Der Gesteinsabbau durch Ätzmuscheln an Kalkküsten. – Oecologie **13**: 337–395.

Klein, G. de V. (1963): Bay of Fundy intertidal zone sediments. – J. Sed. Petrol. **33**: 844–854.

Klijn, J.A. (1990): Dune forming factors in a geographical context. – In: Bakker, Th.W.M., Jungerius, P.D. & Klijn, J.A. (eds.): Dunes of the European Coasts: geomorphology – hydrology –soils. – Catena Suppl. **18**: 1–13, Cremlingen.

Klug, H. & Klug, A. (1998): The Impact of Tourism on the Natural Ecosystems of the German Coasts. – In: Kelletat, D. (ed.): German Geographical Coastal Research – The Last Decade. Tübingen, 201–220.

Klug, H. (1980): Der Anstieg des Ostseespiegels im deutschen Küstenraum seit dem Mittelatlantikum. – Eiszeitalter und Gegenwart **30**: 237–252.

Klug, H. (1986a): Flutwellen und Risiken der Küste. – Wiesbaden-Stuttgart (Franz Steiner Verlag), 123 S.

Knapp, R. (1975): Mehrjährige supra-litorale Salzmarschgesellschaften an den Küsten von Nordamerika. – Coll. Phytosoc. **4**: 181–191.

Knopoff, L. et al. (1969): The world rift system. – Tectonophys., Spec. Issue, Int. Upper Mantle Comm., **8**(4–6), Amsterdam.

Kolla, V., Henderson, D., Sullivan, L. & Biscaye, P.E. (1978): Recent sedimentation in the southeast Indian Ocean with special reference to the effects of Antarctic Bottom Water circulation. – Marine Geol. **27**: 1–17.

Kolp, O. (1976): Die submarinen Terrassen der südlichen Ost- und Nordsee und ihre Beziehungen zum eustatischen Meeresanstieg. – Beiträge z. Meereskunde **35**, Berlin.

Kolp, O. (1982): Entwicklung und Chronologie des Vor- und Neudarßes. – Peterm. Geogr. Mitt. **126**(2): 85–94.

Kortekaas, S. & Dawson, A.G. (2007): Distinguishing tsunami and storm deposits: an example from Martinhal, SW Portugal. – Sediment. Geol. **200**: 208–221.

Kossack, H.P.(1953): Die Polargebiete. – Geogr. TB, Stuttgart

Kraft, C.J., Allen, A.E. & Maurmeyer, E. (1978): The geological and paleogeomorphological evolution of a spit system and its associated coastal environments: Cape Henlopen Spit, Delaware. – J. Sed. Petrol. **481**: 211–226.

Kremer, B.P. (1986): Riesentange – Braunalgen der Meeresküsten. – Natur und Museum **116**(3): 80–93, Frankfurt a. M.

Kremer, J.N. (1978): Coastal marine ecosystems. – New York.

Krümmel, O. (1907): Handbuch der Ozeanographie. Die räumlichen, chemischen und physikalischen Verhältnisse des Meeres. Band 1. – Stuttgart (Engelhorn).

Kuchler, A.W. (1972): The mangrove in New Zealand. – New Zealand Geogr. **28**: 113–128.

Kushnir, Y., Cardone, V.J., Greenwood, J.G. & Cane, M.A. (1997): The recent increase in North Atlantic wave heights. – J. of Climate **10**: 2107–2113.

Laborel, J. (1987): Marine biogenic constructions in the Mediterranean. – Sci. Rep. Port-Cros. Natl. Park **13**: 97–126.

Lamb, H. & Frydendahl, K. (2005): Historic storms of the North Sea, British Isles and northwest Europe. – Cambridge (Cambridge University Press), 228 p.

Lambeck, K. & Chappell, J. (2001): Sea level change through the last glacial cycle. – Science **292**: 679–686.

Lambeck, K. (2002): Sea level change from mid Holocene to recent time: An Australian example with global implications. – In: Mitrovica, J.X. & Vermeersen, B.L.A. (eds.), Ice sheets, sea level and the dynamic earth, 33–50, American Geophysical Union.

Lambeck, K., Esat, T.M. & Potter, E-K. (2002): Links between climate and sea levels for the past three million years. – Nature **419**: 199–206.

Lambeck, K., Purcell, A., Johnston, P., Nakada, M. & Yokoyama, Y. (2003): Water-load definition in the glacio–hydro–isostatic sea-level equation. – Quatern. Science Reviews **22**(2–4): 309–318.

Lander, J.F., Whiteside, L.S. & Lockridge, P.A. (2002): A brief history of tsunamis in the Caribbean. – Science of Tsunami Hazards **20** (2): 57–94.

Landsea, C.W. (1993): A climatology of intense (or major) Atlantic hurricanes. – Monthly Weather Reviw **121**: 1703–1713.

Landsea, C.W. (2007): Counting Atlantic tropical cyclones back to 1900. – Eos **88**: 197–202.

Landsea, C.W., Harper, B.A., Hoarau, K. & Knaff, J.A. (2006): Can we detect trends in extreme tropical cyclones? – Science **313**: 452–454.

Lavigne, F., Paris, R., Wassmer, P., Gomez, C., Brunstein, D., Grancher, D., Vautier, F., Sartohadi, J., Setiawan, A., Syahnan, Gunawan, T., Fachrizal, Waluyo, B., Mardiatno, D., Widagdo, A., Cahyadi, R., Lespinasse, N. & Mahieu, L. (2006): Learning from a major disaster (Banda Aceh, December 26th, 2004): a methodology to calibrate simulation codes for tsunami inundation models. – Z. Geomorph. N.F. Suppl. **146**: 253–265.

LeBlond, P.H. et al. (1978): Waves in the ocean. – Elsevier Oceanography Series **20**, Amsterdam, New York.
Lewis, A.J. (1992): Linear Shell Reefs. – In: Janelle, D.J. (eds.), Geographical Snapshots of North America. New York, London (The Guilford Press), 371–374.
Liu, K., Lu, H. & Shen, C. (2009): Some fundamental misconceptions about paleotempestology. – Quat. Res. **71**: 253–254.
Liu, K.-B. & Fearn, M.L. (2000): Reconstruction of prehistoric landfall frequencies of catastrophic hurricanes in northwestern Florida from lake sediment records. – Quatern. Res. **54**: 238–245.
Liu, K.-B. (2004): Paleotempestology: Principles, methods and examples from Gulf Coast lake sediments. – In: Murname, R.J. & Liu, K.-B. (eds.): Hurricanes and typhoons: Past, present, and future. 13–57, Columbia University Press.
Lockwood, J.G. (2005): Atmospheric circulation, global. – In: Oliver, J.E. (ed.), Encyclopedia of world climatology. Dordrecht (Springer).
Lorang, M.S. (2002): Predicting the crest height of a gravel beach. – Geomorphology **48**: 87–101.
Louis, H. & Fischer, K. (1979): Allgemeine Geomorphologie. – Lehrbuch der allg. Geographie, 1, Berlin.
Lugo, A.E. & Snedaker, S.C. (1974): Ecology of mangroves. – Ann. Rev. of Ecology and Systematics, **5**: 39–64.
Lvovitch, M.I. (1971): The water balance of the continents of the world and the method of studying it. – Moscow.
Mac Nae, W. (1963): Mangrove swamps in south Africa. – J. Ecol. **51**: 571–589.
MacLellan, H.J. (1965): Elements of physical oceanography. – New York, Oxford (Pergamon Press).
MacNell, F.S. (1950): Planation of recent reef flat at Okinawa. – Geol. Soc. Marine Bull. **6**: 1307–1308.
Mallik, T.K. (1978): Mineralogy of deep-sea sands of the Indian Ocean. – Marine Geol. **27**: 161–176.
Marcinek, J. & Rosenkranz, E. (1989): Das Wasser der Erde. Lehrbuch der geographischen Meeres- und Gewässerkunde. – Thun, Frankfurt/Main (Verlag Harri Deutsch), 381 S.
Marsden, M.A.H. (1979): Circulation patterns from seabed-drifter studies, Westernport and inner Bass Strait, Australia. – Marine Geol. **30**: 85–99.
Marstaller, U. (1996): Destruction of Mangrove Wetlands – Causes and Consequences. – In: Ernst, W. Hohnholz, J.H. & Bittner, A. (eds.), Natural Resources and Development. Focus: Mangrove Forest, Institute for Scientific Cooperation **43/44**: 37–57, Tübingen.
Martini, J.P. (1981): Morphology and sediments of the emergent Ontario coast of James Bay, Canada. – Geogr. Annaler **63A**(1/2): 81–93.
Masselink, G. (2005): Waves. – In: Schwartz, M.L. (ed.), Encyclopedia of Coastal Science. Dordrecht, 1069–1074.
Mastronuzzi, G. & Sansò, P. (2004): Large boulder accumulations by extreme waves along the Adriatic coast of southern Apulia (Italy). – Quatern. Internat. **120**: 173–184.
Mastronuzzi, G., Pignatelli, C., Sanso, P. & Selleri, G. (2007): Boulder accumulations produced by the 20th of February, 1743 tsunami along the coast of southeastern Salento (Apulia region, Italy). – Marine Geol. **242**: 191–205.
May, S.M., Engel, M., Brill, D., Squire, P., Scheffers, A. & Kelletat, D. (2013): Coastal hazards from tropical cyclones and extratropical winter storms based on Holocene storm

chronologies. – In: Finkl, C. (ed.), Coastal Hazards. Springer, Coastal Research Library 6, 557–585. DOI: 10.1007/978-94-007-5234-4-20.
Maxwell, W.G. (1968): Atlas of the Great Barrier Reef. – Australia (Elsevier Publ. Comp.).
McGill, J.T. (1958): Map of coastal landforms of the world. – Geogr. Rev. **48**: 402–405.
McKenna, J. (2005): Boulder beaches. – In: Schwartz, M.L. (Ed.), Encyclopedia of Coastal Science. Berlin (Springer), 206–208.
McMurtry, G.M., Fryer, G.J., Tappin, D.R., Wilkinson, I.P., Williams, M., Fietzke, J., Garbe-Schoenberg, D. & Watts, P. (2004): Megatsunami deposits on Kohala volcano, Hawaii, from flank, collapse of Mauna Loa. – Geology **32** (9): 741–744.
Meadows, P.S. & Campbell, J.I. (1978): An Introduction to Marine Science. – Department of Zoology, Univ. Glasgow, Blackie.
Menard, H.W. (1961): The east Pacific rise. – Scient. Americ. **12**, New York.
Menard, H.W. (1963): Oceanic islands, seamounts, guyots, and atolls. – In: Hill, M.N. (ed.): The Sea. Vol. 3. London, New York.
Menard, H.W. (1969): The deep-ocean floor. – Scient. Americ. **2221**(3): 126–142.
Menard, H.W.& Smith, S.M.(1966): Hypsometry of ocean basin provinces. – Journ. Geophys. Res., 71(18): 4305-4325
Mensching, H. (1961): Die Rias der galicisch-asturischen Küste Spaniens. Beobachtungen und Bemerkungen zu ihrer Entstehung. – Erdkunde **15**(3): 210–224.
Menzel, H. (1971): Tiefseekuppen, Seamounts. – Z. Geophys., Physica, **37**: 595–626, Würzburg.
Mercer, J.H. (1979): West Antarctica ice volume: the interplay of sea level and temperature, and a strandline test for absence of the ice sheet during the last interglacial – Sea Level, Ice and Climatic Change. – Intern. Assoc. Hydrol. Sci. Publ, **131**: 323–330.
Met. Serv. NA and Aruba (1998): Hurricanes and Tropical Storms of the Netherlands Antilles and Aruba. – Meteorological Service of the Netherlands Antilles and Aruba. URL: http://www.meteo.an
Miettinen, A.(2004): Holocene sea-level changes and glacio-isostasy in the Gulf of Finland, Baltic Sea. – Quat. Int., 120: 91-104.
Miller, D.J. (1960): The Alaska earthquake of July 10, 1958: Giant wave in Lituya Bay – Recent Accessions and references as of August 22, 1960 (cont.). – Bull. Seismol. Soc. Amer. **50**(2): 253–266.
Milne, G.A., Gehrels, W.R., Hughes, C.W. & Tamisiea, M.E. (2009): Identifying the causes of sea-level change. – Nature Geoscience **2**: 471–478.
Milne, G.A., Long, A.J. & Bassett, S.E. (2005): Modelling Holocene relative sea-level observations from the Caribbean and South America. – Quatern. Sci. Rev. **25**: 1183–1202.
Mitrovica, J.X. & Milne, G.A. (2002): On post-glacial sea level 1: general theory. – Geophysical J. Internat. **133**: 1–19.
Mitrovica, J.X. (2003): Recent controversies in predicting post-glacial sea level change. – Quatern. Science Reviews **22**(2–4): 127–133.
Moign, A. (1966): Formes sous-marines et littorales de la baie du Roi (Spitzberg). – Bull. Ass. Géogr. Français, **242/243**: 11–24.
Monecke, K., Finger, W., Klarer, D., Kongko, W., McAdoo, B.G., Moore, A.L. & Sudrajat, S.U. (2008): A 1,000-year sediment record of tsunami recurrence in northern Sumatra. – Nature **455**: 1232–1234.
Moore, C.H. (1973): Intertidal carbonate cementation, Grand Cayman, West Indies. – J. Sediment. Petrol. **43**: 591–602.

Moore, G.W. (1968): Arctic beaches. – In: Fairbridge, R.W. (ed.), The Encyclopedia of Geomorphology. Dowden (Hutchinson & Ross), 21–22.
Moore, J.R. (1973): Oceanography. – Readings from Scientific America, San Francisco.
Morhange, C., Marriner, N. & Pirazzoli, P.A. (2006): Evidence of a Late-Holocene Tsunami Events on the Lebanon coast. – In: Scheffers, A. & Kelletat, D. (eds.), Extreme Events in the Coastal Environament. Proc. of the IGCP 495. First Internat. Tsunami Field Symp., Bonaire 2006, Z. Geomorph. N.F. Suppl. **145**.
Mörner, N.-A. (1971): Eustatic changes during the last 20.000 years and a method of separating the isostatic and eustatic factors in an uplifted area. – Palaeogeogr., Palaeoclimatol., Palaeoecol. **10**: 153–181.
Mörner, N.-A. (1973): Eustatic changes during the last 300 years. – Palaeogeogr., Palaeoclimatol., Palaeoecol. **13**: 1–14.
Mörner, N.-A. (1996): Sea-level variability. – Z. Geomorph. N.F. Suppl. **102**: 223–232.
Morton, R.A., Gelfenbaum, G. & Jaffe, B.E. (2007): Physical criteria for distinguishing sandy tsunami and storm deposits using modern examples. – Sediment. Geol. **200**: 184–207.
Nanayama, F., Shigeno, K., Satake, K., Shimokawa, K., Koitabashi, S., Miyasaka, S. & Ishii, M. (2000): Sedimentary differences between the 1993 Hokkaido-nansei-oki tsunami and the 1959 Miyakojima typhoon at Taisei, southwestern Hokkaido, northern Japan. – Sediment. Geol. **135**: 255–264.
Naylor, L.A., Stephenson, W.J. & Trenhaile, A.S. (2010): Rock Coast Research: recent advances and future directions. – Geomorphology **114**: 3–11.
Neumann, G. (1968): Ocean currents. – Amsterdam (Elsevier).
NGDC (National Geophysical Data Center), (2007): NOAA Satellite and Information Service, available online at: http://www.ngdc.noaa.gov/seg/hazard/tsu.shtml.
Nichols, R.L. (1953): Geomorphologie observations at Thule, Greenland and Resolute Bay, Cornwallis Island, N.W.T. – Amer. J. Sci. **251**(4): 268–275.
Nichols, R.L. (1961): Characteristics of beaches formed in polar climates. – Amer. J. Sci. **259**(9): 694–708.
Nichols, R.L. (1966): Geomorphology of Antarctica. – Amer. Geophys. Union, Antarctic Research Series **8**: 1–46.
Nielsen, N. (1969): Morphological studies on the eastern coast of Disko, West Greenland. – Geogr. Tidsskr. **68**: 1–35.
Nielsen, N. (1979): Ice-foot processes. Observations of erosion on rocky coast, Disko, West Greenland. – Z. Geomorph. N.F. **23**(3): 321–331.
Nivmer (1978): Les indicateurs des niveaux marins. – Océanis, 135–360, Paris.
Noormets, R., Crook, K.A.W. & Felton, E.A. (2004): Sedimentology of rocky shorelines: 3: hydrodynamics of megaclast emplacement and transport on a shore platform, Oahu, Hawaii. – Sediment. Geol. **172**: 41–65.
Nott, J. & Bryant, E. (2003): Extreme marine inundations (tsunamis?) of coastal Western Australia. – J. of Geol. **111**: 691–706.
Nott, J. & Hayne, M. (2001): High frequency of 'super-cyclones' along the Great Barrier Reef over the past 5,000 years. – Nature **413**: 508–512.
Nott, J. (2003): Waves, coastal boulder deposits and the importance of the pre-transport setting. – EPSL **210**: 269–276.
Nott, J. (2004): The tsunami hypothesis – comparisons of the field evidence against the effects, on the Western Australian coast, of some of the most powerful storms on Earth. – Marine Geol. **208**: 1–12.

Orr, J.C., Fabry, V.J., Aumont, O., Bopp, L., Doney, S.C., Feely, R.A., Gnanadesikan, A., Gruber, N., Ishida, A., Joos, F., Key, R.M., Lindsay, K., Maier-Reimer, E., Matear, R., Monfray, P., Mouchet, A., Najjar, R.G., Plattner, G.K., Rodgers, K.B., Sabine, C.L., Sarmiento, J.L., Schlitzer, R., Slater, R.D., Totterdell, I.J., Weirig, M.F., Yamanaka, Y. & Yool, A. (2005): Anthropogenic ocean acidification over the twenty-first century and its impact on calcifying organisms. – Nature **437** (7059): 681–686.

Ota, Y. & Omura, A. (1992): Contrasting Styles and Rates of Tectonic Uplift of Coral Reef Terraces in the Ryukyu and Daito Islands, Southwestern Japan. – Quatern. Internat. **15/16**: 17–29.

Ota, Y. (1991): Coseismic uplift in coastal zones of the western Pacific rim and its implications for coastal evolution. – Z. Geomorph. N.F. Suppl. **81**: 163–179.

Ott, J. (1996): Meereskunde. Eine Einführung in die Geographie und Biologie der Ozeane. – Stuttgart.

Otvos, E.G. (2000): Beach ridges – definitions and significance. – Geomorphology **32**: 83–108.

Owens, E.H. & McCann, S.B. (1970): The role of ice in the Arctic beach environment with special reference to Cape Ricketts, south-west Devon Island, North-West Territories, Canada. – Amer. J. Sci. **268**: 397–414.

Panzer, W. (1952): Küstenform und Klima. – Dt. Geogr. Tag. Frankfurt/Main 1952, 205–217, Remagen.

Paris, R., Fournier, J., Poizot, E., Etienne, S., Morin, J., Lavigne, F. & Wassmer, P. (2010): Boulder and fine sediment transport and deposition by the 2004 tsunami in Lhok Nga (western Banda Aceh, Sumatra, Indonesia): a coupled offshore – onshore model. – Marine Geol. **268** (1–4): 43–54.

Paskoff, R. & Oueslati, A. (eds.) (1991): Modifications and coastal conditions in the Gulf of Gabes (South Tunisia) since classical antiquity. – Z. Geomorph. N.F. Suppl. **81**: 149–162.

Paskoff, R. (1980): Marine erosion on archaeological sites along the Tunisian coast. – Proc. CCE Field-Symp. Coastal Archaeology Session, Aug. 1980, 82–86, Shimoda, Japan.

Paskoff, R. (1993): Côtes en danger. – Pratiques de la Géographie. – Paris (Masson), 250 S.

Paskoff, R., Trousset, P. & Dalongeville, R. (1981): Variation relative du niveau de la mer en Tunisie depuis l'Antiquité. – Histoire et Archéologie, Les Dossiers.

Peltier, W.R. (2002): On eustatic sea level history: last Glacial Maximum to Holocene. – Quatern. Science Reviews **21**: 377–396.

Philip, A.L. (1990): Ice-Pushed Boulders on the Shores of Gotland, Sweden. – J. Coast. Res. **6**(3): 661–676.

Pielou, E.C. & Poutledge, R.D. (1976): Salt marsh vegetation, latitudinal gradients in the zonation pattern. – Oecologia **24**(4): 311–321.

Pignatelli, C., Sanso, P. & Mastronuzzi, G. (2009): Evaluation of tsunami flooding using geomorphologic evidence. – Marine Geol. **260**: 6–18.

Pinet, P.R. (2009): Invitation to Oceanography. – 5th ed., Jones & Bartlett.

Pirazzoli, P.A. (1976): Sea level variations in the north-west Mediterranean during roman-times. – Science **194**(29): 519–521.

Pirazzoli, P.A. (1977): Sea level relative variations in the world during the last 2000 years. – Z. Geomorph. N.F. **21**: 284–296.

Pirazzoli, P.A. (1979): Encoches de corrosion marine dans Parc hellenique. – Oceanis, fasc. hors, series, **5**: 327–334.

Pirazzoli, P.A. (1980): Formes de corrosion marine et vestiges archéologiques submergés: Interprétation néotectonique de quelques exemples en Grèce et en Yougoslavie. – Ann. Inst. Océanogr. **56**: 77–88, Paris.
Pirazzoli, P.A. (1986): Marine notches. – In: Plassche, O. v.d. (ed.), Sea-Level Research: a manual for the collection and evaluation of data. Norwich (Geo Books).
Pirazzoli, P.A. (1991): World atlas of Holocene sea-level changes. – Elsevier Oceanography Series, **58**, Amsterdam.
Pirazzoli, P.A. (1993): Les littoraux. – Géographie d'aujourd'hui, Nathan Université, 191 S.
Pirazzoli, P.A. (1996): Sea-Level Changes – The Last 20.000 Years. – Chichester (John Wiley & Sons).
Pirazzoli, P.A. (2005): Sea-level indicators, geomorphic. – In: Schwartz, M.L. (ed.), Encyclopedia of Coastal Science, 836–838, Dordrecht (Springer).
Pirazzoli, P.A. et al. (1996): Coastal Indicators of Rapid Uplift and Subsidence: Examples from Crete and Other Eastern Mediterranean Sites. – In: Kelletat, D. & Psuty, N. (eds.): Field Methods and Models To Quantify Rapid Coastal Changes. – Proc. Crete Symp., April 9–15, 1994. Z. Geomorph. N.F. Suppl. **102**: 21–35.
Pirazzoli, P.A., Laborel, J. & Stiros, S.C. (1982): Sur les lignes de rivage et la néotectonique à Rhodes (Grèce) à l'Holocène. – Ann. de l'Inst. Océanographique **58**(1): 89–102.
Plassche, O. v.d. (ed.) (1986): Sea-Level Research: a manual for the collection and evaluation of data. – Norwich (Geo Books).
Preu, C. & Engelbrecht, C. (1998): Trends in German Coastal Research on Sustainable Development of Tropical Coasts. – In: Kelletat, D. (ed.), German Geographical Coastal Research – The Last Decade. Tübingen, 305–318.
Preu, C. (1989): Coastal erosion in Southwest Sri Lanka: Consequences of human interference. – Malaysian J. Tropical Geogr. **20**: 30–42, Kuala Lumpur.
Prichard, D.W. (1967): What is an Estuary: Physical Viewpoint. – In: Laufe, G.D. (ed.): Estuaries. American Assoc. for the Advancement of Science, (AAAS), **83**, Washington D. C.
Putnam, W.C. (ed.) (1960): Natural coastal environments of the world. – Los Angeles.
Rad, U. (1974): Zur Verteilung von organischem Sediment auf dem Meeresboden. – Berlin, Stuttgart.
Radtke, U. (1985c): Untersuchungen zur zeitlichen Stellung mariner Terrassen und Kalkkrusten auf Fuerteventura (Kanarische Inseln, Spanien). – Kieler Geogr. Schr. **62**: 73–86.
Radtke, U. (1985d): Chronostratigraphie und Neotektonik mariner Terrassen in Nord- und Mittelchile – Erste Ergebnisse. – IV Congreso Geologico Chileno, Agosto 1985, Universidad del Norte, 463–465, Antofagasta.
Radtke, U. (1998): Upper and Middle Quatern. Coral Reefs as a Tool in Palaeo Sea-Level and Neotectonic Research – with Examples from Barbados (W.I.), Papua New Guinea, Sumba Islands (Indonesia), Ryukyu Islands (Japan) and Cook Islands. – In: Kelletat, D. (ed.), German Geographical Coastal Research – The Last Decade. Tübingen.
Radtke, U., Henning, G.J. & Mangini, A. (1982): Untersuchungen zur Chronostratigraphie mariner Terrassen in Mittelitalien – $^{230}Th/^{234}U$– und ESR-Datierungen an fossilen Mollusken. – Eiszeitalter und Gegenwart **32**: 49–55.
Rahmsdorf, S. (2002): Ocean circulation and climate during the last 120.000 years. – Nature **419**: 207–214
Ranwell, D.S. (1972): Ecology of Salt and Sand Dunes. – London (Chapman and Hall).
Reineck, H.E. (1978): Das Watt. Ablagerungs- und Lebensraum. – Frankfurt (Verlag W. Kramer).

Rhodes, B., Tuttle, M., Horton, B., Doner, L., Kelsey, H., Nelson, A. & Cisternas, M. (2006): Paleotsunami Research. – Eos 87 No 21:2, **205**: 209–210.

Richmond, B., Buckley, M., Etienne, S., Strotz, L., Chagué-Goff, C., Clark, K., Goff, J. & McAdoo, B. (2010a): Geologic signatures of the September 2009 South Pacific tsunami in the Samoan Islands. – Earth Science Reviews.

Richmond, B.M., Jaffe, B.E., Gelfenbaum, G. & Dudley, W.C. (2008): Recent tsunami and storm wave deposits, SE Hawaii. – 2nd Internat. Tsunami Field Symposium Puglia – Ionian Islands 2008, Abstract Volume, 131–132.

Richmond, B.M., Watt, S., Buckley, M., Jaffe, B.E., Gelfenbaum, G. & Morton, R.A. (2010b): Recent storm and tsunami deposit characteristics, Southeast Hawai'i. – Marine Geol. doi:10.1016/j.margeo.2010.08.001

Riebesell, U., Fabry, V.J., Hansson, L. & Gattuso, J.-P. (Eds.) (2010): Guide to best practices for ocean acidification research and data reporting. – 260 p., Luxembourg (Publications Office of the European Union).

Rona, P.A. et al. (1974): Abyssal hills of the eastern central North Atlantic. – Marine Geol. **16**: 275–292.

Rosenkranz, E. (1977): Das Meer und seine Nutzung. – Studienbücherei Geographie für Lehrer **14**, 2. Aufl. 1980, Gotha.

Royal Society (2005): Ocean acidification due to increasing atmospheric carbon dioxide. – Policy document 12/05.

Russell, R.J. (1959): Preliminary notes on Caribbean beach rock. – Trans. 2nd Caribbean Geol. Conf., 43–49.

Russell, R.J. (1970): Florida beaches and cemented water-table rocks. – Techn. Rep., Coastal Studies, Inst. Baton Rouge, 88.

Ryu, Y., Chang, K.-A. & Mercier, R. (2007): Runup and green water velocities due to breaking wave impinging and overtopping. – Exp. Fluids **43**: 555–567.

Safriel, U.N. (1966): Recent vermetid formation on the Mediterranean Shore of Israel. – Proc. Malacological Soc. London, 27–37.

Sagawa, N., Nakamori, T. & Iryu, Y. (2001): Pleistocene reef development in the southwest Ryukyu Islands, Japan. – Palaeogeogr. Palaeoecol. **175**: 303–323.

Saintilan, N. & Rogers, K. (2005): Recent storm boulder deposits on the Beecroft Peninsula, New South Wales. – Australia Geogr. Research **43** (4): 429–432.

Samoilov, I.V. (1956): Die Flußmündungen. – Gotha (Haack).

Satake, K. & Imamura, F. (eds.) (1995): Tsunamis: 1992–1994. Their Generation, Dynamics, and Hazards. – Basel, Boston, Berlin (Birkhäuser), 890 p.

Savage, T. (1972): Florida mangroves as shoreline stabilizers. – Fla. Dep. Nat. Res. Prof. Pap, 19.

Scheffers, A. & Kelletat, D. (2003a): Chevron-Shaped Accumulations along the Coastlines of Australia as Potential Tsunami Evidences? – Science of Tsunami Hazards **21** (3): 174–188.

Scheffers, A. & Kelletat, D. (2003b): Sedimentologic and Geomorphologic Tsunami Imprints Worldwide – A Review. – Earth Science Reviews **63** (1–2): 83–92.

Scheffers, A. & Kelletat, D. (2005): Tsunami Relics in the Coastal Landscape West of Lisbon, Portugal. – Science of Tsunami Hazards **23** (1): 3–16.

Scheffers, A. & Kelletat, D. (2006): Recent Advances in Paleo-Tsunami Field Research in the Intra-Americas-Sea (Barbados, St. Martin and Anguilla). – Proceedings of the NSF Caribbean Tsunami Workshop, Puerto Rico (Kluwer World Scientific Publishers), 178–202.

278 Literatur

Scheffers, A. & Kelletat, D. (2008): Cliff Recession and Boulder Transport along the West Coasts of the British Isles. – In: 26th Annual Meeting Working Group Geography of Oceans and Coasts, Marburg (Germany), Marburger Geographische Schriften, Vol. **145**: 130–146.

Scheffers, A. & Scheffers, S. (2006): Documentation of the Impact of Hurricane Ivan on the Coastline of Bonaire (Netherlands Antilles). – J. Coastal Res. **22**(6): 1437–1450.

Scheffers, A. & Scheffers, S. (2007): First significant tsunami evidence from historical times in western Crete (Greece). – Earth and Planet. Sci. Lett. **259** (3–4): 613–624.

Scheffers, A. (2002a): Paleotsunamis in the Caribbean: Field Evidences and Datings from Aruba, Curaçao and Bonaire. – Ess. Geogr. Arb. **33**: 1-181.

Scheffers, A. (2005): Coastal Response to Extreme Wave Events: Hurricanes and Tsunami on Bonaire. – Ess. Geogr. Arb. **37**: 1-96.

Scheffers, A. (2006a): Coastal transformation during and after the coseismic uplift 365 AD in western Crete, Greece. – Z. Geomorph. N.F. Suppl. **146**: 97–124.

Scheffers, A. (2006c): Sedimentary Impacts of Holocene Tsunami Events from the Intra-Americas Seas and Southern Europe: A review. – Z. Geomorph. N.F. Suppl. **146**: 7–37.

Scheffers, A. (2008a): Tsunami Boulder Deposits. – In: Shiki, T. et al. (ed.): Tsunamiites. 299–313, (Elsevier Academic Press).

Scheffers, A., Brill, D., Scheffers, S., Kelletat, D. & Fox, K. (2012): Field Evidence of Holocene Sea- and Tide-Level Indicators along the Andaman Sea Coast of Thailand. – The Holocene. in Press, 20/01/2012.

Scheffers, A., Engel, M., Scheffers, S., Squire, P. & Kelletat, D. (2011): Beach Ridge Systems – Archives for Holocene Coastal Events? – Progress in Phys. Geogr. **36**: 5–37.

Scheffers, A., Kelletat, D., Vött, A., May, M. & Scheffers, S. (2008): Late Holocene tsunami traces on the western and southern coastlines of the Peloponnesus (Greece). – Earth and Planetary Science Letters **269**: 271–279.

Scheffers, A., Scheffers, S. & Kelletat, D. (2005): Paleo-Tsunami Relics on the Southern and Central Antillean Island Arc (Grenada, St. Lucia and Guadeloupe). – J. Coast. Res. **21** (2): 263–273.

Scheffers, A., Scheffers, S. & Kelletat, D. (2009): Wave emplaced coarse debris and megaclasts in Ireland and Scotland: a contribution to the question of boulder transport in the littoral environment. – J. of Geol. **117** (5): 553–573.

Scheffers, A., Scheffers, S. & Kelletat, D. (2012): Understanding our environment. The Coastlines of the World with Google Earth. Springer, The Netherlands.

Scheffers, A., Scheffers, S., Engel, M., Kelletat, D., Brückner, H., Vött, A., Radtke, U., Schellmann, G. & Schäbitz, F. (2012a): Key Processes in the Holocene Evolution of Tropical Coasts – Evaluating the Impact of Hurricanes and Tsunamis on Bonaire, Southern Caribbean. – J. of the Geol. Soc. of London, Spec. Issue.

Scheffers, A., Scheffers, S., Kelletat, D. & Haslett, S. (2010): Coastal Boulder Deposits at Galway Bay and the Aran Islands, Western Ireland. – Z. Geomorph. N.F. **54** (3): 247–279.

Scheffers, A., Scheffers, S., Kelletat, D., Abbott, D. & Bryant, E. (2008): Chevrons – Enigmatic Sedimentary Coastal Features. – Z. Geomorph. N.F. **52** (3): 375–402.

Scheffers, A.M., Scheffers, S.R., Kelletat, D. h., Squire, P.C., Collins, L., Feng, Y., Zhao, J.X., Johannes-Boyau, R., Schellmann, G., Freeman, H. & May, M. (2012b): Coarse clast beach ridge sequences as suitable archives for the science of palaeotempestology? Case Study on the Houtman Abrolhos, Western Australia. – J. of Quatern. Science, Accepted 08/2012.

Scheffers, S., Scheffers, A., Kelletat, D. & Bryant, E. (2008): The Paleo-Tsunami History of West Australia. – Earth and Planet. Sci. Lett. **270**: 137–146.

Schellmann, G. & Radtke, U. (2010): Timing and magnitude of Holocene sea-level changes along the middle and south Patagonian Atlantic coast derived from beach ridge systems, littoral terraces and valley-mouth terraces. – Earth-Sci. Rev. **103**: 1–30.

Schellmann, G., Radtke, U. & Whelan, F. (2004b): The Marine Quaternary of Barbados. – Kölner Geogr. Arb. **81**: 137 pp.

Schellmann, G., Radtke, U., Scheffers, A., Whelan, F. & Kelletat, D. (2004a): ESR dating of coral reef terraces on Curacao (Netherlands Antilles) with estimates of Younger Pleistocene sea level elevations. – J. Coast. Res. **20** (4): 947–957.

Schellnhuber, H.J. & Sterr, H. (Hrsg.) (1993): Klimaänderung und Küste. Einblick ins Treibhaus. – Berlin-Heidelberg (Springer), 400 S.

Schlitzer, R. (2008): Ocean data View. – http://odv.awi.de

Schmidt, W. (1923): Die Scherms an der Rotmeerküste von el-Hedschas. – Peterm. Geogr. Mitt. **69**: 118–121.

Schneider, B. (2010): Ozeanzirkulation – Antrieb und Bedeutung im Klimasystem. – Geogr. Rundsch. 5/2010: 8–14.

Schneider, J. (1976): Biological and Inorganic Factors in the Destruction of Limestone Coasts. – Contrib. Sedimentology, **6**, Stuttgart.

Schröder, J.H. & Nasr, D. h. (1983): The Fringing Reefs of Port Sudan, Sudan. I. Morphology – Sedimentology – Zonation. – In: Kelletat, D. (Hrsg.): Beitr. z. 1. Essener Symp. z. Küstenforschung, Essener Geogr. Arb. **6**: 29–44.

Schülke, H. (1968): Morphologische Untersuchungen an bretonischen, vergleichsweise auch an korsischen Meeresküsten. Ein Beitrag zum Riaproblem. – Arb. Geogr. Inst. Univ. d. Saarlandes, 11.

Schülke, H.(1969): Bestimmungsversuch des Rias-Begriffes durch das Kriterium der Fluvialität (mit einem Ausblick auf das Ästuarproblem). – Erdkunde 23: 264-280.

Schuhmacher, H. (1976): Korallenriffe. Ihre Verbreitung, Tierwelt und Ökologie. – München (BLV), 4. Aufl. 1991.

Schulejkin, W.W. (1960): Theorie der Meereswellen. – Berlin (Akad. Verlag).

Schwamborn, R. & Saint-Paul, U. (1996): Mangroves – forgotten forests? – In: Ernst, W. Hohnholz, J.H. & Bittner, A. (eds.): Natural Resources and Development, Focus: Mangrove Forest. – Institute for Scientific Cooperation **43/44**: 13–36, Tübingen.

Seibold, E. & Berger, W.H. (1982): The Sea Floor. An Introduction to Marine Geol. – Berlin, Heidelberg, New York (Springer).

Seibold, E. (1974): Der Meeresboden. Ergebnisse und Probleme der Meeresgeologie. – Hochschultexte, Berlin, Heidelberg, New York (Springer).

Shackleton, N.J. & Opdyke, N.D. (1973): Oxygen Isotope and Palaeomagnetic Stratigraphy of Equatorial Pacific Core V28-238: Oxygen Isotope Temperatures and Ice Volumes on a 105 year Scale. – Quatern. Res. **3**(1): 39–55.

Shackleton, N.J. & Opdyke, N.D. (1976): Oxygen Isotope and Palaeomagnetic Stratigraphy of Pacific Core V28-239: Late Pliocene to Latest Pleistocene. – Geol. Soc. Amer. Memoir, **145**: 449–464.

Shackleton, N.J. (1969): The last interglacial in the marine and terrestrial records. – Proc. Roy. Soc. London, **B174**: 135–154.

Shackleton, N.J. (1995): New data on the Evolution of Pliocene Climatic Variability. – In: Vrba, E. S., Denton, D. h., Partridge, T.C. & Burckle, L.H. (eds.): Paleoclimate and Evolution, with Emphasis on Human Origins. – London (Yale University Press).
Shennan, I. & Horton, B.P. (2002): Holocene land and sea-level changes in Great Britain. – J. of Quatern. Science **17**: 511–526.
Shennan, I., Peltier, W.R., Drummond, R. & Horton, B.P. (2002): Global to local scale parameters determining relative sea-level changes and the post-glacial isostatic adjustment of Great Britain. – Quatern. Science Reviews **21**: 397–408.
Shepard, F.P. & Dill, R.F. (1966): Submarine canyons and other sea valleys. – Chicago (McNally).
Shepard, F.P. & Young, R. (1961): Distinguishing between beach and dune sands. – J. Sediment. Petrol. **31**: 196–214.
Shepard, F.P. (1933): Submarine valleys. – Geogr. Rev. **23**: 77–89, New York.
Shepard, F.P. (1960): Gulf Coast barriers. – In: Shepard, F.P., Phleger, F.B. & Van Andel, T.H.: Recent sediments northwest Gulf of Mexico 1951–1958. Tulsa, 197–220.
Shepard, F.P. (1961): Sea level rise during the past 20.000 years. – In: Pacific Island Terraces: Eustatic. – Z. Geomorph. N.F. Suppl. **3**: 30–35.
Short, A.D. & Woodroffe, C.D. (2009): The Coast of Australia. – Cambridge (Cambridge University Press).
Short, A.D. (2006): Australian Beach Systems – Nature and Distribution. – J. Coast. Res. **22** (1): 11–27.
Sindowski, K.H. (1960): Die geologische Entwicklung des Spiekerooger Wattgebietes im Quartär. –Jber. Forschungsst. Norderney **11**: 11–20.
Sindowski, K.H. (1968): Gliederungsmöglichkeiten im sandig ausgebildeten Küstenholozän Ostfrieslands. – Eiszeitalter und Gegenwart **19**: 209–218, Öhringen.
Sindowski, K.H. (1970): Erläuterungen zu Blatt Spiekeroog Nr. 2212. Geol. Karte Niedersachsens 1:25.000. – Hannover.
Siefert, W. (1972): Über Formen, Längen und Fortschrittsrichtungen von Wellen in küstennahen Flachwassergebieten. – Hamburger Küstenforschung, Hamburg.
Smith, J.M. (2003): Surf zone hydrodynamics. – In: Demirbilek, Z. (ed.), Coastal engineering manual. Washington DC, U.S. Army Corps of Engineers.
Soomere, T. (2010): Rogue waves in shallow water. – Eur. Phys. J. Spec. Top. **185**: 81–96.
Spalding, M., Kainuma, M. & Collins, L. (2010): World Atlas of Mangroves. – Earthscan, GBR.
Spalding, M.D., Ravilious, C. & Green, E.P. (2001): Weltatlas der Korallenriffe. – Bielefeld (Delius Klasing), 423 S.
Spencer, T. & Viles, H. (2002): Bioconstruction, bioerosion and disturbance on tropical coasts: coral reefs and rocky limestone shores. – Geomorphology **48**: 23–50.
Spencer, T. (1988): Coastal biogeomorphology. – In: Viles, H.A. (ed.): Biogeomorphology. New York, 255–318.
Spiske, M., Börocz, Z. & Bahlburg, H. (2008): The role of porosity in discriminating between tsunami and hurricane emplacement of boulders – a case study from the Lesser Antilles, southern Caribbean. – Earth and Planetary Science Letters **268**: 384–396.
Stapor, F.W. jr., Mathews, T.D. & Lindfors-Kearns, F.E. (1991): Barrier island progradation and Holocene sea-level history in southwest Florida. – J. Coast. Res. **7**(3): 815–838.
Stearns, C.E. & Thurber, D.L. (1967): ^{230}Th /^{234}U dates of Late Pleistocene marine fossils from the Mediterranean and Moroccan littorals. – Prog. Oceanogr. **4**: 293–305.

Steele, J., Turekian, K. & Thorpe, S. (2001): Encyclopedia of Ocean Sciences. – San Diego (Academic Press), 6 vols.

Steneck, R.S., Graham, M.H., Bourque, B.J., Corbett, D., Erlandson, J.M., Estes, J.A. & Tegner, M.J. (2002): Kelp forest ecosystems: biodiversity, stability, resilience and future. – Environm. Conservation **29**: 436–459.

Stephenson, W.J. (2000): Shore platforms remain a neglected coastal feature. – Progr. in Physical Geogr. **24**: 311–327.

Stoddart, D.R. & Cann, S. (1965): Nature and origin of beach rock. – J. Sediment. Petrol. **35**(1): 243–247.

Stoddart, D.R. (1969): Ecology and morphology of recent coral reefs. – Biol. Rev. **44**: 433–498.

Stoker, J.J. (1948): The formation of breakers and bores. – Communications on Pure and Applied Mathematics **1**: 1–87.

Suanez, S., Fichaud, B. & Magne, R. (2009): Cliff-top storm deposits on Banneg Island, Brittany, France: Effects of giant waves in the Eastern Atlantic Ocean. – Sediment. Geol. **220**: 12–28.

Suess, E. & Haeckel, M. (2010): Gashydrate im Meeresboden. – Geogr. Rundsch. **5**: 22–29.

Sunamura, T. (1973): Coastal cliff erosion due to waves – field investigations and laboratory experiments. – J. Fac. Engin. Univ. Tokyo (B), **32**(1).

Sverdrup, H.U, Johnson, M.W. & Flemming, R.H. (1942): The oceans, their physics, chemistry and general biology. – Englewood Cliffs (Prentice Hall).

Sverdrup, K.A., Duxbury, A.C. & Duxbury, A.B. (2006): Fundamentals of Oceanography. – McGraw-Hill.

Switzer, A.D. & Burston, J.M. (2010): Competing mechanisms for boulder deposition on the southeast Australian coast. – Geomorphology **114**: 42–54.

Switzer, A.D., Pucillo, K., Haredy, R.A., Jones, B.G. & Bryant, E.A. (2005): Sea level, storm or tsunami: enigmatic sand sheet deposits in a sheltered coastal embayment from southeastern New South Wales, Australia. – J. Coast. Res. **21**: 655–663.

Thiede, J. & Abrahamsen, N. (1970): Stratigraphie in Tiefseesedimenten. – Natur und Museum, Frankfurt **100** (9): 386–393.

Thilo, R. & Kurzak, G. (1952): Die Ursachen der Abbrucherscheinungen am West- und Nordwestrand der Insel Norderney. – Die Küste **1**(1).

Thom, B.G. & Short, A.D. (2006): Introduction: Australian Coastal Geomorphology, 1984–2004. – J. Coast. Res. **22**, 1: 1–10. doi: http://dx.doi.org/10.2112/05A-0001.1

Thommeret, Y. & Pirazzoli, P.A., Montaggioni, L.F. & Laborel, J. (1981a): Détermination par ^{14}C de l'âge de quelque lignes de rivages marins holocènes surélevés de la Crète occidentale (Grèce). – Rapports et Procès verb, des Réunions C.I.E.S.M, Cagliari 1980, **27**(8): 59–63.

Thommeret, Y., Laborel, J., Montaggioni, L.F. & Pirazzoli, P.A. (1981b): Late Holocene shoreline changes and seismo-tectonic displacements in western Crete (Greece). – Z. Geomorph. N.F. Suppl. **40**: 127–149.

Thurman, H.V. (1985): Introductory Oceanography. – Columbus, Toronto, London, Sydney (Charles E. Merrild Publishing Company, A. Bell & Howell Company).

Tinti S. & Armigliato A. (2003): The use of scenarios to evaluate tsunami impact in South Italy. – Marine Geol. **199**: 221–243.

Tinti, S., Armigliato, A., Pagnoni, G. & Zaniboni, F. (2005): Scenarios of giant tsunamis of tectonic origin in the Mediterranean. – ISET Jo. Earthq. Technol. Paper **42**: 171–188.

Titov, V.V. & Synolakis, C.E. (1997): Extreme inundation flows during the Hokkaido-Nansei-Oki Tsunami. – Geophys. Res. Lett. **24**: 1315–1318.
Titus, J.G. (ed.) (1988): Greenhouse Effect, Sea-Level Rise, and Coastal Wetlands. – United States Environmental Protection Agency, Washington, D.C, 152 S.
Tooley, M.J. (1978): Interpretation of Holocene Sea-level changes. – Geol. Föreningens Förhandlingar **100**(2): 203–212.
Torunski, H. (1979): Biological erosion and its significance for the morphogenesis of limestone coasts and for nearshore sedimentation (Northern Adriatic). – Senckenbergiana Maritima **13**(3–6): 193–265.
Trudgill, S.T. (1987): Bioerosion of Intertidal Limestone, County Clare, Eire. 3: Zonation, Process and Form. – Marine Geol. **74**: 111–171.
Tsai, C.-H., Su, M.-Y. & Huang, S.-J. (2004): Observations and conditions for occurrence of dangerous coastal waves. – Ocean. Eng. **31**: 745–760.
Tsuji, Y., Namegaya, Y., Matsumotu, H., Iwasaki, S., Kanbua, W., Sriwichai, M. & Meesuk, V., (2006): The 2004 Indian tsunami in Thailand: Surveyed runup heights and tide gauge records. –Earth Planets Space **58**: 223–232.
Turton, J. & Fenna, P. (2008): Observations of extreme wave conditions in the north-east Atlantic during December 2007. – Weather **63**: 352–355.
Tuttle, M.P., Ruffman, A., Anderson, T. & Jeter, H. (2004): Distinguishing tsunami from storm deposits in eastern North America: the 1929 Grand Banks tsunami versus the 1991 Halloween storm. – Seismological Res. Lett. **75**: 117–131.
U.S. Naval Oceanographic Office (ed.) (1965, 1967, 1968): Oceanographic Atlas of the North Atlantic Ocean. I.: Tides and currents. II.: Physical properties. III.: Ice. – Publ. 700, Washington.
U.S. Navy Hydrogr. Office (1970): Atlas of surface currents, Indian Ocean. – Publ. 566, Washington.
Uchida, J.-I., Fujiwara, O., Hasegawa, S. &Kamataki, T. (2010): Sources and depositional processes of tsunami deposits: Analysis using foraminiferal tests and hydrodynamic verification. – Isl. Arc. **19**: 427–442.
Udincev, G.B. (1959): Relief of abyssal trenches in the Pacific Ocean. – Int. Oceanogr. Congr., Repr. Am. Ass. Adv. Sci., Woods Hole.
Uibrig, H. (1996): The Mangrove Populations of Vietnam and the Development of their Exploitation. – In: Ernst, W., Hohnholz, J.H. & Bittner, A. (eds.): Natural Resources and Development, Focus: Mangrove Forest. Institute for Scientific Cooperation, **43/44**: 105–126, Tübingen.
Ulrich, J. (1964): Tiefseekuppen in den Weltmeeren. – Umschau, 11.
Ulrich, J. (1969a): Die größten Tiefen der Ozeane und ihrer Nebenmeere. – 2. Aufl. (1966/1969), Geogr. TB, Wiesbaden.
Ulrich, J. (1969b): Geomorphologische Untersuchungen an Tiefseekuppen im Nordatlantischen Ozean. – Tagungsber. Wiss. Abh. Dt. Geogr. Tag Kiel, 367–378, Wiesbaden.
Ulrich, J. (1971): Zur Topographie und Morphologie der großen Meteorbank. – Meteor-Forsch. Erg. R.C, **6**: 48–68, Berlin, Stuttgart (Borntraeger).
Uthoff, D. (1996a): From Traditional Use to total Destruction. Forms and Extract of Economic Utilization in the Southeast Asian Mangroves. – In: Ernst, W., Hohnholz, J.H. & Bittner, A. (eds.): Natural Resources and Development, Focus: Mangrove Forest. Institute for Scientific Cooperation, **43/44**, 58–94, Tübingen.

Uthoff, D. (1996b): Mangrovenutzung in Südostasien. Von Extraktion und Destruktion zu Produktion und Protektion. – In: Bittner, A. (Hrsg.), Nachhaltige Entwicklung und Umweltschutz in der Dritten Welt. – 16. Tübinger Gespräch zu Entwicklungsfragen. Institut für Wissenschaftliche Zusammenarbeit, Tübingen, 114–143.

Valentin, H. (1952): Die Küsten der Erde. Beiträge zur allgemeinen und regionalen Küstenmorphologie. – Peterm. Geogr. Mitt., Erg. **246**, Gotha.

Valentin, H. (1972): Eine Klassifikation der Küstenklassifikationen. – Gött. Geogr. Abh. **60**: 355–374.

Valentin, H. (1975): Untersuchungen zur Morphodynamik tropisch-subtropischer Küsten. 1. Klimabedingte Typen tropischer Watten insbesondere in Nordaustralien. – Würzburger Geogr. Arb. **43**: 9–24.

Valentin, H. (1979): Ein System der zonalen Küstenmorphologie. – Z. Geomorph. N.F. **23**(92): 113–131.

Venzke, J.F. (1992): Geoökologische Karte von Spiekeroog im Maßstab 1:25.000. – Bericht Naturhistorische Gesellschaft Hannover **134**: 161–172.

Verger, F. (1968): Marais et wadden du littoral français. – Etude Géom, Bordeaux (Brise. Frères).

Veron, J. (2000): Corals of the world. 3 Vols. – Australian Institute of Marine Science, Townsville.

Veron, T.E.N. (1986): Corals of Australia and the Indo-Pacific. – Sydney (Angus and Robertson), 644 p.

Viles, H. & Spencer, T. (1995): Coastal Problems. Geomorphology, Ecology, and Society at the Coast. – London-Melbourne-Auckland (Arnold), 350 p.

Vinogradov, A.P. & Udinev, G.B. (1975): The rift zones of the world ocean. – Cambridge.

Visbeck, M. (2010): Ozeanbeobachtung – Roboter erforschen den Ozean. – Geogr. Rundsch. **5**: 4–7.

Volker, A. (1966): Tentative classification and comparison with deltas of other climatic regions. Scientific problems of the humid tropical zone deltas and their implications. – Proc. Dacca Symp. UNESCO: 399–408, Paris.

Vött, A. (2007): Relative sea level changes and regional tectonic evolution of seven coastal areas in NW Greece since the mid-Holocene. – Quatern. Sci. Rev. **26**: 894–919.

Vött, A., Brückner, H., Brockmüller, J., Handl, M., May, S.M., Gaki-Papanastassiou, K., Herd, R., Lang, F., Maroukian, H., Nelle, O. & Papanastassiou, D. (2009): Traces of tsunamis across the Sound of Lefkada, NW Greece. – Global and Planetary Change **66**: 112–128.

Vött, A., May, M., Brückner, H. & Brockmüller, S. (2006): Sedimentary evidence of Late Holocene Tsunami events near Lefkada Island (NW Greece). – Z. Geomorphol. N.F. Suppl. **146**: 139–172.

Walter, H. & Steiner, M. (1936): Die Ökologie der ost-afrikanischen Mangroven. – Z. Bot. **30**: 64–193.

Wang, X.L. & Swail, V.R. (2001): Changes of extreme wave heights in northern hemisphere oceans and related atmospheric circulation regimes. – J. of Climate **14**: 2204–2221.

Warren, C.R.(1993): Rapid recent fluctuations of the calving San Rafael Glacier,Chilean Patagonia: climatic or non-climatic? – Geogr. Annaler, 75A(3): 111-125

Washburn, A.L. (1979): Geocryology – a survey of periglacial processes and environments. – London (Arnold).

WBGU (German Advisory Council on Global Change) (2006): The Future Oceans – Warming Up, Rising High, Turning Sour. – Special Report 2006. WBGU, Berlin, 110 p.

Webster, P.J., Holland, G.J., Curry, J.A. & Chang, H.-R. (2005): Changes in Tropical Cyclone Number, Duration, and Intensity in a Warming Environment. – Science **309**: 1844–1846.

Wehrli, A., Sauri, D. & Herkendell, J. (2010) Storms. – In: European Environment Agency (ed.), Mapping the impacts of natural hazards and technological accidents in Europe. EEA Technical report 13/2010: 33–40.

Wentworth, C.K. (1938): Marine-bench-forming processes: water-level weathering. – J. Geomorph. **1**: 6–32.

Whitacker, J.H. (ed.) (1976): Submarine Canyons and deep-sea fans, modern and ancient. – Benchmark Pap. in Geol, 24, Stroudsburg, Pa.-Dowden (Hutchinson & Ross).

Wiens, H. (1959): Atoll development and morphology. – Ann. Ass. Amer. Geogr. **49**: 31–54.

Wilkinson, C. (Ed) (2004): Status of Coral Reefs of the World: 2004. – Australian Institute of Marine Science, 557 p.

Williams, D.M. & Hall, A.M. (2004): Cliff-top megaclasts deposits of Ireland, a record of extreme waves in the North Atlantic – storms or tsunamis? – Marine Geol. **206**: 101–117.

Woodroffe, C.D. (2003): Coasts: Form, Process and Evolution. – Cambridge University Press, Cambridge.

Woodroffe, S. a. & Horton, B.P. (2005): Late and post-glacial sea level changes of the Indo-Pacific: a review. – J. of Asian Earth Sci. **5** (8): 29–43.

Wright, L.D, Coleman, J.M. & Erickson, M.W. (1974): Analysis of major river systems and their deltas: Morphologic and process comparisons. – Coastal Studies Inst. Techn. Rep, Louisiana State Univ. **156**: 1–114.

Wright, L.D. (1978): River Deltas. – In: Davis, R.A. (ed.): Coastal sedimentary environments. – Berlin, Heidelberg, New York (Springer).

Wright, P. (1973): Variations in morphology of major river deltas as functions of ocean wave and river discharge regimes. – Amer. Ass. Petrol. Geol. Bull. **57**: 370–398.

Wüst, G. (1940): Zur Nomenklatur der Großformen der Ozeanböden. – Publ. Sci. Ass. d'Océanogr. Phys. **8**: 120–124.

Yaalon, D. h. (1967): Factors affecting the lithification of eolianite and interpretation of its environmental significance in the coastal plain of Israel. – J. Sed. Petrol. **37**: 1189–1199.

Yu, K., Zhao, J., Shi, Q. & Meng, Q. (2009): Reconstruction of storm/tsunami records over the last 4000 years using transported coral blocks and lagoon sediments in the southern South China Sea. – Quatern. Internat. **195**: 128–137.

Yu, K.F., Wang, P.X., Shi, Q., Meng, Q.S., Collerson, K.D. & Liu, T.S. (2006): High-precision TIMS U-series and AMS ^{14}C dating of a coral reef lagoon sediment core from southern China Sea. – Quatern. Sci. Rev. **25**: 2420–2430.

Yu, K.F., Zhao, J.X., Collerson, K.D., Shi, Q., Chen, T.G., Wang, P.X. & Liu, T.S. (2004): Storm cycles in the last millennium recorded in Yongshu Reef, southern South China Sea. – Palaeogeogr. Palaeocl. **210**: 89–100.

Zenkovich, V.P. (1959): On the genesis of cuspate spits along lagoon shores. – J. Geol. **67**: 269–277.

Zenkovich, V.P. (1967): Processes of coastal development. – London (Oliver & Boyd).

Zentner, D. (2009): Geospatial, hydrodynamic, and field evidence for the storm-wave emplacement of boulder ridges on the Aran Islands, Ireland. – Williamstown.

Zhao, J.X., Neil, D.T., Feng, Y.X., Yu, K.F. & Pandolfi, J.M. (2009): High-precision U-series dating of very young cyclone-transported coral reef blocks from Heron and Wistari reefs, southern Great Barrier Reef, Australia. – Quatern. Int. **195**: 122–127.

Zimmermann, L. (1980): Ein neues Formenelement im litoralen Benthos des Mittelmeerraumes: Die Klein-Atolle („Boiler"-Riffe) bei Phalasarna/Westkreta. – Berliner Geogr. Studien **7**: 135–153.

Zong, Y., Shennan, I., Combellick, R.A., Hamilton, S.L. & Rutherford, M.M. (2003): Microfossil evidence for land movements associated with the AD 1994 Alaska earthquake. – The Holocene **13**: 7–20.

Sachregister

Abrasion 102, 117f., 168, 176, 230, 254
Absorption 46, 52, 78
Adsorption 77
Albedo 57
algal rims 185, 188
Amphidromien 66
Antarktis 54, 56, 83, 90, 100, 173
Äolianit 103, 135, 138, 173f.
Aquafarming 228f.
Äquatorialstrom 74
Arktis 10, 57, 173
Ästuar 112
Atlantik 16, 19, 29ff., 71ff., 77, 85
Atoll 189, 196, 231
Auftriebwasser 74
Austauchvorgänge 45, 47, 91, 255

Baljen 166
Barren 139, 164
Barriereriff 189, 191, 196
beach cusps 149, 151
beach ridges 151
Beachrock 103, 138, 173f., 176, 250f.
Benthos 12, 128
Bioabrasion 128, 132
Bioerosion 99, 101f., 128, 134, 137, 176, 186, 188, 251, 256
Biokonstruktion 186, 251
Biokorrosion 128
Bioproduktion 78
Bioturbation 170f., 182, 203
Blaualgen 128, 131f., 134, 136
Bodden 107, 110
Bohrmuscheln 128f.
Bohrschwämme 128f.
Bohrwürmer 128f.
boulder barricades 173
Brandung 99, 100, 117f., 121, 141, 151f., 169, 173, 176f., 188f., 198, 234, 250
Brandungshöhlen 121f.
Brandungskarst 127
Brandungspfeiler 20, 118, 121

Brandungswaffen 100, 117, 255
Brechung 45
Bruchküsten 194
Bryozoen 103, 162, 188
Buhnen 148, 226

Cala 268
Calabrien 201, 203
Canale 113f.
Corioliswirkung 62, 70, 75, 234, 239

dalmatinischer Küstentyp 113
Dammuferwälle 141
Dauerfrostboden 100
Deich 223
Delta 18, 139, 141ff.
Diatomeen 38
Dichtemaximum 45
Dipoleigenschaften 44
Dolinenkarst 117
Drumlinküsten 107
Dünen 20, 113, 159, 162f., 173, 176, 221, 226
Dünentalküsten 113
Dünung 62, 82, 93

Ebbe 66, 89, 134, 159
Echolot 27
Eisberge 53f., 56, 256
Eiskliffküsten 123
Eisschubberge 173
ESR (Elektronenspin-Resonanz) 205
Energiehaushalt 75
eulitoral 12, 131f., 134
eustatisch 82, 205f.
Extinktion 45f.

Faros 191, 197
Felsplattformen 20, 126f., 129
Felsschorre 119ff., 123
fetch 58, 60f.
Fjord 99, 107f.

Sachregister

Flut 66, 89
Foraminiferen 162
Förden 107, 110
Forschungsschiff 27
Freak Waves 62
Fundy Bay 68, 93, 169

Geos 121
Gezeiten 9, 10, 65ff., 82, 93, 141, 164, 255
glazial-eustatisch 206
Golf von Mexiko 93
Golfstrom 72, 79
gradierte Schichtung 26
Groden 223
Grüppen 223
Guyot 30

Hadal 12
Höftland 152, 154
Hohlkehle 131, 133, 215
Holozän 85f., 126, 203, 214, 234, 257
Hot Spot 32
Hurrikan 226
Hypsographische Kurve 12

ice-push ridges 173
Indischer Ozean 13, 16, 19, 60, 77
Ingression 113, 116f.
Ingressionsküsten 99, 106f., 109f., 113
Interglazial 99, 134
isostatisch 82, 199, 204, 206ff.
inundation 242
Isothermie 45

Japan –Tsunami 245, 247

Kaimoo 173
Kalben 53, 100
Kalium-Argon Methode 29f.
Kalkalgen 103, 131, 138, 185ff.
Kaltzeiten 20, 87, 112f., 199, 204
Karbonatgesteine 101f., 127, 130
Karibik 189, 192
Kegelkarst 115, 117

Kleinatolle 188
Kliff 20, 87, 100, 102, 104, 117ff., 152, 172, 199, 207, 230, 244, 257
Kollisionsstruktur 24
Kompensationstiefe 131, 134
Kontinentalabhang 12, 19, 21, 23ff., 33, 38
Kontinentalfuß 19, 21, 23f.
Kontinentalrand 19, 21ff.
Korallen 20, 32, 37, 52, 103f., 132ff., 154, 162, 200f., 205, 217f., 239, 250
Korallenriff 18, 38, 51, 138, 182, 188ff., 198, 227, 233, 251
Küsteneis 125, 127, 172
Küstenentwicklung 20, 91, 211
Küstenfesteis 55
Küstenkarst 127
küstenparalleler Materialversatz 146, 166
Küstenschutz 68, 223, 226

Lagerstätten 40, 227
Lagunen 162, 165, 169, 182, 185, 198, 217, 228, 247
Liman 112f.
Littorinen 134, 136
longshore drift 99, 146, 148, 152, 159, 164

Mangroven 103, 138, 176f., 179ff., 184, 228, 233, 250f.
Marianengraben 35
Marsch 103, 112, 127, 141, 169, 223
Meereis 11, 52ff., 56f., 125, 127, 138, 172f.
Meeresbiologie 9f.
Meeresboden 9, 10ff., 17, 19ff., 23ff., 27, 29, 31ff., 37ff., 43, 54, 75, 77, 83, 89f., 99, 102, 137, 152, 230, 255, 256
Meeresbodenküste 138
Meeresforschung 9, 10
Meeresgeologie 10
Meereskunde 10f.
Meeresspiegel 12, 20f., 27, 30, 86, 89, 102, 107, 112f., 123, 126, 133, 139ff.,

144, 151f., 172, 188, 191, 201, 209, 213, 215, 219, 221, 223, 255
Meeresspiegelanstieg 85, 88, 99, 106, 109, 192, 210f., 218, 231f., 250f.
Meeresspiegelindikatoren 207, 256
Meeresspiegelschwankungen 11, 18, 24, 81ff., 85, 87, 95, 98, 189, 199, 203ff., 208, 210, 211f., 214, 216ff., 220, 222, 256
Meeresströmungen 11, 55, 70, 73, 79, 239, 255
Meeresterrassen 199f., 202, 204
Meerwasser 10, 11, 40, 43ff., 49ff., 54, 77ff., 82, 99ff., 129, 170, 172ff., 176, 256
Miniaturatoll 213
Mittelmeer 16, 25, 74f., 88, 93, 102f., 129f., 132, 134f., 140, 174, 177, 185, 188, 201ff., 205, 218, 230, 232
Muschelbänke 170, 177, 187

Nebenmeer 9, 16, 49, 74f., 79, 93
Nehrung 112, 138, 141f., 164ff., 169, 240
Nehrungsinseln 152, 159, 162, 167, 169, 170, 227
Neotektonik 176
neritisch 12
Niveauveränderungen 81ff., 99, 188, 192, 199, 255
Nordpolarmeer 16, 77
Nordsee 18, 46, 66, 68, 79, 81, 91, 93, 121, 159, 166, 169, 170, 208, 221, 223

Orbitalbahnen 58
Ostsee 51, 107, 110, 126, 154, 162
Ozeanographie 10f., 43, 199

Packeis 55, 125
Paläomagnetismus 30
Parabeldünen 162
pelagisch 12, 38
Permafrost 117, 123ff.
Pfannkucheneis 55
Phosphor-Knollen 40
photisch 12

pH-Wert 50f.
Phytoplankton 20, 38, 46, 78
Plankton 20, 38, 46, 78
Plattentektonik 21, 33, 36, 83
Plattformriff 189, 198
Pleistozän 87, 109, 176, 199ff.
polar 16, 18, 52ff., 57, 77ff., 87, 91, 123, 126, 173
Polder 223f.
postglazial 85, 205, 210f., 223, 250f.
potamogene Küstenformen 138
Priel 141, 170, 184
Primärproduktion 11, 43, 78
primary coasts 98, 106
Pseudoatoll 195, 198

Quartär 87, 90, 199, 201, 203ff., 207, 209, 211, 213, 215, 217, 219, 221
Querküsten 248

Radiolarien 38
Randmeer 93
Refraktion 146ff., 155
Regression 137, 203ff.
Ria 99, 109, 111f.
Riesentang 137, 176, 185
Riff 20, 113, 189ff., 195, 197f., 200
rift valley 27, 29
Rippeln 149, 170
rock pools 132, 134, 136f.
Rotes Meer 27, 104
run up 65, 242

Sabellarien 188
Salzgehalt 11, 16, 26, 44f., 47, 49f., 69, 71, 74, 78, 87, 91
Salzsprengung 102
Salztonebenen 183f.
Salzwasserkarst 127
Salzwasserspray 89, 102, 131
Sauerstoffgehalt 12, 50f.
Saumriff 112, 189, 191ff., 196, 237
Schallgeschwindigkeit 45
Schären 99f., 107, 109

Sachregister

Schelf 9, 11, 18, 20, 37f., 43, 139, 188, 198, 204
Schelfeis 54, 56, 88, 90, 100, 123, 172
Schelfkante 12, 17, 19, 21, 23f., 193
Scherm 112f., 193
Schorre 19, 100, 117f., 123, 125, 127, 182, 199, 201, 255
Schwarzes Meer 16, 158
Schwemmlandebenen 102, 138
Schweremessungen 33
seamount 19, 30, 32, 191
secondary coasts 98
Seebebenwellen 82, 97, 99, 237, 242
Seegang 58, 61, 82
Seegatten 166
Seegras 103, 176f.
Seepocken 103, 187
Serpuliden 103
Sicilien 201, 203
spit 152, 154, 157, 160
stack 121
storm surge 234f., 237
Strand 19, 34, 37, 103, 112, 125, 137f., 144, 146ff., 159, 162, 166, 172ff., 176f., 203, 225ff., 230, 246, 251, 255
Stranderosion 225
Strandhaken 152, 154ff.
Strandhörner 149, 151
Strandwall 20, 103, 117, 138, 141, 144, 151ff., 159, 162, 173, 207ff., 213
Strömungen 10f., 20, 26, 33, 38, 46, 55, 69ff., 73ff., 79, 99, 112, 125, 139, 141, 158, 166, 224, 239, 255
Subduktionszonen 24, 37, 64
Sublitoral 12, 127, 129, 176, 188
submariner Canyon 25f.
Subtropen 46, 79, 103, 177, 230, 234, 255
Supralitoral 12, 131f., 134, 136, 188
Suspension 26, 33, 38, 138, 181, 184

Tafeleisberg 54
Tafoni 128
Tang 103, 137, 185
Tangwälder 176
Thermoabrasion 124

thermohaline Zirkulation 76
Tiden 66, 68f., 89, 91, 93f., 112, 125, 127, 141, 164, 166, 169, 184, 213, 248, 250, 256
Tiefsee 9, 12, 17, 21, 23, 27, 30, 32, 37ff., 51, 204
Tiefseebecken 19, 33
Tiefseeböden 27, 30, 33
Tiefsee-Ebenen 19, 33
Tiefseefächer 19, 33
Tiefseegräben 19, 23f., 28, 33, 35f.
Riefseehügel 19, 27, 30
Tiefseekuppen 19, 30f.
Tiefseetrog 19
Tombolo 144, 159f.
top-set beds 140
Transgression 166, 203ff.
Treibeis 55, 61, 93, 99, 126f., 172, 250
Treibhauseffekt 218, 231, 251
Treibholz 103, 177
Treibholzküsten 177, 179
Triftstrom 70f.
Tropen 20, 46, 51, 79, 103, 162, 177, 181, 217, 228, 250, 255
Trottoir 103, 135, 188
Tsunami 9, 43, 58, 62, 64f., 82, 93, 95, 99, 217, 234, 237, 240ff., 256f.
turbidity current 26
Trübeströmung 26
Tyrrhen 201, 203, 255

Übersättigung 51

Vallone 113f.
Vermetiden 131, 138, 185ff.
Vogelfußdelta 141ff.
Vulkanküsten 104

Waben 102, 128
Wallriff 191
Warmzeiten 18, 83f., 87, 199, 204, 250
Wasserbilanz 77
Wasserhalbkugel 15
water layer weathering 102, 127, 128

Sachregister

water table 176
Watt 20, 40, 83, 103, 125, 127, 138, 166, 169ff., 177, 182, 184
Wellen 10ff., 18, 20, 27, 46, 52, 57f., 60ff., 82, 89, 93, 95ff., 99f., 102f., 123, 127, 131, 137, 139, 141, 144, 146ff., 155, 158, 162, 166, 173, 181, 217, 222, 226, 234, 237f., 240, 242, 244, 246, 250, 255ff.

Wind 9, 38, 46, 55, 57ff., 68ff., 74f., 79, 82, 93, 95, 125, 136, 159, 162f., 166, 182, 195, 198, 234ff.
Wirbelsturm 93, 95, 97, 99, 151, 218, 234f., 237, 239, 244, 257
Wirklänge 60f.
Wurten 241

Zonalität 98, 250ff.

Die deutsche Ostseeküste

Sammlung geologischer Führer, Band 105

Hrsg.: Ralf-Otto Niedermeyer; Reinhard Lampe; Wolfgang Janke; Klaus Schwarzer; Klaus Duphorn; Heinz Kliewe; Friedrich Werner

2011. 2. völlig neu bearbeitete Auflage.
VI, 370 Seiten, 97 Abbildungen, 7 Tabellen, 20 Farbbilder
ISBN 978-3-443-15091-4, brosch., 29.80 €

Peter Hupfer:

Die Ostsee - kleines Meer mit großen Problemen

Eine allgemeinverständliche Einführung

2010. 5. Auflage. 262 Seiten, 125 Abbildungen, 42 Tabellen
ISBN 978-3-443-01068-3, brosch., 27.80 €

Gebr. Borntraeger
Johannesstr. 3A, 70176 Stuttgart, Germany.
Tel. +49 (711) 351456-0 Fax. +49 (711) 351456-99
mail@borntraeger-cramer.de www.borntraeger-cramer.de

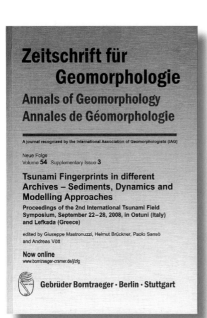

Tsunami Fingerprints in different Archives – Sediments, Dynamics and Modelling Approaches

Zeitschrift für Geomorphologie, Volume 54 Suppl. Issue 3

Proceedings of the 2nd International Tsunami Field Symposium, September 22-28, 2008, in Ostuni (Italy) and Lefkada (Greece)

Ed.: Giuseppe Mastronuzzi; Helmut Brückner; Paolo Sanso; Andreas Vött

2010. XIII, 356 pages, 141 figures, 31 tables, paperback, 145.00 €

Tsunamis, Hurricanes and Neotectonics as Driving Mechanisms in Coastal Evolution

Zeitschrift für Geomorphologie, Supplementbände, Volume 146

Proceedings of the Bonaire Field Symposium, March 2-6, 2006. A contribution to IGCP 495

Ed.: Anja Scheffers; Dieter Kelletat

2006. 265 pages, 158 figures, 10 tables, ISBN 978-3-443-21146-2, paperback, 84.00 €

Gebr. Borntraeger
Johannesstr. 3A, 70176 Stuttgart, Germany.
Tel. +49 (711) 351456-0 Fax. +49 (711) 351456-99
mail@borntraeger-cramer.de www.borntraeger-cramer.de